Deep-Sea Intelligence

深海智能

重构海洋格局

刘 禹 王文涛 焦倩雯 著

CS K 湖南科学技术出版社 · 长沙

图书在版编目（CIP）数据

深海智能：重构海洋格局 / 刘禹，王文涛，焦倩雯著 . -- 长沙：湖南科学技术出版社，
2025.4
　　ISBN 978-7-5710-3067-4

　Ⅰ . P756.5-39

中国国家版本馆 CIP 数据核字第 2024896L3A 号

SHENHAI ZHINENG：CHONGGOU HAIYANG GEJU
深海智能：重构海洋格局

著　　者：刘　禹　王文涛　焦倩雯
出 版 人：潘晓山
责任编辑：李文瑶　梁　蕾　王舒欣
营销编辑：刘玥伶
装帧设计：D · A　七　味
出版发行：湖南科学技术出版社
社　　址：长沙市芙蓉中路一段 416 号泊富国际金融中心
网　　址：http://www.hnstp.com
湖南科学技术出版社天猫旗舰店网址：
　　　　　http://hnkjcbs.tmall.com
邮购联系：本社直销科 0731-84375808
印　　刷：长沙市雅高彩印有限公司
　　　　　（印装质量问题请直接与本厂联系）
厂　　址：长沙市开福区中青路 1255 号
邮　　编：410153
版　　次：2025 年 4 月第 1 版
印　　次：2025 年 4 月第 1 次印刷
开　　本：710 mm × 1000 mm 1/16
印　　张：23.25
审 图 号：GS（2025）0690 号
字　　数：225 千字
书　　号：ISBN 978-7-5710-3067-4
定　　价：128.00 元

序一
深海智能，无限可能 ～～～～～～～～～

在 21 世纪 20 年代的今天，我们正站在一个前所未有的由人工智能引领的科技变革路口上，目睹着一场深刻的产业革命如何重新定义人类与海洋的关系。这场革命不仅仅是技术的飞跃，更是人类认知边界的拓展：从水面到水下，从浅海到深海，从近海到远海，海洋科技的每一次跨越都标志着人类对未知世界的进一步接近，这不仅是物理空间上的深入，更是科技能力与创新思维的飞跃；从单机化向体系化的转变，从自动化向智能化的升级，每一步都凝聚着人类智慧的结晶，展现了科技发展的无限可能，这不仅是对国家综合实力的考验，更是对重塑世界未来战略格局的机遇与挑战。

面对这样的机遇与挑战，全世界正在更大范围、更大力度、更快速度地利用陆海空天领域高新技术，谋求在深海新疆域的先发优势，抢先形成不对称竞争格局。我们正迎来一个海洋科技发展与全球战略格局深度融合的新时代，这将彻底改变传统思维中经略海洋的模式，开启一个全新的深蓝色文明篇章。

在百年未有之大变局的背景下，深海科技领域的竞争愈发激烈和复杂。那么，如何在这个变革的时代中把握机遇，应对挑战，实现自立自强？我们必须回答"深海领域研究热点和前沿是什么""我国与海洋强国的差距在哪里""智能技术会对全球深海科技格局带来何种变化""我国深海智能科技的发展愿景如何"等问题，才能够厘清这场变革中的发展趋势脉络，为我国的深海科技发展提供战略支撑。本书以数十万篇公开文献与数百份调研报告为基础，对世界主要海洋强国在深海智能技术和装备领域的研究进展与力量格局进行了细致的研判，并从深海智能技术体系和装备体系建构方面对我国深海智能科技发展提出了建议。特别是书中对深海智能技术与装备新概念的探讨，更是体现了创新驱动发展战略的核心要义。

　　希望通过本书，能够激发更多关于深海智能领域探索与合作的思考和行动，抓住这一轮由智能技术主导的装备变革机遇，共同开创人类深海事业的新篇章！

中国科学院院士　乔红

序二
深海崛起，引领创新 ～～～～～～～～～～～

深海，这个地球上最后的未知领域，蕴藏着无尽的奥秘和资源。中国科学家和工程师凭借卓越的智慧和不懈的努力，正在逐步揭开深海神秘的面纱，也在不断改写着深海空间的研究范畴和战略价值的定义。《深海智能：重构海洋格局》这本书通过对深海智能体系的全景概述，不仅为我们揭开了深海神秘面纱的一角，更为我们提供了一个理解和探索这片充满潜力和挑战的蓝色领域的全新视野。

深海空间的开发利用对于一个国家的长远发展至关重要。深海不仅关乎国家安全，更是科技创新和经济可持续发展的重要领域。在全球范围内，对于深海的进入、探测和开发充满了激烈的竞争。我国从零起步，不断突破下潜深度，不断提升深海作业能力，这不仅是对自然界的挑战，更是对人类极限的探索。我们应当以此为骄傲，继续努力，为人类的共同发展贡献我们的智慧和力量。

本书通过深入分析深海智能技术的发展趋势，以及各国在这一领域的战略布局，为我们提供了宝贵的信息和深刻的洞见。书中详细探讨了深海智能技术体系的建构，这些技术的突破和应用，将直接影响到一个国家在深海领域的竞争力。特别值得关注的是，本书对深海典型应用任务进行深入分析，并对完成这些任务的关键能力进行剖析，为深海科技的创新和应用提供了理论基础和实践指导，对于提升国家海洋科技水平和国际影响力具有重要意义。本书最后还从国家战略层面强调了深海科技自主创新的重要性，并提出了加强国际合作、推动海洋治理、构建海洋命运共同体的建议，都是实现海洋强国战略目标的重要手段。

深海的探索和开发是人类共同的事业，它不仅能够促进科技进步，还能推动经济繁荣和国际合作。希望《深海智能：重构海洋格局》一书能够激发更多的科研人员、决策者和公众参与到深海智能科技的研究与应用中来，为人类社会的可持续发展贡献智慧和力量。通过我们的共同努力，我们必能开创深海智能科技的新篇章，为全人类的福祉做出更大的贡献！

中国工程院院士　李家彪

目录

CONT

第 *3* 章

深海典型应用
任务剖析

ENTS

第 5 章
深海智能技术
与装备新概念

第 *6* 章
**深海智能技术
和装备引领战略**

PART 1

Ushering in a New Era of

Deep-Sea
Intelligence

1.1 从海洋信息化到海洋智能化

海洋覆盖了地球表面71%的面积，孕育着丰富的资源和能量，对维持人类的经济和社会可持续发展，以及未来生存空间的拓展起着至关重要的作用。21世纪被誉为海洋世纪，国家的安全与发展日益依赖于海洋。面临来自海洋权益、安全、经济、气候和生态等方面的挑战和威胁不断增加，海洋在国家社会经济发展和维护国家主权安全中的重要性日益凸显。在全球范围内，海洋是实现高质量发展的战略关键点，而通过跨学科合作提升海洋创新能力和发展水平，加强海洋治理，已成为主要海洋国家争夺全球海洋领导地位和发表权的必然选项。

1. 海洋信息观测技术发展

当前全球正处于海洋科技革命的浪潮之中，海洋信息的"透明化"正逐渐成为国际海洋科技发展的前沿趋势。实现海洋信息的"透明化"需要将海洋观（探）测、认知、预测与数据开放共享相互融合。当前，我国海洋信息观测系统建设取得了初步成效，主要有国家海底科学观测网、国家全球海洋立体观测网、从东海至南海北部海洋上空温室气体监测网、中国南海海底观测网等海洋信息系统项目。其中，国家海底科学观测网是我国海洋领域第一个国家重大科技基础设施，国家全球海洋立体观测网在国家"十三五"规划中被纳入"海洋重大工程"。后者是集合海洋空间、环境、生态、资源等各类数据，整合先进的海洋观测技术及手段，实现高密度、多要素、全天候、全自动的全球海洋立体观测。该项目初步设计为国家海洋观（监）测系统和全球海洋观（监）测能力建设两大部分，并开展配套的数据传输、服务、综合保障能力建设。这些综合性的海洋信息系统建设不仅能够推动海洋科技的发展，还有助于更好地了解和利用海洋资源，保护海洋环境，以及促进海洋领域的国际交流与技术合作。

在海洋信息感知领域方面，例如传感器技术，国际市场上的温盐深、潮位、测波等传感器仍然主要由发达国家如美国、日本和德国主导，我国市场高达 80% ~ 90% 的产品依赖进口。从国家"九五"规划开始，在国家"863"计划的支持下，我国的物理海洋传感器技术得到了迅速发展，并取得了显著突破，尤其在高精度温盐深仪（CTD）测量、海流剖面测量以及海面流场测量等关键技术方面取得了一系列具有世界领先水平的高科技成果，同时也初步实现了产品化。随着技术的持续进步，这些领域有望实现完全自主控制，为我国在海洋科技领域持续发展奠定坚实的基础。

在海洋信息传输组网方面，我国的核心通信技术与国外差距不大，基本处于并跑阶段，比如我国北斗信息传输已经实现全球覆盖。但从市场角度和用户认可度方面来看，仍有 50% 甚至以上的远海数据传输需要通过国外卫星转发。在海洋信息网络建设发展、多平台观测组网和业务化运行等方面，我国与世界海洋强国如美国、加拿大、挪威等，仍存在差距。全球性的海洋资源开发利用热潮也推动了我国研究、开发和利用海洋资源的步伐，带动了对高质量海洋信息系统广泛和迫切的需求。党的十八大以后，国家对于海洋信息系统建设工作给予很高的期望，明确提出"加快海洋信息标准化建设，推进信息资源的统一管理和共享，依托国家电子政务网络，整合改造海洋信息业务网。建设海洋环境与基础地理信息服务平台，以海域海岛管理、生态环境保护、海洋防灾减灾、海洋经济监测、基础科学研究为主题，推进海洋管理与服务信息化工作"的要求。我国海上无线通信领域可使用各种通信方式，并逐步建成"空－天－海－地"立体观测网络如图 1-1 所示，开展了示范应用，但在技术更新、稳定性和可靠性等方面还存在一些问题，比如受海洋环境影响较大，在远距离通信方面存在覆盖盲区，通信卫星数量虽多但无法满足高速增长的海洋业务要求，移动通信技术发达但覆盖范围有限。当然，部分通信技术如水下量子通信技术等，与发达国家无明显代差甚至处于

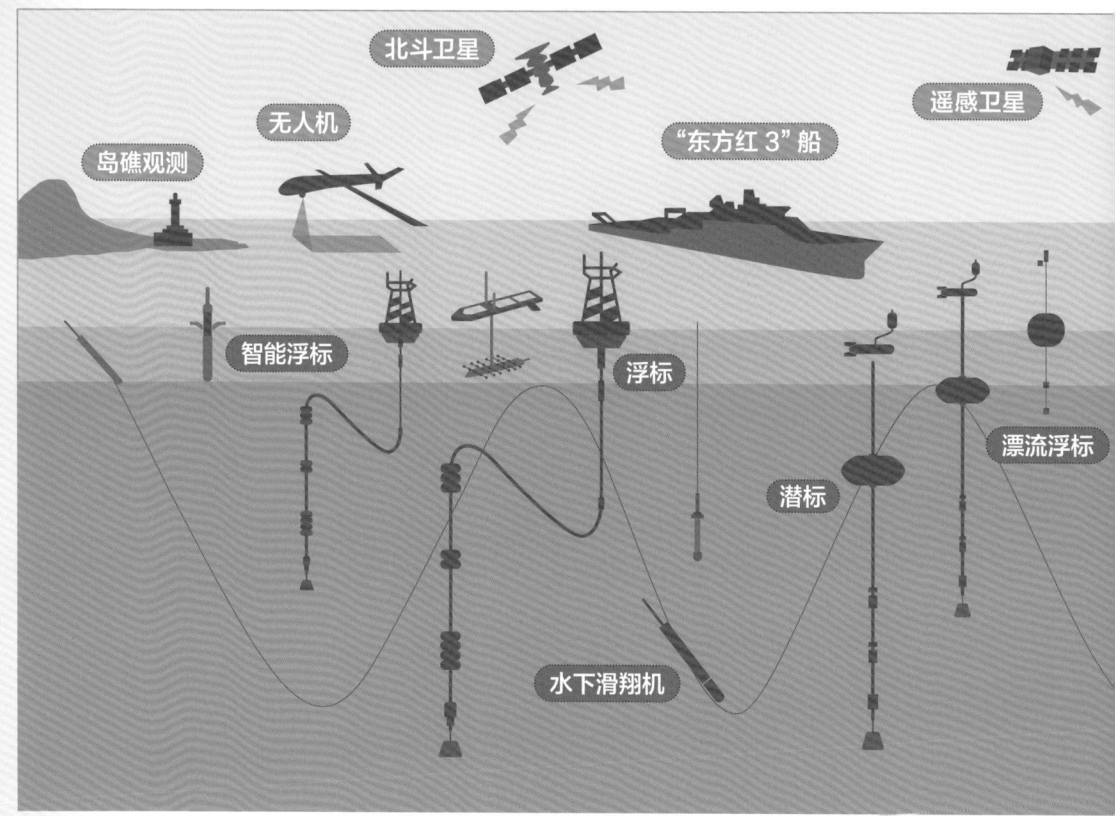

图 1-1　中国海洋大学"南海立体观测网"示意图

领先地位。未来，通过统一、高效的网络管理体制协调各通信系统资源，摆脱通信系统独立运行的局面，最终建成信号无缝覆盖、数据业务高速传输、用户体验满意的集成通信网络，是海洋通信技术发展的必然趋势。

2. 海洋信息智能技术发展

当前大数据、人工智能等新一代信息技术逐渐成为推动经济转型发展的重要动力，也为增强国家竞争优势带来新的机遇。大数据的广泛应用和人工智能技术的不断进步正在重新定义信息产业的范式，推动着各行各业向智能化、数字化转型，为经济社会发展带来前所未有的机遇与挑战。这些新技术的崛起将对未来海洋信息产业的结构和发展格局产生重要而深远的影响。这一变革势头势必推动全球海洋信息产业向着更加智能化、创新性和可持续发展的方向迈进。

崖州湾科技城

ARGO

在海洋信息智能技术，特别是基础软件与人工智能应用方面，美国在海洋事业发展中始终贯彻"数据为王"的理念。作为信息技术强国，美国拥有众多顶尖计算机高校、信息技术（IT）公司以及如 ACM、IEEE、Apache 开源软件协会等组织，在云计算和大数据领域掌控了话语权。大量的大数据基础软件如 Apache Hadoop、Google Pregel、Apache Spark 等，均由美国高校或公司开发。我国目前尚无具有国际影响力的大数据系统，只能在国外开源大数据系统上进行修补性增量创新，技术底座尚未建立。在智能服务方面，美国较早地将数据挖掘和人工智能技术应用于海洋信息智能服务领域，而我国起步较晚，海洋观测和数据采集不足，目前没有逐小时预报的全球高分辨率气象预报系统，海洋云服务、海洋智能预测预报服务等技术在精度、实时性和周期性等方面有待提高。近年来，国家相关部门颁布了《国家中长期科学和技术发展规划纲要（2006—2020 年）》等政策纲要，提出建立和完善大数据领域基础创新平台的要求，构建支撑国家大数据战略实施的创新网络，加快大数据融合技术率先在相关领域的深度应用，为推动我国新经济发展汇聚新动能，但目前还未形成能够对领域有价值的数据底座。

3. 海洋信息产业发展

在信息科技持续深化发展的背景下，各国一直致力于积极探索多样化的海洋观测平台与设备，以融合新一代信息技术，综合利用卫星、无人机、浮标、潜标、水下滑翔机等多种观测平台，增强其在全球范围内获取海洋信息的能力，形成海洋信息产业。不同类型观测平台的综合利用，提高了海洋监测的时空分辨率和数据质量，为海洋科研和资源管理提供了更为全面和精准的信息支持和商业服务。多元化观测手段的运用不仅能够拓展海洋信息采集的广度和深度，也能为海洋环境监测、气候变化研究和海洋资源利用等领域提供更为丰富的数据基础，进而促进全球海洋科学研究和可持续海洋管理的发展。

在海洋信息产业方面，作为头号海洋强国，美国的海洋产业侧重于中高端领域。受西方国家产业结构由实向虚发展趋势的影响，其传统海洋产业，如渔业、运输、造船、建筑工程等产业规模都在逐步退化，海洋产业以海洋科技、海洋金融、滨海旅游业等第三产业的高端部分为主。在海洋科技的市场化应用方面，美国主要关注海洋生物医药等少数几个暴利领域，对我国所关注的海洋新能源、海水淡化等技术投入不大。《2022 年中国海洋经济统计公报》显示，我国 2022 年海洋生产总值 94 628 亿元，比上年增长 1.9%，占国内生产总值的 7.8%。从细分产业来说，在我国海洋经济中，发展粗放、低效、分散的传统海洋产业占比较高，滨海旅游业、海洋交通运输业、海洋渔业等产业仍是海洋经济发展的支柱产业，战略性新兴产业比重较低。虽然海洋生物医药业、海水利用业、海洋电力业等新兴产业增速领先，但推动海洋经济发展的新动能仍显不足。

在党的十八大确定了海洋强国的战略方针以后，《全国海洋经济发展"十三五"规划》明确要求我国海洋经济要结构深度调整、发展方式加快转变、坚持陆海统筹，紧紧抓住"一带一路"建设的重大机遇，推进海洋经济持续健康发展。据此，通过信息、材料新技术的发展与海洋研究的深度融合，加强产业上下游合作，通过科技创新、产业创新、企业创新和市场创新，能够有效拉动海洋仪器设备、海洋电子信息装备、海洋工程装备、深海高端装备及配套软件开发、海洋信息服务等高科技产业的快速发展，为我国海洋经济的发展提供新动能。

人工智能学科诞生于 20 世纪 50 年代中期，作为一门前沿交叉学科，其定义一直存在着不同的观点。如《人工智能：一种现代方法》（*Artificial Intelligence: A Modern Approach*）将世界上已诞生的人工智能分为四类：像人一样思考的系统、像人一样行动的系统、理性地思考的系统、理性地行动的系统。《大英百科全书》则限定人工智能是由数学计算机或者数字计算机控制的机器人在执行智能生物体才有的一些任务上的能力。由国家标准化管理委员会发布的《人工智能标准化白皮书》认为，人工智能是利用数字计算机或者数字计算机控制的机器模拟、延伸和扩展人的智能，感知环境、获取知识并使用知识获得最佳结果的理论、方法、技术和应用系统。

如今人工智能技术已经被应用于多个领域，在海洋信息处理、应用服务中也逐步发挥作用并显示出广阔的应用前景。比如，基于人工智能算法的水下音频和视频图像分析技术，实现了海底视频的鱼类自动识别及分类；海洋大数据和人工智能技术辅助卫星数据，用于海洋目标检测；人工智能技术应用于数值预报，可提供海表温度、盐度、海流、海面高度等的分析和预报；运用信息化技术改造原有装备，使之成为具有感知、分析、推理、决策等功能的智能装备，比如智能船舶、智能海控方面的海洋工程装备、深海智能渔业养殖装备等。在民用领域，水下智能机器人代替人工进行水下采捕作业，解决了海洋牧场采捕作业劳动强度大、生产效率低的问题，降低了采捕成本和水下生产风险，有利于促进海洋牧场产业的可持续发展；智能导航、智能交易、智能航管等系统的应用，有助于打造智能化、信息化、生态化的现代海洋牧场。在军事应用上，"人工智能给国家安全领域造成的影响将是革命性的，而不仅仅是与众不同的"（《人工智能与国家安全》，格雷戈里·艾伦，2018）。以人工智能为代表的智能化技术正在迅猛地形成一系列创新的作业模式与技术手段，引导着海洋领域新的技术变革。

（1）数字孪生技术

数字孪生技术将实现一种实体空间与虚拟空间的数字化、网络化、智能化的映射关系，从而在物理与数字两个空间中同时记录个体全生命周期的运行轨迹。数以亿计的物件将由数字孪生呈现，利用数字孪生快速完成产品工艺设计仿真，包括以协同方式使用真实世界的测试设备和测试数据，从而指导下一步的产品创新，开创全新的设计迭代开发模式。这项技术有望与工业生产彻底融合，推动智能工业进入一个新的阶段，成为 AI（人工智能）在机器人领域落地的关键技术，也将是深海装备实现智能化的必由之路。数字孪生技术可以使海洋装备和设备的设计及制造快速进行仿真，并在虚拟空间中模拟海洋装备的运行情况，进行产品工艺设计的优化和验证，节约时间和成本；还可以将海洋设备在实体空间中的运行数据实时传输到数字空间，实现对设备状态的实时监测和预测。这有助于提前发现设备可能出现的问题，减少维护和修复成本，同时提高设备的可靠性和安全性；又可以记录海洋装备和设备的全生命周期数据，包括设计、制造、运行、维护等各个阶段，使海洋装备实现更加精细化的监管和管理，延长设备的使用寿命，提高整体效率。

（2）群体智能技术

群体智能技术是指简单智能体通过聚集协同而表现出智能行为的特性。它借鉴生物系统涌现的无中心自主控制、可直接和间接交互、个体自治、良好自组织和开放性等智慧，将分布式策略用在大规模深海无人装备群的控制中，从而使整个群体运动从无序变有序、从分散到最优，最大限度地高效完成动态复杂的任务。例如，在大规模深海无人装备群中采用群体智能技术，可使其各个智能体通过分布式策略实现高效的协同工作，智能体之间可以交互信息、相互协作，从而实现群体的有序运动和做出最优决策；帮助单体 AUV（Autonomous Underwater Vehicle，无人自主航行器）在面对突发事件时，进行合理推理，做出快速反应，动态适应复杂的海洋环境，更好地完成任务。群体智能技术还可以实现对大规模深海装备群的任务分配和协同控制，根据自身情况和需求进行合理的任务分配，并通过智能的协同控制方式高效完成任务。

（3）AI 赋能的新兴能源和新兴材料技术

燃料电池尤其是新兴金属燃料电池和质子交换膜燃料电池可提供高功率密度，且具有结构简单、成本低等优点，可为深海装备提供高效能源。随着小型核动力技术不断成熟，事故处理方案不断完善，小型核动力装置将成为深海装备的新的能源选择，引起深海装备作业能力、作业模式变革性的改变。新材料是现代高技术发展的先导，是提升传统产业技术能级的关键。在深海装备的研制过程中，充分应用碳纤维、陶瓷、生物高分子材料等新材料，可为深海装备提供超轻、超高强度水动力外形附体，从而有效减轻装备质量，增加空间利用率，提高有效负载能力和隐身性能。纳米材料的热电性能用于研发高效海洋能转换装置，可减轻载体的质量和体积，提升续航力。

AI for Science（人工智能用于科学研究）技术有助于科学家和工程师更快速、高效地进行新材料和新能源的设计、发现和优化。例如通过数据驱动的方法，帮助优化水面及水下装备能源转换系统的效率，提高储能系统等设备的性能，进而实现对能源生产和利用过程的智能监测和优化。该技术还可以帮助研究人员预测和模拟材料的特性，加速新材料的设计和发现过程，优化材料生产和制备过程，提高生产效率和质量稳定性等。

1.2 迎接深海新时代

深海是地球上尚未被充分探索的重要领域。它蕴藏着生命起源的奥秘以及地震机制、板块活动、海沟地形、洋流运动等方面的重大发现和科学突破。深海探索与研究是 21 世纪海洋高新技术发展和应用的重要领域，其直接体现了一个国家在海洋科技领域的综合实力。深海不仅是一个富含自然资源的宝库，涵盖了深海生物、基因、油气以及多金属结核等多种资源，而且它也是未来海洋产业发展的潜在增长点。深海探索不仅有助于解密地球内部和生命起源的奥秘，也可以为人类提供更深入了解海洋环境及资源的机会，从而为推动海洋科学研究、资源开发和可持续利用提供重要支持。在新时代背景下，海洋的新场景和新应用需求日益凸显，特别是在深海领域。随着科技的不断发展，深度开发和利用海洋资源已成为推动海洋经济持续增长的关键。深海作为人类尚未完全探索的未知领域，拥有巨大的潜力和机遇。因此，我国正积极推进以下三方面关键领域的深海科研与开发，旨在为海洋经济的发展注入新的活力。

1. 基础研究、科学认知领域

科学技术的发展促使海洋观测由早先的船基常规观测手段发展到现在的空、天、海、地一体化全球海洋观（探）测网络。作为一个复杂的耦合系统，海洋对全球气候变化、气象灾害等起着不可替代的影响。只有进一步发挥新一代信息技术在海洋科学领域的作用，针对全球气候变化、海洋生物资源开发利用等开展基础性、体系化、系统化的研究，才能推动我们更深入地认知和理解海洋，并在新一轮国际大科学计划中赢得国际话语权。近年来，深海科学正在逐步成为学术界关注的热点。进一步开展深海生物多样性研究、深海资源勘探与开发、深海环境变化监测等工作，不仅可以拓展我们对深海环境的认知，推动深海科学的发展，还能通过新一代信息技术，建立更为完善的深海观测网络，为深海科学研究提供更为精准的数据支持。

2. 海上维权、保障国家安全领域

当前，海洋安全是威胁我国安全的主要因素之一。我国与多个海上邻国在海域划界、岛屿主权归属、海上资源开发等问题上存在争议。特别是在南海，我国有 40 多个岛礁被周边国家非法侵占，导致大量油气、渔业资源被掠夺。此外，美国、日本等国家在我国海域的非法活动日趋频繁，屡次在我国海域投放浮标、潜标、海床基站及潜航器等观测设备，秘密搜集情报，严重侵害了我国的海洋权益。在这一领域，海洋科技的发展将有助于加强我国对广阔海域的管控，使我们能够对海上非法侵权行为进行早期监控和预警，建立起覆盖我国管辖海域和核心利益区域的海洋信息观测网络，实现观测的广泛性、网络化、立体化和常态化。深海技术的发展对维护我国的海洋安全和领土主权具有重要意义。加强对深海区域的监测与管控，提高对更大区域海上非法活动的早期发现和干预力度，有助于维护国家海洋权益和国家安全。同时，加强深海情报搜集与分析能力，有助于有效应对来自海上的各类安全挑战，确保我国在海洋领域的战略安全。

3. 海洋综合治理、提升公共服务领域

自党的十八大以来，海洋强国建设已被提升为国家战略，这为我国海洋信息化建设和发展提出了新的、更高的要求。随着"一带一路"倡议的快速推进，我国在国际合作中的参与度不断加深，创新驱动发展战略不断深化。这促进了我国海洋信息领域的技术进步，提高了创新水平、装备制造能力和服务供给质量。海洋环境的预测预报、防灾减灾、生态保护等方面的能力也得到了持续加强；资源调查的方式更加多元化，资料获取能力不断提升。相关涉海机构针对海上交通、海洋预报、海洋渔业、海洋资源开发、海洋环境监测、海岛（礁）测绘、涉海电子政务等领域的需求，开展了一系列各具特色的信息应用服务。通过增强公共服务和数据共享能力，可以从根本上解决

我国在海洋信息发展过程中所面临的一些问题，如缺乏顶层设计和体系化布局、海洋系统建设分散、海洋信息覆盖范围小、通信能力弱，数据资源难以共享、整体效能未得到充分发挥等，从而促进我国海洋科技的整体进步。深海技术的应用将促进海洋资源的合理开发与保护，特别是在加强深海环境监测和海洋生态保护等方面。利用先进技术提升海洋公共服务水平，有助于实现海洋生态与经济的可持续发展。同时，推动数据共享和信息化建设，建立海洋信息系统的顶层设计和体系化布局，有利于提升我国海洋科技的整体水平，推动海洋经济的高质量发展。不断拓展深海应用领域，将为我国的海洋经济发展带来新的机遇与挑战，为实现海洋强国建设的宏伟目标奠定坚实的基础。

1.3 智能技术赋能深海

深海是地球上面积最广、容积最大的地理空间，是地球上尚未被人类充分认知的战略空间，也是人类可以利用的最大潜在战略空间。深海蕴藏着大量未被认知和开发的宝藏。全球海洋强国正在积极布局深海开发，以抢占这一领域的竞争制高点。谁掌握了深海战略资源，谁就拥有掌握世界和人类命运的物质基础。目前，世界大国围绕深海战略资源展开了激烈的"蓝色圈地"运动。深海已经成为世界大国在当今国际秩序下瓜分地球空间和资源的最后盛宴。

对广袤深海的探索具有重要的意义。它不仅可以帮助我们更好地了解地球和地球生态系统的运作方式，还可以揭示地球亿万年间的演变历史，更能为人类提供可持续发展的宝贵资源。深海中的生物多样性、未知自然资源，以及地质和气候变化影响等研究课题，吸引了众多研究人员投身其中。

为了更好地探索深海，全球海洋强国已经研发了多种功能和类型的深海装备。我国自"九五"计划期间便开始布局深海技术。二十余年来，包括无人自主航行器、潜航器、遥控器潜水器等在内的深海装备发展迅速，初步具备了在深海环境中进行探测、采样和数据收集的能力，使我国深海科学研究和资源开发变得更加便捷和高效。经过十几年的发展，我国深海装备初步形成谱系化，"蛟龙号"载人潜水器、"勇士号"载人潜水器、"海翼号"水下滑翔机、"海斗号"无人潜水器等均成功海试，部分技术指标已经接近或达到国际先进水平。海洋信息基础设施建设业已初具规模，近海海洋环境观测系统已经初步建立，海洋信息和数据资源正在逐步完善。"全球海洋立体观测网"被纳入"十三五"规划中的海洋重大工程，旨在整合海洋空间、环境、生态、资源等各类数据，利用先进的海洋观测技术及手段，实现高密度、多要素、全天候、全自动的全球海洋立体观测。"'一带一路'空间信息走廊"和"海底长期科学观测系统"将分别从太空和海底两个维度增强我国海洋信息的获取能力。

尽管我国在海洋装备领域取得了迅猛的发展和显著的成果，但与美国、日本等海洋发达国家相比，目前我国在海洋核心装备与关键技术的研发方面，总体上仍有 5 ~ 10 年的差距，而在深海智能科技领域的差距更是在 10 ~ 20 年。我国海洋科研的核心部件与尖端装备仍然依赖进口，海洋产业的关键技术还存在受制于人的尴尬局面。此外，我国对海洋的认知程度还非常低，探测能力还非常弱，在海洋调查的观测精度、探测深度、研究尺度上与海洋科技大国的地位不相称。

总体来说，我国在海洋领域的科技成果不足，深海装备产业链尚未完全形成，在海底观测网络装备产业化方面几乎是空白，远远落后于欧美、日本等国家和地区；还没有建立起真正具有自主知识产权的综合性、系统性、国产化的海洋科研装备研发和产业化体系，研发机构与用户、供应商、制造商的联系不够密切，无法有效地将新技术转化为应用成果，进而造成深海智能装备从研发到应用的断层问题。

在二十多年的发展历程中，越来越多的人认识到，深海装备的信息技术和智能科学技术是推动海洋科技发展的基础和重要支撑。这些技术与海洋环境监测预报、海洋生态保护、深海运载与探测作业、海洋油气矿产资源勘探开发、海洋生物资源开发利用、海洋维权及海洋安全保障等密切相关。它们是海洋领域重要的基础通用技术。

海洋信息技术内涵丰富，包括对各类涉海信息资源的感知、信息传输、信息网络系统集成、数据的融合与计算处理、信息产品挖掘、应用服务、信息资源共享等。其中，海洋信息感知，包括前端传感器（物理、化学、生物传感器等）、海洋仪器设备、海洋观测平台系统、海洋信息系统等；海洋信息传输网络，包括卫星通信网络、海上无线短波通信网络、岸海宽带通信网络、水声通信网络、空中与水下导航通信定位等；海洋信息应用服务，包括以超算、云计算、边缘计算、大数据、人工智能、区块链等为代表的信息新技术在海洋数值模拟、预测预报、防灾减灾及突发应急、海洋交通气象、海洋测绘、海洋资源探查、目标监测预警等业务中的应用以及海洋信息质量认证、检验测试、标准规范、信息安全、运营等。

深海智能科学技术的应用价值巨大，涵盖了海洋信息技术的广泛范畴，不仅涉及海洋信息资源的感知、传输、处理和应用，还包括新一代信息技术在深海领域的创新应用，为深海研究和探测提供了前所未有的可能性。在深海智能科学技术中，深海信息感知是关键环节。通过各类高精度传感器、海洋观测平台和信息系统，可以实现对深海环境的实时感知和数据采集。这不仅有助于深入了解深海环境的复杂特征，还可以为深海科研提供重要数据支持。此外，深海智能科学技术中的信息传输网络也至关重要。它是通过卫星通信、无线短波通信、水声通信等多种通信手段，实现深海数据的高效传输和共享，为深海科学研究和应用提供便利条件。在深海信息应用服务方面，新一代信息技术的应用为深海科学研究和深海资源开发提供了强大支撑。超算、云计算、人工智能等技术的引入，使深海数值模拟、资源勘探等工作更加精准和高效。总体而言，深海智能科学技术的发展与应用，不仅可以加深对深海环境的认识，推动深海资源的开发利用，还可以为海洋科学研究、海洋灾害预警和海洋安全保障等方面提供更为全面和先进的解决方案，促进我国深海事业的快速发展和繁荣。

在深海智能技术的发展中，不论是载人深海装备，还是无人深海装备，智能化技术都在其中发挥着重要的作用。智能化技术在深海装备中的广泛应用，能大大提高其自主性、智能性和自适应性，使其能够在未知的深海环境中执行更复杂、更高风险的任务，促使我们对深海世界的认知和探索迈上新的高度。

当前，智能技术向深海赋能的方向主要包括以下六个方面。

1. 数据采集和处理

深海装备通常配备各种传感器和数据采集设备，以收集深海环境中的数据。水下数据传输信道极其受限，无法像地面一样采用云边端架构处理数据，需要提升边缘端的数据实时处理能力。而轻量化数据智能处理技术可以提升深海装备实时处理和原位分析能力，从而提取有用的信息，为科学研究和资源勘探提供重要支持。

2. 自主导航和避障

深海装备需要具备自主导航和避障能力，以在复杂的深海环境中安全航行。导航定位智能化技术，如激光雷达探测、水下目标识别与地形匹配导航等，可以帮助深海装备自主感知周围环境，识别障碍物，并做出相应的导航决策，从而避免在深海未知环境中出现碰撞和损坏。

3. 自主操作和执行

深海装备需要具备能根据任务要求自主执行操作的能力，如采集样本、拍摄图像、进行调查等。决策控制智能化技术可以使深海装备具备自主决策和控制能力，并根据场景和任务做出相应的行动计划和操作控制，提高工作效率和准确性。

4. 远程控制和通信

深海装备需要与远程控制中心或其他装备进行远程通信和控制。水声通信智能化技术可以提供可靠的远程通信和控制手段，使载人或无人装备间能够实时共享装备状态和数据，进行远程控制和指导，从而实现水下协同组网作业。

5. 能源监测和管理

深海装备通常需要长时间在深海环境中工作，深海中的能源供应是一个重要挑战。能源优化智能化技术可以帮助深海装备实时监测和管理能源消耗，根据任务和能源状况做出科学合理的能源管理决策，从而延长装备的工作时间和任务执行能力。

6. 装备设计和改进

深海装备往往沿用传统的结构设计与推进方式，限制了航行器在深海中的机动性和隐身性。水下仿生智能化技术可以通过模仿生物的运动方式，设计更为高效和灵活的推进系统，从而提高深海装备的机动性和隐身性。

基于以上技术方向的不断发展，我们可以大胆构想出几种未来服务于深海智能的新场景、新模式。

（1）数字孪生支撑下的深海装备开发新模式

若干年后，当用户接收深海装备时，他们还将同时验收一套详细的数字模型。每一特定的深海智能装备都不再"孤独"——它们都有一套自己的数字模型，可以在虚拟空间中对复杂任务进行效能测试和任务优化。在数字世界建立的装备模型，通过传感器实现与装备深海作业状态完全同步，如舵翼流体动力学的受力状态、承压结构应力和应变等。每次作业后，装备可以根据结构现有情况和历史载荷记录，及时分析和评估是否需要维修，能否承受下次深海任务的载荷。驾驶员、维修人员和工程师皆可查阅装备的历史数据和现有状态，以确保深海作业的安全。

（2）大科学实验和无人海洋测绘新模式

科学技术的发展使海洋观测由早期的船基常规观测，发展到目前的空、天、海、地一体化的全球海洋观（探）测网络，未来还将进一步深入到洋底，通过建设深海空间站、海－空基工作站、深海载荷装备、面向探测作业和重大战略的基础装备等，实现真正的立体全观测系统。无人海洋测绘指的是，依托云计算、物联网、人工智能和地理空间信息技术等，与先进的无线网络体系密切结合，以空间框架为支撑，在全海域范围内自动化地动态采集不同海域空间、时间、物质和能量的多种分辨率的海洋资源、生态环境、社会经济、自然灾害等方面的大数据或信息。按地理坐标，从局部到整体，从区域到全球进行整合、融合及多维可视化描述，构建全球综合性海图，建设认知型海洋实时可视分析计算及海洋复杂决策和态势预测体系。作为新的智能化海洋测绘技术，无人海洋测绘提供了一种前所未有的海洋测绘方式，用大数据、网络化手段来处理整个海洋的自然、社会活动等诸多方面的信息，为人类开发利用海洋保驾护航。

（3）深海生物资源高效开发利用新模式

高压、黑暗、低温、高盐、剧毒的深海环境孕育出很多具有特殊科研价值的生物资源。深海生物资源具有巨大的科学研究价值和开发潜力。比如，开发具有较高药用价值的物质，或从深海生物体内提取抗肿瘤、抗病毒、抗凝血等生物因子，从而推动制药产业的发展，为研制新型药物提供相应的活性物质；还可以利用深海热泉生物独特的生态系统为基因疗法提供基因宝库，运用基因修补方法治疗某些疾病；更可以利用深海微生物处理转化深海剧毒、重金属污染等有害物质，为清除陆上重金属、石油污染物等环境保护工作提供参考。

（4）全海深新时代海洋维权新平台

深海水文环境复杂，新型武器装备的隐蔽性和威慑性都远高于现有武器装备，在未来战争中具有特殊的战略地位和重要的军事价值，很可能成为未来全海深立体战争的新战场。目前，一些海军强国高度重视海战高技术武器装备的发展，深海将成为军事争夺的战略要地，主要军事大国纷纷建立海底作战基地，开辟深海战场。美国在水深 900 m 的洋底建立了借助深水装置固定的作战基地，以适应海底作战的需要；俄罗斯也研发了规模巨大的水泥潜艇，以图建立深海基地。在深海建立作战补给和维修中心及战备物资储备体系，都可为深海作战的顺利进行、牢牢控制战争主导权提供强有力的支持。深海智能科技的发展将提高我国对大面积深海海域的管控能力，实现对海上非法侵权活动的监控和早期预警，形成大范围、网络化、立体化、常态化的海域和核心利益区海洋信息的管理能力。

随着全球海洋变化、深渊海洋探索、极地观测、海洋环境感知、深海运载作业、海洋资源开发利用等领域成为各国主要竞争方向，人工智能、大数据和物联网等新兴技术的应用正逐渐成为推动海洋技术创新的关键驱动力。在人工智能领域，我国在技术发展和市场应用方面已经跻身国际领先集团。虽然仍存在一定差距，但国际巨头尚未形成对人工智能技术的垄断，这为我国深海装备的发展带来了难得的机遇。面对不断加速的人工智能转型，需要加快深海智能技术的顶层战略规划，并将目光投向建立未来国际竞争的新优势，加大深海信息基础设施建设，推动海洋装备的信息化和智能化升级，抓住当前由人工智能技术主导的装备变革机遇，并有效应对转型中的各种挑战。在未来的 10 ～ 20 年，我国有望在深海领域从追赶者转变为引领者，实现具有历史意义的跨越。

PART 2

The Path of Technological Innovation

for a
Maritime
Power

随着人类对海洋深处的持续探索，深海领域的科技发展正迈入前所未有的黄金时期。世界各大海洋国家正积极推动深海领域科技的新发展，包括海洋空间的开发利用、战略性资源的开发、先进技术装备的研发以及海洋环境保护。当今，全球深海科技创新呈现出一种新的态势，即"一超多强，中国崛起"的格局。美国是目前世界上深海科技研发的超级大国，一直处于该领域的领先地位，也是这一领域的研究中心；挪威、英国、法国、德国、荷兰、俄罗斯、日本等传统海洋强国也在积极布局深海领域的优势技术，引领深海科学研究的前沿。近二十年来，中国在海洋科技领域大力投入，当前研发规模与美国基本相当，研发力量仅次于美国，尤其是在深海领域的研发增速上，位居全球首位。印度、韩国和巴西等作为新兴海洋国家，研发增速也相当可观，具备了一定的研发实力。本章将系统性回顾各传统和新兴海洋强国的科技创新之路，并从历史和现实的角度，总结和展示中国海洋科学技术发展的历程和成就，增强中国海洋科技工作者建设海洋强国的使命感，为推动全球海洋治理、构建海洋命运共同体奉献中国智慧和中国方案。

2.1 美国——海洋超级大国

美国前总统肯尼迪曾经说过："最广泛地利用海洋，使之充分融入我们的国力，这对美国非常重要。"美国（图2-1）自始至终高度重视海洋战略，深刻认识到海洋对国家兴衰的关键作用。它在全球范围内率先制定海洋科技战略，以海洋科技实力为基础，聚焦全球海洋研究热点，以维护自身的海洋核心利益为目标，指导其未来海洋研究方向。美国全面布局海洋研究领域，特别关注深海探测与深海资源的开发利用。通过不断制定战略规划和政策，美国强化了其在全球海洋领域的影响力，维持着海洋强国地位。当前，美国在全球海洋研究中仍处于领先地位，其研究规模和影响力无可匹敌，并且研发速度持续增长。进入21世纪后，为了应对复杂多样的威胁，美国进一步加强了对关键海域的海上军事控制，并以此为基础实施和确立了新的海

图 2-1　美国——被海洋包围的国家

洋霸权战略。

2.1.1 美国持续布局海洋领域

进入海洋一直是海洋研究中的一个根本性难题，海洋研究基础设施对于一个国家在海洋科学中的领导地位至关重要。为了保持海洋超级大国的地位，美国在海洋领域进行了持续布局。2011 年，美国发布了《2030 年海洋研究与社会需求的关键基础设施》报告。这是一个针对海洋研究关键基础设施的建设计划，提出了面向 2030 年，包括水下滑翔机和水下机器人在内的观测平台类海洋研究基础设施的规划建议，用于满足 2030 年海洋基础研究需求和解决社会面临的重大问题，展示了美国对海洋技术发展的重视。2016 年，美国发布了《2025 年自主潜航器需求》报告。该报告提出了美国要致力于提高自主潜航器的独立性，确保自主潜航器可在最少人员干预下运行数日或数周。2018 年，美国又发布了《美国国家海洋科技发展：未来十年愿景》报告，规划研发船舶、潜水器等装备。近年来，美国国防部高级研究计划局（DARPA）重点关注水下无人系统、水下态势感知、水下及跨域通信等领域，推动发展长航时、长距离、可搭载大型有效载荷的无人潜航器和先进自主水下机器人系统等。最先进的海洋研究基础设施支撑着美国海洋科学研究和技术发展，为美国提供了持续的竞争力。

（1）海洋科学研究

2015 年 1 月 30 日，美国国家海洋委员会制定了《海洋变化：2015—2025 海洋科学 10 年计划》，确定了其海洋基础研究的关键领域。

一方面，美国确定了 21 世纪海洋科学 7 个重点突破方向：

①气候变率及其海洋因素变化；

②海洋生物地球化学和生态维度变化；

③海洋生态系统的生物多样性、复杂性和动态性；

④海底的地质、物理及生物学动态；

⑤高效新技术在全球海洋数据收集工作中的应用；

⑥加强合作助推海洋学成就;

⑦科学成就分析。

另一方面,在此基础上,美国又遴选出 8 项优先研究的海洋科学问题:

① 海平面变化的速率是多少,机制是什么,会产生什么样的影响和地理变异?

② 全球水文循环、土地利用、深海涌升流如何影响沿海和河口海洋及其生态系统?

③ 海洋生物化学和物理过程如何影响当前的气候及其变异,并且该系统在未来如何变化?

④ 生物多样性在海洋生态系统恢复力中的作用,以及它如何随自然和人为因素的影响而改变?

⑤ 到 21 世纪中叶及未来 100 年中,海洋食物网如何变化?

⑥ 控制海洋盆地形成的机制及其演化过程是什么?

⑦ 如何更好地表征风险,并提高预测大地震、海啸、海底滑坡和火山喷发等地质灾害的能力?

⑧ 海床环境的地球物理、化学、生物特征是什么,它如何影响全球元素循环和生命起源与演化?

(2)海洋科技发展

2018 年 11 月,美国国家科学技术委员会发布了《美国国家海洋科技发展:未来十年愿景》(表 2-1),强调充分利用全球范围内的远程和原位传感器收集各种海洋数据,强化海洋模型研究和产品研制,从而提高决策能力。该报告确定了未来 10 年(2018—2028 年)推进美国海洋科技发展的 5 个目标:理解地球系统中的海洋、促进经济繁荣、保障海上安全、守护人类健康、发展具有适应能力的沿海社区。在这 5 个发展目标下,美国又提出了 19 个科技目标和 101 项科学研究优先事项,以此作为未来 10 年推进其海洋科技事业发展的重点研究方向。在这些科技目标和科学研究优先事项中，有一些将产生短期效益，以满足社区、行业、海洋利益相关者和公众的迫切需要；另一些则会支撑中长期关键成果。在101个科学研究优先事项中，有45项为优先发展的海洋技术，它们是实现美国海洋科技未来10年5个发展目标的基石。《美国国家海洋科技发展：未来十年愿景》还提出了美国近期的重点工作任务，包括：

①将大数据方法充分整合到地球系统科学中；

②提高监测和预测建模能力；

③改进决策支持工具中的数据集成；

④支持海洋探测与表征；

⑤支持正在进行的研究和技术合作。

表2-1 《美国国家海洋科技发展：未来十年愿景》确定的发展目标和科技目标

序号	发展目标	科技目标
1	理解地球系统中的海洋	使研发基础设施现代化
		利用大数据
		开发地球系统模型
		促进研究成果的业务应用
2	促进经济繁荣	增加国内海洋食品生产
		勘探潜在能源
		评估海洋关键矿产
		平衡经济和生态效益
		提升蓝色劳动力
3	保障海上安全	提高海上情景感知能力
		了解不断变化的北极
		维护和加强海上运输

表 2-1（续）

序号	发展目标	科技目标
4	守护人类健康	预防和减少塑料污染
		提高海洋污染物和病原体的预测预报能力
		防治有害藻华
		发现天然产物
5	发展具有适应能力的沿海社区	为自然灾害和天气事件做好准备
		降低风险和脆弱性
		赋予地方和区域决策权力

2.1.2　美国深海领域的研究与开发

基于以上长期发展目标，美国实现了深海领域的研发全覆盖。在深海进入领域，美国在深潜器的设计制造及应用方面处于领先地位，在水下声学、水下导航、换能器、仿生推进等方面具有明显优势。在深海探测技术领域，美国在水体探测、水声信号处理、声学传感器、海洋光纤传感、海洋生态原位检测、水下照明、水下图像数据处理等方面的影响力居全球首位，在海洋生物学、水声学以及海洋电磁学领域优势明显。在深海生物资源开发领域，美国在生物多样性调查及采样、调查技术、深海微生物以及基因功能基础研究和利用等方面具有显著优势。在深海油气与矿产资源开发领域，美国在天然气水合物勘探与储量评估、天然气水合物与气候变化、深海油气开发与生态环境、深海油气资源的勘探、钻井、钻井平台、水下生产系统、天然气水合物钻井以及深海矿产采集装备等方向优势明显。

面向未来战略目标，美国将主要资源聚焦在发展适度超前的深海装备与技术方法、深海环境系统建模能力、支撑深海矿产与生物资源开发的新技术等方面，其深海装备不断向无人化、网络化、小型化、高精度、低能耗、智能化方向发展，深海环境系统建模能力则向着多学科融合、多数据源融合、多尺度融合的方向发展。

美国在海洋领域的科技领先优势源自其雄厚的人才资源。美国拥有众多全球知名的基础研究机构和技术开发机构。其基础研究机构可分为世界级海洋研究所和一流的海洋基金大学。其中，世界级海洋研究所包括美国伍兹霍尔海洋研究所（图2-2）、斯克里普斯研究所、美国蒙特利湾海洋研究所等；一流的海洋基金大学包括美国加州大学圣迭戈分校、俄勒冈州立大学、美国华盛顿大学等。这些科研院所在载人深潜器的运营维护、无人深潜器的设计、深海探测器的设计、深海探测传感器、深海生物研发、深海矿产开发等方面处于领先水平。技术开发机构指聚焦深海技术研发和装备制造的企业。在美国名声卓绝的技术开发机构中，美国蓝鳍金枪鱼公司拥有深受市场欢迎的无人自主航行器系列，美国国际海洋工程有限公司为全球最大的有缆无人潜水器运营商，美国Teledyne海洋系统公司的合成孔径声呐、三维成像声呐、声学通信调制解调器、声学流速剖面仪、温盐深仪（CTD）、矢量水听器等产品处于全球领先水平。

图2-2　伍兹霍尔海洋研究所的研究概况

（1）深海研究机构

在深海领域的基础研究机构中，伍兹霍尔海洋研究所是一家综合性海洋科学研究机构，拥有自治水下机器人 REMUS、深潜器"阿尔文"、有缆遥控水下机器人 ATV 等，负责深海潜水设施运营维护升级、海洋观测行动计划的管理与运作，其主要研究涉及低功率高精度导航系统、水下机器人相关技术、水下传感器网络、深海探测应用技术、发光传感器等领域。蒙特利湾海洋研究所是一家致力于前沿科学研究并且发展海洋技术的机构，共有 8 个研究方向：底栖过程、中层水研究、上层大洋生物地球化学、大洋观测系统、水下航行器的强化和升级、新型仪器研发、设备的支撑、信息传播与普及。

该机构在深海领域取得了许多卓越的研究成果，包括 MARS 海底观测网络、蒙特利海底宽带地震仪（MOBB）、水下激光拉曼光谱仪、环境样品处理系统（ESP）、"海中之眼"深海相机（EITS）等。麻省理工学院拥有 CARIBOU、CETUS、ANTHOS 等 AUV，其主要研究涉及 AUV 设计、数据同化、路径规划、生物光学传感器、海底地震仪测量、水下监测机器人合作网络、水下光通信技术、柔性聚合物膜微传感器阵列、电化学传感器研究等领域。华盛顿大学西雅图分校是一所世界著名的研究型大学，在深海探测技术领域主要侧重水下无线传感器网络、低声多普勒流廓线仪、海底地震监测、光电传感器、生化传感器、地震探测、海洋声学技术等方向的研究。其与华盛顿大学应用物理实验室合作研制的翼身融合水下声学滑翔机（XRay 和 ZRay）声学探测性能优异，是美军近海水下持续监视网（PLUSNet）的一部分。加州大学圣迭戈分校是世界顶尖的公立研究型大学，其主要研究领域涉及海洋动力传感器、水下无线光通信技术、化学传感器、耐压 pH 传感器及其应用研究。美国国家海洋和大气管理局的研究涉及 HOV（Human Occupied Vehicle 载人潜水器）、AUV、ROV（Remotely Operated Vehicle 无人遥控潜水器）和 AUG（Automous Underwater Glider 自主水下滑翔机）相关技术，以及深海探测技术、海洋声学技术、深 Argo 阵列设计、仿生传感器等的应用。德克萨斯大学在深海探测领域主要进行亚硝酸盐安培生物传感器、海底地震测量、仿生传感器等的研究。哥伦比亚大学与美国 Lamont-Doherty 地球观测所共同研发的 AquaLAB 深海气密采水器的采集深度达 6 000 m，其在深海探测领域主要进行深水 Argo 阵列设计、深海气旋研究、大气 – 海洋耦合系统的研究等。美国夏威夷大学在海洋生态系统、海洋生物化学过程、珊瑚礁和海洋渔业、海洋和人类的互相作用等领域具有较强的研究实力。美国国家地质调查局的研发领域涉及油气资源、天然气水合物、矿产资源的勘探、调查与评价，以及天然气水合物的资源详查、生产技术、全球气候变化安全、海底稳定性等。美国能源部牵头组织启动了国家级甲烷水合物研发计划。该计划旨在对美国阿拉斯加北坡和墨西哥湾开展大规模的地质与地球物理调查、资源潜力评价、钻探调查等。美国科罗拉多矿业学院开展了水合物形成和分解机制、水合物结构等基础研究，建立了地下矿床 3D 地质模型，为矿产资源勘探开发提供定位和表征数据。美国海军已成功研发了 Trieste 号载人深潜器、Alvin 号载人深潜器、NR1 核动力潜艇等一系列大深度载人深潜器，并开始对深海进行高频率的探测和作业。

（2）深海科技公司

在深海领域的代表性企业中，美国 Triton 公司成功研制了 Triton 36000/2 哈达尔探险系统（Hadal Exploration System）全海深载人深潜器（图 2-3）。2019 年 5 月 14 日，美国探险家维克多·维斯科沃乘坐该公司研制的 TRITON 36000/DSV 极限因子号（Limiting Factor）载人深潜器到达马里亚纳海沟 10 927 m 深处的海底，创造了人类到达海洋最大的深度纪录。美国 DeepFlight 公司致力于研制全海深载人深潜器"深海飞行挑战者（DeepFlight Challenger）"。该深潜器的水下作业时间长达 24 小时。美国 SEAmagine 公司是一家小型载人深潜器设计 / 制造商，其代表性产品包括 OceanPearl 型载人潜水器、Aurora 系列奢华型载人深潜器、Triumph 型载人深潜器等。

蓝鳍金枪鱼机器人技术公司致力于提供包括载体、支持设备、备件、操

图2-3　美国深海载人潜水器

作软件、培训和支持在内的全方位服务，设计并交付了80多种无人系统，其中许多系统涉及反水雷应用。该公司的AUV为模块化设计，可在现场快速更换电池或有效载荷，不仅提高了海上作业效率，也使实现多重任务成为可能。国际海洋工程公司是全球最大的有缆遥控无人深潜器运营商，也是世界上最大的ROV系统制造商，其生产的ROV包括不同水深的额定工作类系统。该公司主要是为石油和天然气工业提供服务。美国利丹仪器公司韦伯海事研究所（Teledyne Webb Research）是世界领先的海洋研究和监测科学仪器设计/制造商，也是国外唯一开展温差能水下滑翔机研发的机构。该公司于1991年成功研制了最早的水下滑翔机——洛库姆无人水下滑翔机（Slocum Underwater Glider，以下简称Slocum）。

　　经过多年不断完善，Slocum已成为当前应用最为广泛的水下滑翔机产品之一。洛克希德·马丁公司在消耗性的海洋仪器、气象仪器和相关的数据采集系统、潜艇和飞机的通信和导航天线系统、反潜战训练和其他特殊任务的自动水下机器人领域处于领先地位。该公司的产品线包括对抗系统、海空系统、水下机器人。美国 LinkQuest 是海洋钻探和其他海洋应用研究的领先制造商，也是世界上唯一一家能够生产精密水声调制解调器、超短基线（USBL）跟踪系统、声学海流剖面仪、多普勒速度测井和多波束回声探测仪的公司。美国海鸟科技集团是世界上最大的海洋参数测量产品开发商和制造商，其主要产品有系列化 CTD、多参数水质分析仪、水下光学传感器。美国哈希公司是全球领先的水质分析解决方案提供商，其主要产品包括实验室分析仪、在线分析仪、便携式分析仪、水质自动采样器、流量计等。美国 YSI 集团是世界上领先的水质、流速流量监测仪制造商，拥有世界领先的传感器核心技术，也是世界上唯一一家同时掌握水质与流速流量测量技术的公司，其主要产品包括 YSI 水质分析仪、YSI 多参数水质监测系统、SonTek/YSI 声学多普勒流速流量测量系统、YSI 集成系统等。美国通用电气公司是全球知名传感器厂商之一，其主要传感器产品包括压力传感器、温度传感器、光学传感器等。美国 Teledyne Technologies 公司旨在为深水油气勘探和生产、海洋研究、空气和水质环境监测、工厂自动化、医疗成像等提供技术支持，其主要产品包括 Teledyne 便携式氧分析仪、Teledyne 在线氧分析仪、Teledyne 气体分析仪、Teledyne 氧传感器等。美国 CODAR 海洋传感器公司在地波雷达领域具有领先技术。它专注于研究、设计和制造高频雷达系统，以用于监测海流和波浪。美国 Geometrics 是专业的地球物理勘探设备厂商，其代表性产品有 G-882 铯光泵海洋磁力仪、GeoEel 海洋数字地震拖缆系统。

美国埃克森美孚公司（图 2-4）主要从事深水油气资源开发。美国斯伦贝谢公司是全球最大的油田技术服务公司，主要开展深水油气开发水下井控和水下监控服务。美国哈里伯顿公司致力于为油气田勘探、开发和钻井提供设备和服务，是全球主要能源服务公司之一。美国 Technip FMC 公司是全球最大的水下生产系统供应商，主要从事石油、天然气、石油化工以及其他工业项目的设计和建设服务，其水下业务涉及水下生产系统和脐带缆、水下管汇与管线、浮动式与固定式平台、停泊服务、钻探服务等。

图 2-4　美国埃克森美孚公司

2.2　英国——老牌海洋强国

在深海领域，英国基础研究和技术研发影响力居全球第2位，仅次于美国。近几年，英国承担了欧盟"地平线2020"计划中的"机器人水下勘探"项目。英国国家海洋科学中心、英国南安普顿大学在有缆无人潜水器、水下通信、三维成像声呐、深海生物多样性研究等方面研发能力突出。英国Sonardyne公司、海眼公司、Macam公司等分别占据了水下导航、水下推进技术、水下光谱测量仪等产品的国际市场。

2.2.1　英国的海洋科学战略

作为老牌海洋强国，英国在追求海洋科技全面引领目标的同时，更加注重海洋可再生能源技术和自动探测技术的发展。近年来，英国特别重视海洋研究的规划设计，鼓励引导科技力量关注对英国具有战略意义的研究领域。2010年，英国政府发布《英国海洋科学战略2010—2050》（图2-5）。这是一个旨在促进通过政府、企业、非政府组织以及其他部门的力量支持英国海洋科学发展、海洋部门相互合作的战略框架。其提出的具体措施包括：确定高级别的海洋科学优先领域；消除部门和区域壁垒，促进科学发展。该战略包括3个海洋科学优先领域，即理解海洋生态系统的功能及运行机制、对气候变化及其与海洋环境之间的相互作用做出响应、维持和增加海洋生态系统带来的利益。

2010年2月3日，英国政府正式发布《英国海洋科学战略》报告，旨在使其在今后拥有世界领先的海洋科研知识。该战略将未来15年英国海洋科学研究的重点方向确定为3个方面，即海洋生态系统如何运行，如何应对气候变化及其与海洋环境之间的互动关系，增加海洋的生态效益并推动其可持续发展。为此，英国还成立了专门委员会，来负责推进这项战略的实施。

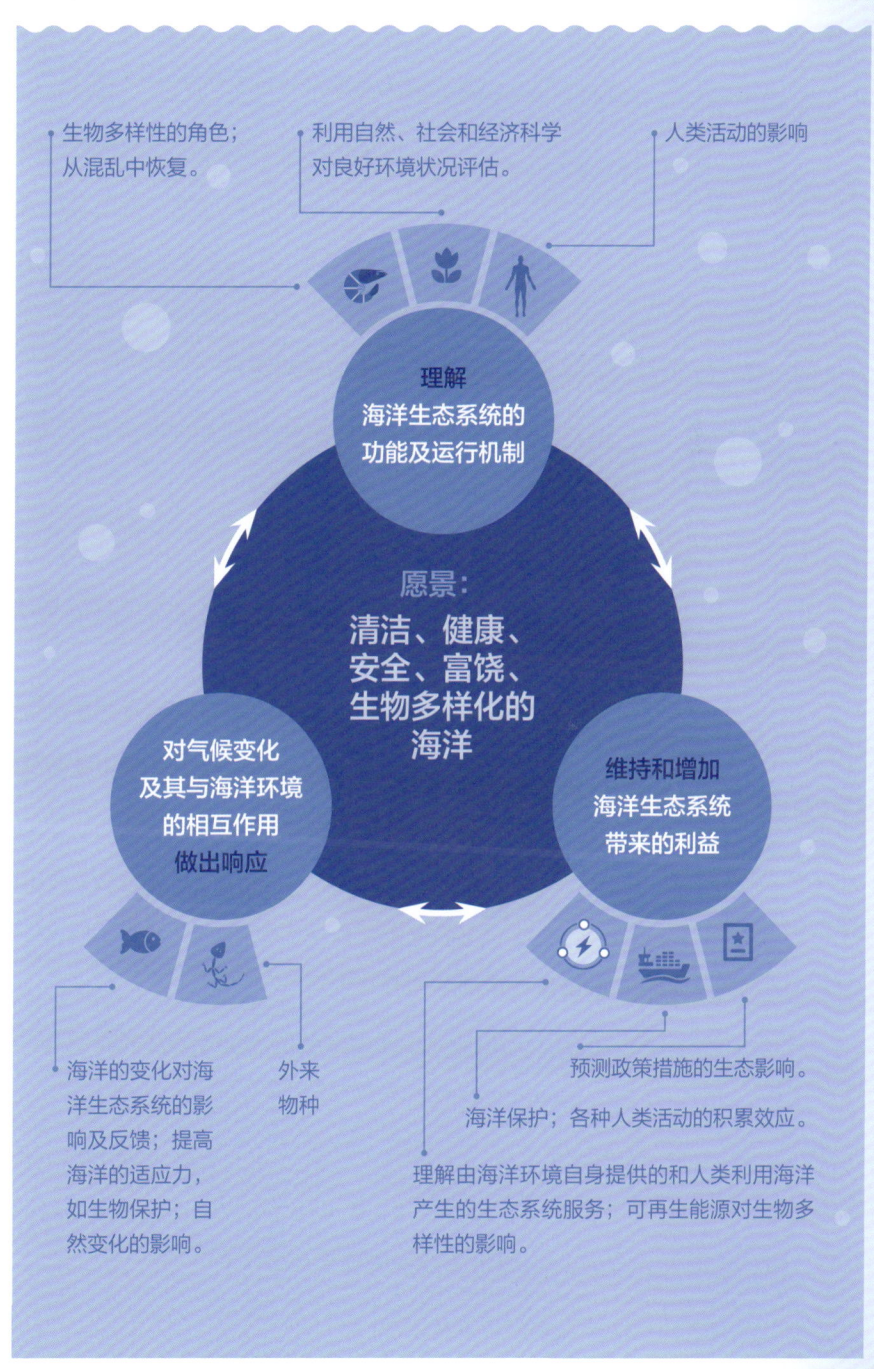

生物多样性的角色；从混乱中恢复。

利用自然、社会和经济科学对良好环境状况评估。

人类活动的影响

理解
海洋生态系统的功能及运行机制

愿景：
清洁、健康、安全、富饶、生物多样化的海洋

对气候变化及其与海洋环境的相互作用做出响应

维持和增加海洋生态系统带来的利益

海洋的变化对海洋生态系统的影响及反馈；提高海洋的适应力，如生物保护；自然变化的影响。

外来物种

预测政策措施的生态影响。

海洋保护；各种人类活动的积累效应。

理解由海洋环境自身提供的和人类利用海洋产生的生态系统服务；可再生能源对生物多样性的影响。

图 2-5　科学优先领域与政策愿景的关系

2018 年 3 月，英国政府科学管理办公室（GOS）发布《预见未来海洋》报告，为未来的海洋发展提供指导方向。该报告从海洋经济发展、海洋环境保护、全球海洋合作、海洋科学 4 个方面，对英国的海洋战略进行了现状分析和未来需求展望。在海洋科学方面，报告提出了几项关键的研究需求：提高海平面上升和沿海洪水的模拟水平，以便优化基础设施建设，减低沿海社区的不确定性；研究现代海洋通信技术，提升传输和电池技术；研究海洋变暖和海洋酸化及其对海洋环境的累积影响；研究海洋生态系统在可预见的威胁下的崩溃"临界点"；推进大数据成为创新的驱动力，确保英国有足够的存储能力和分析能力，协调政府内部在大数据方面的合作。

2020 年 7 月 21 日，英国国家海洋中心（National Oceanography Center，NOC）又发布了《2020—2025 战略重点：定义未来》（*STRATEGIC PRIORITIES 2020—2025: DEFINING OUR FUTURE*），提出了面向未来的 5 年期战略目标，促进人们对海洋的认知，以应对人类和地球面临的重大环境、资源挑战。

NOC 提出四大战略目标。

① 开展创新研究，推进海洋知识前沿，重点关注气候和碳循环、沿海区和陆架海；海底资源和生境；平台、传感器、模型和数据系统开发。

② 创造公共利益，为国际合作和政府决策提供科学支撑，支持实现联合国可持续发展目标。

③ 引领前沿研究，并与企业广泛合作开发创新产品。

④ 赋能研究，通过超级设施和顶尖技术保障英国和全球海洋科学事业的顺利开展。

此外，NOC 还指出，通过拓展研究的深度、创造新技术、提供顶尖培训环境，将对保持 NOC 在海洋科学方面的世界领先地位具有重要意义。

2.2.2　英国深海领域的研究与开发

（1）深海研究机构

英国在深海领域的主要研究机构包括英国国家海洋科学中心、英国南安普顿大学、英国帝国理工学院等。其中，英国国家海洋科学中心致力于为国家提供进行海洋科学研究所需要的能力，包括皇家科研船、深海潜艇（图2-6为英国机敏级核潜艇）、先进的海洋探测器等设备。该中心在深海进入领域，主要进行 AUV、ROV、水下通信、深海生物多样性等方面的研究；在深海探测领域，侧重潮汐流应用研究、海洋酸化原位传感器、海底地震仪、海洋生态系统中甲烷监测、pH 测量等方面的研究；在深海生物资源开发领域，主要研究方向包括浮游生物、暮色区域、海底生物、极端环境、海

图 2-6　英国机敏级核潜艇

洋洋流、生态系统模拟等。英国南安普顿大学是国际上较早研制海洋可控源发射系统的科研机构，其海洋学研究主要依托南安普顿国家海洋中心开展。南安普顿国家海洋中心是全球最大的海洋研究机构之一，专注于探索海洋和海床的奥秘，研究领域包括海洋的演变和发展、气候变化以及技术发展。在 20 世纪 80 年代中期，它成功研制了深海拖拽式电磁发射仪（DASI）。该设备目前已被应用于海洋油气和天然气水合物勘探中。在深海探测领域，英国南安普顿大学的研究方向包括地质碳储存监测、海底沉积物电化学传感器、海洋内波、pH 测量传感器等。英国帝国理工学院侧重水下推进技术研究，其地球和海洋科学专业在英国大学中排名第 5（2022 年卫报地球和海洋科学专业英国大学排名）。

（2）深海科技公司

英国在深海领域的代表性企业包括英国海底七公司（Subsea 7）、英国奎奈蒂克公司、英国 Western Geco 公司、英国国际海洋工程公司、英国海底资源有限公司、英国海眼公司等。其中，英国海底七公司是全球领先的海底工程和建筑公司，在水下传感器部署、浮标锚固等技术方面处于领先地位。该公司提供从海底到水面工程、施工和服务，拥有众多的施工、勘测和潜水设备，能够在全球主要的近海石油和天然气领域开展业务。目前，其业务主要集中在北海、地中海、加拿大、巴西、亚太、中东、非洲、墨西哥湾等国家或地区。英国奎奈蒂克公司是一家跨国防御技术公司，与多个国家的海军和海军造船部合作，主要技术和产品有 2193 型声呐、综合勇士系统（IWS）等。英国 Western Geco 公司是一家地震探测技术公司，其代表性产品有海底地震仪、海洋地震拖缆系统。英国国际海洋工程公司是深水油气资源开发中的海底连接专家，为深水水下生产提供解决方案，并将 ROV 应用于深海油气资源开发。英国海底资源有限公司获得了国际海底管理局 2 块多金属结核区域的勘探许可。英国海眼公司的主要产品为 ROV，其大部分产品同时具有观测和作业的功能，占据了全球中小型 ROV 市场份额的 57%。

2.3　欧盟——面向可持续发展

欧盟作为一个整体，非常重视在海洋科技领域的竞争与发展。它依托英德法的海洋科技优势，引领着世界海洋科技发展，在海洋设备制造、深海探测、海洋可再生能源开发方面具有显著优势。

2.3.1　欧盟整体海洋发展战略

欧洲海洋局（European Marine Board，EMB）发布的《第四次导航未来》是 2001 年起开始出版的系列报告《导航未来》的延续，从多个方面阐述了欧洲海洋研究的未来优先研究领域，为下一个时期的欧洲海洋研究提供了一个蓝图。

《欧洲离岸可再生能源路线图》重点阐述了海上风能、波浪能和潮汐能三大离岸可再生能源的协同增效效益以及发展所面临的机遇与挑战。《欧洲海洋可再生能源——欧洲新能源时代的挑战和机遇》指出，到 2050 年，欧洲 50% 的电力需求将从海洋获得，需要采取措施确保海洋可再生能源纳入欧洲海洋研究议程。欧洲海洋局发布的《潜得更深：21 世纪深海研究面临的挑战》从深海研究现状、相关知识缺口以及未来开发和管理深海资源的一些需求出发，提出了未来深海研究的目标与关键行动领域。《欧盟深海和海底前沿计划》则讨论了未来 10 ~ 15 年与深海生态系统、气候变化、地质灾害和海洋资源相关的海洋科学问题，以在欧洲范围内提供面向可持续性海洋资源管理的路径，制定海底采样战略，从而提高对深海和海底过程的认识。欧盟《海洋生物技术战略研究与创新路线图》（2016—2030）（表 2-2）指出，"在工业酶、药物、功能性食品、化妆品和农产品市场上，存在扩大海洋生物资源用途的重大机遇"，并提出"探索海洋环境、海洋生物质开发和利用、海洋生物制品创新和拓展、技术和基础设施保障、政策支持和激励"5部分主题任务。

表2-2 《海洋生物技术战略研究与创新路线图》主题任务

主题／子主题	长期挑战（2020—2030）
一、探索海洋环境	
确定海洋生物来源 探索海洋栖息地 鉴定海洋物种和物质特性	继续开发新的海洋空间和生物多样性热点区域，如深海和极地； 发展下一代采样技术，发展新一代自动水下机器人及远程水下采样和分析系统； 发展海洋生物活性物质快速分类和化学及生化评价的新方法。
二、海洋生物质开发和利用	
野生海洋生物资源可持续性利用 海洋生物可持续性养殖 海洋生物质提炼	藻类等海洋生物资源的可持续性开采； 发展海洋生物质近海和陆地水产养殖技术； 下一代海洋生物活性成分提取和纯化方法。
三、海洋生物制品创新和拓展	
人类和动物健康制品 食物和饲料制品 新工业制品和加工 环境监测用产品	继续拓展海洋生物制品新来源； 新一代海洋生物相容材料； 定制健康饮食； 发展合成生物学技术； 环境生物指示剂及传感器、生物修复和海洋健康。
四、技术和基础设施保障	
产学研合作网络 开发海洋生物技术工具 基础设施保障	建立、完善跨学科海洋生物技术创新研究合作网络； 开发海洋生物技术新工具和方法； 创建试点设施、材料仓储和相关数据库； 加强海洋专业研究生技术培训。

表 2-2（续）

主题 / 子主题	长期挑战（2020—2030）
五、政策支持和激励	
法律政策 环境规章制度 发展生物经济	执行全球和国家管辖外范围资源利用协议； 海洋生物资源利用通用许可协议； 鼓励建立海洋生物技术商业专用风险投资基金、创新开放基金、工业专项基金等资金支持体系； 提供海洋生物技术应用的市场支持； 构建海洋生物技术行业公私合作伙伴关系（PPPs）。

2.3.2 欧盟各国深海领域的研究与开发

《潜的更深：21 世纪深海研究面临的挑战》的主要内容包括以下 8 个方面。

① 加强对深海系统的认知：支持深海生态系统及其他更广泛学科的基础研究；开发科学而创新型的深海资源管理模式；为重要的深海地点建立长期监测与观测项目和系统。

② 评估深海各种驱动力、压力及其影响：提高对自然和人为的驱动力、压力和影响的认识；了解压力因子的相互作用及累积影响；建立深海系统的"优良环境状态"；调研深海目标资源的替代供应策略；降低各因子的影响并设立重点区域的战略性环境管理计划。

③ 促进跨学科研究以应对深海的各种复杂挑战：促进跨部门研究合作，例如企业与学术界、学术界与非政府组织等；创建一个海洋知识与创新团体；在职业研究人员的早期培训过程中融入跨学科的和以问题为导向的方法。

④ 创新资助机制以填补知识空白：将公共资金用于基础研究以支撑可持续性研究和保护自然资源；开发和部署创新的资助机制和持续性的资助，用于研究与观测；促进国际合作，协同绘制深海海床以推进研究和空间规划。

⑤ 提升用于深海研究和观测的技术与基础设施：促进并快速开发用于平

台、传感器和试验研究的新技术；开发多用途的深海平台并加以利用；改善当前计算能力与方法，用于深海科学的物理和生物建模；开发用于测量生物和生物地球化学参数的传感器；支持企业与学术界在技术开发领域的合作。

⑥ 培养深海研究领域的人才：促进并扩大在研究、政策与产业领域的培训和就业机会；兼顾科研和技术专家的需求。

⑦ 提升深海资源的透明度及数据的开发获取，并对其进行恰当的管理：在建立众多的法律和政策框架以解决深海资源引发的相关问题时，确保足够的专家和专业知识的参与；将提供透明度和数据的开发获取作为深海管理的指导原则；增强研究和企业之间的技术转化；制定深海生态系统恢复协议。

⑧ 面向社会展示有关深海的著作，以激励和教育公众爱护珍惜深海生态系统、商品和服务：加强宣传和教育，利用海洋主题的优质文学著作，向学生和公众展示深海的重要价值；将海洋文化和素养嵌入深海研究计划与项目中。

（1）法国

在欧盟各国中，法国在深海领域的整体水平较高，其研发力量居第3位，基础研究机构数量、技术开发机构数量位居前列。在深海进入领域，法国的研究主要集中在 HOV、AUV、ROV、AUG 等潜水器的研究与开发（图2-7为法国凯旋级核潜艇），以及水下通信技术、水下导航定位技术和水下动力推进技术。

在深海探测技术领域，法国在声学传感探测技术方面占据优势。在深海生物资源开发领域，其研究主要集中在深海生物调查技术、深海生物基因开发与利用、深海微生物基础研究与利用等方面。法国在这些领域的基础研究和技术开发影响力，以及国家间的科研合作关系较为突出。在深海油气与矿产资源开发领域，法国的基础研究主要集中在深海油气、天然气水合物和矿产资源开发对环境的影响等方向；技术开发主要集中在海上油气平台、水下生产系统、天然气水合物勘探等方向。

法国在深海领域的主要研究机构包括法国海洋开发研究院、法国索邦大学、法国地中海大学、法国国家科学研究中心等。其中，法国海洋开发研究院是法国唯一的专门从事海洋开发研究和规划的重要机构。它在深海进入领域，主要进行载人深潜器技术、无人自主航行器、水下推进技术、水下通信、水下视频、冷泉、热液、深海沉积扇等研究；在深海探测技术领域，主要进行水下光学通信、生化传感器、环境动力传感器应用研究；在深海生物资源开发领域，主要进行海洋生态系统、浮游植物和浮游动物监测、环境微生物学与藻类毒素、生物资源勘探研究；在深海油气与矿产资源开发领域，主要围绕天然气水合物、矿产资源等开展勘探开发研究。法国索邦大学在深海探测技术领域主要进行浮游动物水下成像技术、声学探测技术等研究。法国地中海大学研发了用于测量深海微生物活动的 HPSS 高压系列采水器。该设备能够在不同海洋深度中进行多次采样。隶属于法国国家科学研究中心的国家宇宙科学研究所主要进行天然气水合物勘探调查、深海矿产资源勘探、深海采矿环境影响等深海油气与矿产资源的开发研究。

法国在深海领域的代表性企业包括法国泰雷兹集团、法国 iXblue 公司、法国 Hytec 公司、法国道达尔公司、法国地球物理公司等；代表性技术包括

图 2-7　法国凯旋级核潜艇

水下光电技术、水下惯性导航技术等。法国泰雷兹集团是一家从事研发和生产航空、防御及信息技术服务产品的专业电子高科技公司，主要技术和产品有水下系统、拖曳式声呐、合成孔径雷达 T-sas 和光纤水听器。

法国 iXblue 公司以研发和生产高性能、高可靠性的光纤罗经、惯性导航系统、水下短基线声学定位系统、各型声学释放器以及合成孔径侧扫声呐深水拖曳系统而闻名于业界。进入市场十几年来，其产品已在海洋调查、海洋勘探、海洋工程、海上石油、环境监测、科研考古等领域得到广泛应用和稳步发展。法国 Hytec 公司成立于 1936 年，为法国 ECA 集团旗下 14 家子公司之一，其产品包括 ROV、AUV、无人机、无人艇等。"Robin"ROV 是该公司为法国海洋开发研究院所定制研发和生产的产品，曾于 1987 年参与打捞泰坦尼克号；公司产品 H1000ROV 服务于法国海军，被用于介入搜寻"沉睡"在 1 000 m 海底的失事船只和飞行器残骸。法国道达尔公司主要从事深水油气资源开发，在西非几内亚湾包括安哥拉、刚果、尼日利亚、毛里塔尼亚以及中国北海等国家和地区拥有多个深海油气开发项目。法国地球物理公司是全球最大的地球物理勘探公司之一，主要利用地球物理特别是地震勘探方法开展石油、矿物及地下水的勘探业务。

（2）挪威

挪威在深海技术开发方面的能力也非常突出，其技术开发机构的数量在全球排名第 2，仅次于美国。挪威在创新技术市场布局，以及基础研究和技术研发方面的影响力也位居前列。

挪威在深海进入领域的研究主要集中在 AUV 控制技术、AUV 载荷、ROV 布放及作业技术、水声通信、换能器、海底电缆、惯性导航等方向；在深海探测技术领域的研究主要集中在电磁探测、海洋光谱检测、水体探测、声学传感器、海洋光纤传感、图像数据处理等方向；在深海生物资源开发领域，特别注重创新技术市场布局；在深海油气与矿产资源开发领域的技术开发主要集中在天然气水合物勘探（图 2-8 为挪威 TrollA 深海天然气平台）、深海油气勘探、钻井、水下生产系统等方向。

挪威是世界上少数几个海洋产业各大领域完全聚集的国家之一。在深海领域，挪威科技大学是该国主要的科研机构，也是挪威最顶尖的工程学与工业技术研究中心。2016年，该大学研发出一款名为Eelume的水底蛇形机器人，用于执行钻探、调查、设备维修等水下任务。挪威的代表性企业包括挪威康斯伯格海事公司、挪威安德拉仪器公司、挪威PGS地球物理公司等。其中，挪威康斯伯格海事公司主要研发和生产海洋领域中的自动监测控制系统产品，是水下长基线定位领域的三个领头羊之一，在无人自主航行器、水下定位通信、水下推进技术、合成孔径声呐等方面实力显著，位居世界前列。挪威安德拉仪器公司是全球知名的气象、水文、海洋测量仪器设备研制和生产企业，其产品主要包括海水多参数观测平台、多普勒流速流向仪、水位记录仪、TOC分析仪等。挪威PGS地球物理公司是一家从事海底地震勘探，获取并提供海底地震勘探图像及三维数据的海洋石油物探公司，其代表产品包括GeoStreamer海底地震拖缆系统、地震源系统、地震数据处理软件。

图2-8 挪威TrollA深海天然气平台

（3）德国

德国在深海领域表现均衡，整体水平较高，其科学研究影响力在全球排名第1，科学研究合作能力和创新技术布局能力处于较高水平。德国在无人自主航行器、水声定位导航设备、水声通信设备、水下光学仪器等技术领域形成了较强的竞争力（图2-9为德国"太阳"号深海研究船）。

德国在深海进入领域的研发，主要集中在AUV、ROV、AUG水下无人潜水器的应用研究，以及AUV整体设计、声学换能器、海底电缆、惯性导航/组合导航、潜水器推进、能源动力等方向的技术研发；在深海探测技术领域的研究，主要集中在电磁法探测技术、海洋声学测绘技术和多波束探测技术，且这些技术的影响力均居世界前列；在深海生物资源开发领域的研究，主要集中在深海生物调查技术、深海生物基因开发与利用、深海微生物基础研究与利用；在深海油气与矿产资源开发领域的研究，主要集中在天然气水合物和深海矿产资源开发。

德国在深海领域的主要研究机构有德国亥姆霍兹基尔海洋研究中心、德国不来梅大学、德国阿尔弗雷·德韦格纳研究所亥姆霍兹极地与海洋研究中

图2-9　德国"太阳"号深海研究船

心（AWI）等。其中，德国亥姆霍兹基尔海洋研究中心致力于海洋科学的研究，包括可燃冰多传感器探测、环境动力传感器应用研究、海洋电磁研究、从海底地质学到海洋气候学有关方向的跨学科研究。其运营的 JAGO 是德国唯一的载人深潜器。该中心还研制了用于海洋 CSEM 数据采集的发射源和采集站，开展了深海热液矿产资源研究。德国不来梅大学专注于生态系统、海洋生物的适应策略、海洋系统和食物中的功能多样性以及生物活性痕量元素的循环等研究方向，并开展深海地质勘探、矿产资源等深海油气与矿产资源开发研究，研发了海底钻机 MARUM-MeBo70、MeBo200 等海底采样设备，建设了国际核心资源库，存放由欧洲负责的大西洋及北冰洋钻井样品。德国阿尔弗雷·德韦格纳研究所亥姆霍兹极地与海洋研究中心主要从事极地、海洋与气候方面的研究，在深海油气与矿产资源开发领域主要开展深海矿产资源的地球化学及地质学研究。

德国在深海领域的代表性企业有德国阿特拉斯电子公司（Atlas Elektronik）、德国西门子股份公司（Siemens AG）、德国克虏伯·阿特拉斯电子公司（KRUPP ATLAS ELEKTRONIK GmbH）、德国 CONTROS 公司、德国 Hydro-Bios 公司、德国 WTW 公司、德国巴斯夫股份公司（BASFSE）等。其中，德国阿特拉斯电子公司的子公司 ATLAS MARIDAN 主要进行水下机器人的研发和生产。德国西门子股份公司是全球知名的传感器制造厂商，其主要的传感器产品有温度传感器、压力传感器、水下传感器组件等。德国克虏伯·阿特拉斯电子公司主要提供海军民用电子设备，其产品包括声呐、潜艇和水面舰艇的鱼雷和水雷系统、水下传感器、海底传感器、水下监测方法、海啸预警系统、通信浮标等。德国 CONTROS 公司主要的技术产品有用于监测碳氢化合物、二氧化碳、水中石油等资源的水下传感器系统，其创新技术布局能力较强。德国 Hydro-Bios 公司专精于底泥采样技术，其主要产品有拖网、抓斗式采泥器、Ekman-Birge 箱式采泥器、浮游生物沉降器等。德国 WTW 公司是一家传感器、分析仪器生产商，其主要产品有 pH/ORP、溶解氧 /BOD/ 呼吸速率、电导率、浊度、总氮、总磷等传感器、分析仪等。德国巴斯夫股份公司是全球最大的化学品生产商，其主要业务之一是研发、生产、销售动物保健产品。该公司于 1988—2018 年间，注册了全球所有海洋遗传资源序列 47% 的专利。

（4）荷兰

荷兰在深海领域的基础研究和技术研发方面的影响力颇具优势，在国家间科研合作关系、创新技术市场布局、研发增速等方面的能力均高于老牌海洋强国平均水平。

在深海进入领域，荷兰的研发主要集中在 ROV 应用技术、水下传感器网络、水下环境参数匹配导航等基础研发方向，以及 AUV 的整体设计、布放回收、负载载荷等技术研发方向。在深海探测技术领域，荷兰的研发主要集中在声学传感探测。在深海生物资源开发领域，荷兰的研究涉及深海生物调查技术、深海生物基因开发与利用、深海微生物基础研究与利用。在深海油气与矿产资源开发领域，荷兰的研究涉及深海油气资源开发、天然气水合物开发和深海矿产资源开发。

荷兰在深海领域的主要研究机构有荷兰乌德勒支大学、荷兰皇家海洋研究所、荷兰瓦赫宁根大学、荷兰代尔夫特理工大学、荷兰应用科学研究组织等，代表性企业包括荷兰 U-BoatWorx 公司、荷兰皇家壳牌石油公司、荷兰辉固国际集团、荷兰 RADAC 公司、荷兰 Datawell 公司等。

荷兰辉固国际集团的无人水面舰艇 FAS-900 效果图。

荷兰 U-BoatWorx 公司是最先进的私人潜水器制造商，并推出了全球第一个 35 m "水下娱乐平台" 潜艇概念。荷兰皇家壳牌石油公司是美国墨西哥湾重要的海上石油和天然气生产商之一，在深海钻井、SO 系统研发、立管技术等领域处于领先水平，并且开发了螺旋脐带式运输管道采油系统。荷兰辉固国际集团的海洋勘察业务包括海底电缆 / 管线路调查、地球物理工程测量、钻井平台及海上结构物基础调查、水下检测和勘探等。荷兰 RADAC 公司致力于高质量雷达系统的研发、生产和销售，其主要产品有 WaveGuide 平台测波仪、船用测波仪、波向测量系统、雷达水位计、潮位计、潮位仪、验潮仪。荷兰 Datawell 公司在浮标技术的市场布局方面表现优异，其主要产品有 MKIII 型测波浮标、GPS 型测波浮标、波浪骑士等。

（5）意大利

意大利在深海领域的科学研究合作能力、创新技术市场布局能力、研发增速和技术开发增速均略高于老牌海洋强国平均水平。

意大利在深海进入领域的研究，主要集中在无缆自治潜水器；在深海探测领域的研究，主要集中在光学传感探测技术；在深海生物资源开发领域的研究，主要集中在深海生物调查技术、深海生物基因开发与利用技术、深海微生物基础研究与利用技术；在深海油气与矿产资源开发领域的研究，主要集中在深海油气资源开发。

意大利在深海领域的主要研究机构包括意大利佛罗伦萨大学、意大利国家研究委员会、意大利海洋科学研究所、意大利马尔凯理工大学、意大利安东·多恩动物研究所、意大利博洛尼亚大学、意大利国家地理研究所等，代表性企业有意大利 ENI 公司、意大利 Idronaut 公司、意大利 Systea 公司、意大利 Idronaut 公司和意大利 Systea 公司。其中，意大利 Idronaut 公司的主要产品有七电极电导率传感器、300 系列温盐深传感器，以及深度 700 m 以下的 CTDs、海水深度、温度、电导率、盐度、氧气、pH、氧化还原等传感器，剖面监测软硬件系统等。意大利埃尼集团业务以油气勘探开发、炼油、石油化工为主。

意大利 212A 型潜艇。

2.4 日本——资源为先战略

　　作为海洋国家，日本非常重视海洋科技的规划和创新发展，发布了一系列规划报告。2018年2月20日，日本基金会宣布"海底2030项目"全面投入运营，并计划于2030年完成全球海底深度地图绘制。2018年5月，日本发布新版《海洋基本计划》，为其实施未来5年期海洋政策和处理涉海事务提供指导。与前两期计划相比，该计划的核心内容由海洋资源开发利用转向海洋权益维护和海洋安全保障。该计划关注海上通道并加强国际海洋秩序的安全和发展，提升海上自卫队及海上保安厅的飞机及舰艇的数量和海巡力度，推进海洋调查和研究开发；加强国际合作，利用海洋资源，管理水产资源，促进海洋产业发展；加强收集和共享信息的体系，完善海洋产业，确保海洋可持续性开放、利用和环境保护，实施最先进的海洋技术创新性研发。2018年9月，日本发布《第11次科学技术预测调查——面向2040年的日本》报告，指出基础数据调查、海洋资源量把握、数值模拟仿真、海洋资源采集技术和海洋空间利用技术是日本可持续发展的重要环节。

2.4.1 日本海洋资源的开发与利用战略

　　海洋资源的利用一直是日本关注的焦点。2019年2月，日本发布《海洋能源和矿产资源开发计划》，提出了日本未来海洋能源和矿产资源开发的具体计划和目标，并制定了路线图。该计划涉及天然气水合物、石油和天然气，以及海洋矿产资源。预计未来5~10年是日本推动周边海域海洋资源开发与利用，以及实现海洋矿产资源开发探、采、扬、选、冶全方位一体化发展格局的重要阶段。日本正朝着海洋矿产资源开发的商业化方向迈进。其中，与海底热液矿床、富钴结壳、锰结核、稀土泥等海洋矿产资源有关的具体计划为：一是针对海底热液矿床，日本将圈定5 000万吨左右的资源量，开发采矿、扬矿综合系统，开发适用于不同矿种的选矿和冶炼工艺，改进环境影响评价方法的适用性等；二是针对富钴铁锰结壳，在继续进行矿产资源评价的同时，日本将利用海底热液矿床的研究成果进行采矿技术的研究，设计选矿和冶炼试验工厂，开展环境基线调查等；三是针对锰结核，日本将按照国际海底管理局的规定进行调查和其他研究；四是针对稀土泥，日本将基于深海资源研究战略创新计划"创新性深海资源研究技术"，开展海洋资源调查和生产技术的研发和示范工作。

日本白岭号调查船。

2.4.2　日本深海领域的研究与开发

日本在深海进入领域的研究，主要集中在AUV相关通用技术及应用研究、ROV控制技术及应用研究、水声通信、仿生推进等基础研究，以及换能器、可见光通信、推进系统控制与能源动力；在深海探测技术领域，其水声学、LIBS、水下光学成像机制的研究影响力居全球前列；水下光学成像领域技术影响力居全球首位，在水声信号处理、声学传感器、水下摄像方面具有较强的影响力；在深海生物资源开发领域的研究，主要集中在深海微生物化学原位装置、底栖微生物等方面，以及深海鱼油、深海生物肽、深海生物基因等应用领域；在深海油气与矿产资源开发领域的研究，主要集中在天然气水合物开采试采、天然气水合物勘探与储量评估、深海矿产资源勘探开发等基础研究方向，以及海上油气平台、天然气水合物勘探技术、钻井技术等技术开发方向。

日本"SHINKAI 6500"号潜水器。

（1）深海研究机构

日本在深海领域的主要研究机构包括日本国立海洋研究开发机构、日本东京海洋大学、日本株式会社 EM 研究机构、日本海洋 y 科学技术中心等。其中，日本国立海洋研究开发机构是一所从事海洋及其相关技术研究的综合型研究机构，也是日本海洋科学技术研究与发展机构的核心。该机构的深海应用研究能力处于领先水平，在深海探测领域主要开展激光诱导击穿光谱、水下视频、扫雷声呐等研究，在深海生物资源开发领域主要开展海洋生物多样性研究、极限环境生物圈研究等。其研制的 Kaiko 号有缆无人潜水器是目前全球下潜最深的潜水器，基本上可以覆盖地球上所有的海洋内层空间。日本东京海洋大学是日本唯一的海洋类国立大学，于 2003 年 10 月合并了在海洋教育和研究方面拥有悠久历史的东京商船大学及东京水产大学而成立，其研究内容涉及生物生产和生物资源科学领域。日本株式会社 EM 研究机构是一家全球性微生物技术研究、开发、应用企业，是有效微生物菌群（EM）的创始者，主要从事微生物技术在工农业产业废弃物的再生处理、大气污染、水质污染、土壤修复、农业种植养殖等方面的环境净化处理，以及微生物技术在健康医疗领域的研究及应用。日本海洋科学技术中心是世界六大海洋研究机构之一，承担了深海资源调查技术研究与开发计划，开展包括稀土泥在内的海洋矿产资源勘探调查与开发技术研究。

（2）深海科技公司

日本在深海领域的代表性企业有日本鹤见精机有限公司、日本川崎制铁株式会社、日本石油天然气金属矿物资源机构等。其中，日本鹤见精机有限公司的主要产品有 XCTD、水质监测仪、浊度水温计、水污染计、流向流速计、采水器、采泥器、波高潮位计等。日本川崎制铁株式会社是一家专业计量仪器制造商，其主要产品有 CTD 传感器、海洋流速计、海底光学相机等。日本石油天然气金属矿物资源机构主要开展浮动生产系统、深水系泊技术、冰况观测传感器等研究，同时也是"日本甲烷水合物开发计划"的执行机构。

2.5   俄罗斯——北极开发者

2.5.1   俄罗斯北极科考战略

俄罗斯在海洋科技领域拥有深厚的积累，特别是在深潜器技术、极地破冰船、核动力破冰船等特殊科考船技术方面具有显著优势。为了保护其海洋利益，特别是北极利益，俄罗斯于 2015 年 7 月发布了新版《海洋学说》，首次将南北极海域列入其利益范围，并明确了俄罗斯在北极地区的任务。2020 年初，俄罗斯相继发布《北方航道计划》《2035 年前国家北极基本政策》，重点布局科学考察船建设、北极多年冻土融化对油气设施的影响、自然资源勘探以及与国土安全相关的技术发展。俄罗斯还制订了到 2035 年至少建造 40 艘北极科考船（图 2-10）的计划，以进一步增强其在北极的科考能力。

图 2-10   俄罗斯北极科考船

2.5.2　俄罗斯深海领域的研究与开发

虽然，俄罗斯在深海领域的研发力量、研发规模、国家间科研合作方面均处于较低水平，但近期其研发速度显著增长，其增速仅次于中国、印度和巴西。

俄罗斯在深海进入领域的研发，主要集中在载人深潜器（图2-11）、ROV应用研究、声学换能器等方向；在深海探测技术领域的研究，主要集中在电磁学传感器探测技术；在深海生物资源开发领域的研究，主要集中在深海生物调查技术、深海生物基因开发和利用，以及深海微生物的基础研究与利用；在深海油气与矿产资源开发领域的研究，主要集中在深海油气资源开发和深海矿产资源开发。

图2-11　俄罗斯"和平"号载人潜水器

（1）深海研究机构

俄罗斯在深海领域的主要研究机构有俄罗斯科学院、俄罗斯海军、俄罗斯科学院应用物理研究所、俄罗斯科学院施密特地球物理研究所、俄罗斯罗蒙诺索夫国立大学、俄罗斯柯西金构造与地球物理研究所、俄罗斯科学院生物技术研究中心、俄罗斯莫斯科大学、俄罗斯希尔绍夫海洋研究所等。其中，俄罗斯科学院的大深度载人深潜器的研制和应用能力处于世界领先水平。该机构在 20 世纪 80 年代成功研制了 6000 m 级别的 Mir1 和 Mir2 载人潜水器。这两艘潜水器的下潜海域遍布太平洋、大西洋、印度洋和北极海底。

（2）深海科技公司

俄罗斯在深海领域的代表性企业为莫斯科重力测量技术公司。该公司从 20 世纪 60 年代开始研制海洋重力仪，其主要产品包括 GT-1A、GT-2A 航空重力测量系统。

2.6 中国——新兴海洋国家

新中国的成立，标志着中华民族踏上了复兴之路，开启了国家发展的新篇章。70年来，中国海洋科学技术经历了从起步到快速、全面发展，实现了从几乎零基础到追跑、并跑，乃至在某些领域的跨越式发展。

中国位于太平洋东岸，是一个拥有广阔海域的大国。海洋科学技术的发展对于建设海洋强国，实现中华民族伟大复兴具有极其重要的意义。党和政府一直高度重视海洋科学技术的发展。随着国家综合国力的不断增强，一代又一代海洋科技工作者坚定不移地努力奋斗、不断探索前行，中国海洋科学技术事业取得了令人瞩目的成就。这些成就不仅展示了中国在海洋科技领域的实力，更彰显了中国人民在追求科技创新、实现国家发展目标方面的决心和勇气。

2.6.1 中国的海洋强国战略

1956年10月，国务院科学规划委员会制定了《1956年至1967年国家重要科学技术任务规划及基础科学规划》，提出"向科学进军"的口号，并首次将海洋科学技术列入国家科学技术发展规划中。1956年12月，中共中央批准了《1956—1967年科学技术发展远景规划纲要（修正草案）》，把"中国海洋的综合调查及其开发方案"列为1956—1967年第7项国家重点科学技术项目。这就是我国首个海洋科学规划。《国家海洋事业发展规划纲要》是自中华人民共和国1949年成立以来首次发布的海洋领域总体规划。

1978年，我国又制定了《全国自然科学发展规划》，共提出108项研究任务，其中第1项和第24项涉及海洋科学技术发展。1991年，全国海洋工作会议通过了《九十年代中国海洋政策和工作纲要》。1993年2月，国家科委、国家计委、国家海洋局等联合制定了《海洋技术政策要点》。1997年6月，制订了《海洋应用基础研究计划》。同时，国家科技部、国家自然科学基金委分别出台了"863"计划、"973"计划及重点科学基金涉海项目，为这一时期海洋科学技术发展提供了良好的政策环境和资金支持。国家规划、计划和政策相继出台，有力地指导和促进了我国海洋科学技术的发展。

党的十八大首提"建设海洋强国"，为我国海洋事业发展确定了战略目标。党的十九大进一步强调，坚持陆海统筹，加快建设海洋强国。习近平总书记指出：我们要着眼于中国特色社会主义事业发展全局，统筹国内国际两个大局，坚持陆海统筹，坚持走依海富国、以海强国、人海和谐、合作共赢的发展道路，通过和平、发展、合作、共赢方式，扎实推进海洋强国建设。党中央的战略部署和习近平总书记一系列重要论述，极大地激发了广大海洋科技工作者的积极性和创造性。中国海洋科学技术发展呈现出前所未有的新局面。

（1）大力发展海洋科技

2013年7月30日，习近平总书记在中共中央政治局第八次集体学习时强调，要发展海洋科学技术，着力推动海洋科技向创新引领型转变。建设海洋强国必须大力发展海洋高新技术。要依靠科技进步和创新，努力突破制约海洋经济发展和海洋生态保护的科技瓶颈。要搞好海洋科技创新总体规划，坚持有所为有所不为，重点在深水、绿色、安全的海洋高技术领域取得突破。尤其要推进海洋经济转型过程中急需的核心技术和关键共性技术的研究开发。习近平总书记的重要讲话，为中国海洋科学技术发展指明了前进的方向。

为了促进南海及其周边海洋国家在海洋科技领域的务实合作，中国发起并实施了《南海及其周边海洋国际合作框架计划(2011—2015)》。该计划聚焦南海及与其相连的印度洋和太平洋，重点推动南海及其周边国家共同关心的海域在可持续发展方面的合作，包括海洋与气候变化、海洋环境保护、海洋生态系统与生物多样性、海洋减灾防灾、区域海洋学研究、海洋政策与管理等六大领域。该计划得到了印度尼西亚、泰国、柬埔寨、马来西亚、尼日利亚、巴基斯坦、斯里兰卡、瓦努阿图等20多个国家和有关国际组织的积极响应和参与，有力地促进了21世纪海上丝绸之路建设。

2012—2019年，在国家科技重大专项、国家重点研发计划、国家自然基金以及海洋行业公益专项等的支持下，一大批重大海洋仪器装备的研发、建造工作顺利完成，并投入应用。这极大地提升了中国海洋调查与研究的综合实力。在国家《陆海观测卫星业务发展规划(2011—2020年)》和《国家民用空间基础设施中长期发展规划（2015—2025年）》的引导推动下，中国海洋一号C卫星（HY-1C）、海洋二号B卫星（HY-2B）以及中法海洋卫星（CFOSAT）于2018年相继研发和发射成功，不仅组建了中国首个海洋民用业务卫星星座，而且开启了世界首个海洋动力环境监测网建设的新征程。同期，以"雪龙"号破冰科考船为主，我国实现了对南大洋、北冰洋等海域的多船次多时段综合科学考察。在此期间，我国在南极内陆建成了"中国南极泰山站"，并开始在南极罗斯海地区筹建第五个南极科学考察站。以"向阳红09号"船、"探索一号"船为母船的"蛟龙"号、"深海勇士"号等载人深潜器在太平洋结壳区、印度洋热液硫化物区、马里亚纳海沟等海域进行了海底锰结核、富钴结壳、热液硫化物、海洋环境、海洋生物多样性等方面的精细化调查研究。2010年，为增强应对气候变化的能力，提高深远海调查研究水平，中国开始实施为期10年以上的"全球变化与海气相互作用"专项研究课题。由此，中国海洋科学调查研究以"大区域、长周期、多尺度、多学科"为特点向深远海拓展。在深远海调查和大洋、南北极科考的推进过程中，我国取得了一批富有特色的科研成果。

（2）推进海洋国际合作

在海洋国际合作方面，国际大洋发现计划（International Ocean Discovery Program，IODP）是地球科学领域迄今为止历时最久、规模最大的国际大科学计划。该计划的目标是推动地球科学领域的国际合作，为海洋和全球环境变化提供政策指导。其年度预算由 8 个资助机构提供：美国国家科学基金会（NSF）、日本文部省（MEXT）、欧洲大洋钻探研究联盟（ECORD，涵盖 14 个国家）、中国科技部（MOST）、韩国地球科学与矿场资源研究院（KIGAM）、澳大利亚－新西兰 IODP 联盟（ANZIC）、印度地球科学部（MoES）和巴西高等教育人员改善协调机构（CAPES）。

自 1968 年成立以来，IODP 对人类认识气候和海洋变化、理解地球演化规律起到了巨大的推动作用。该计划经历了几个主要阶段。

①深海钻探项目（DSDP，1966—1983 年）推进了深海钻井技术。

②大洋钻探计划（ODP，1985—2003 年）旨在探索和研究地球海底的组成和结构。

③综合海洋钻探计划（Integrated Ocean Drilling Program，IODP，2003—2013 年）推进了研究领域从地球科学扩大到生命科学。

④国际大洋发现计划（International Ocean Discovery Plan，IODP，2013—2023 年）。

国际大洋发现计划围绕"照亮地球：过去、现在和未来"提出了四大科学主题，包括：气候和海洋变化、深部生命及生物演化的环境驱动、深部过程及其对表层环境的影响、人类时间尺度上的环境与灾害。该计划将通过海洋研究来认识地球生命的起源，理解地质演化的历史和过程，揭示地球各圈层之间的相互作用。中国积极参与了这一国际科学计划。2014 年初，由我国主导的 IODP 第 349 航次取得重大研究发现：在南海发现世界首例碳酸岩母岩浆向玄武岩连续转化现象。2017 年 4 月，我国科学家再次主导了 IODP 第 367 航次，在南海进行大洋钻探，取得了丰硕成果。目前，IODP 主要依靠美国"决心"号、日本"地球"号和欧洲"特定任务平台"在内的三大钻探平台执行大洋钻探任务。中国也正在积极推进成为国际 IODP 第四平台的提供者。

1978 年 12 月，中国首次参加国际全球大气试验（FGGE），标志着我国海洋科学研究开始进入国际前沿科学领域。1980 年，中国与美国开展了"长江口及东海大陆架沉积作用过程联合调查"。1985 至 1990 年，中美在赤道和热带西太平洋海域开展了"海洋大气相互作用合作科学考察"（TOGA-COARE）。从 1986 年开始，中国与日本开展了著名的"中日黑潮合作调查研究"和"中日副热带环流合作调查研究"。近 40 年来，中国还与德国、法国、加拿大、俄罗斯、印度尼西亚、尼日利亚、泰国等之间开展了许多重要的海洋科学调查研究项目。此外，中国积极参加了由联合国教科文组织政府间海洋学委员会（IOC-UNESCO）等国际组织发起的全球海洋观测系统（GOOS）、全球海洋生态动力学（GLOBEC）、海岸带陆海相互作用（LOICZ）、全球有害赤潮的生态和海洋学（GEOHAB）、大洋钻探（ODP）、国际 Argo 等重大国际海洋科学合作研究计划。2010 年 5 月，中国发起西北太平洋海洋环流与气候实验（NPOCE）国际合作计划。2014 年，中国设计并实施了新 10 年"国际大洋发现计划"349 航次（IODP349 航次）。这是中国加入大洋钻探（ODP）计划后在南海进行的第二次大洋钻探。2015 年，世界气候研究计划（WCRP）下的 4 个核心子项目之一——"气候变率及可预测性项目"（CLIVAR）落户青岛，标志着中国在国际最高级别科学计划中的影响力有了跨越性的进步。通过这些国际合作，中国海洋调查能力和水平得到了全面提升，跨入了国际先进行列。

中国海洋战略以建设海洋强国为目标，重点关注海洋主权和权益、开发海洋资源、保障海上安全、保护海洋环境四大领域。2009 年，中国科学院发布了《中国至 2050 年海洋科技路线图》，聚焦海洋资源开发和海洋环境安全两大领域，并在物理海洋、海洋地质、海洋生物、海洋生态等四个重要科学方向上，围绕海洋监测、海洋生物、海洋资源开发与利用等三大重要技术，解决一批重要科学问题，突破一批关键技术。

（3）未来海洋发展战略

2021 年，我国发布《国民经济和社会发展第十四个五年规划和 2035 年远景目标纲要》，提出我国在未来十五年的海洋发展战略，即聚焦海洋装备战略性新兴产业，加快关键核心技术创新应用；提高海洋资源、矿产资源开发保护水平；瞄准深地深海前沿领域，实施一批具有前瞻性、战略性的国家重大科技项目；加强深海战略性资源和生物多样性调查评价；有序放开油气勘探开发市场准入，加快深海、深层和非常规油气资源利用，推动油气增储上产；在深海空天开发前沿科技领域，组织实施未来产业孵化与加速计划，谋划布局一批未来产业。

《能源技术革命创新行动计划（2016—2030 年）》在海洋资源开发方面，明确了非常规油气以及深层、深海油气开发技术创新等重点任务。这些任务旨在突破天然气水合物勘探开发基础理论和关键技术，开展先导钻探和试采试验。同时，全面提升深海油气钻采工程技术水平及装备自主建造能力，实现 3 000 m、4 000 m 超深水油气田的自主开发；实现深海油气勘探、钻井以及开发生产关键工程技术与装备完全国产化。深海油气开发技术与装备着重在深远海复杂海况下的浮式钻井平台工程、水下生产系统工程、海底管道与立管工程、深水流动安全保障与控制、深水钻井技术与装备，以及基于全生命周期经济性的开发技术评价及优选等方面的研发。

2.6.2　中国深海领域的研究与发展

我国深海科技与国际领先水平的差距在 10 年以上，目前处于"三跑并存、跟跑为主、追赶迅速、局部领先"的发展阶段。展望 2030 年，我国深海科学基础研究创新能力将进一步提升；在深海技术领域由"跟跑"为主向"并跑"为主转变；在深海领域的布局重点将由深海进入逐步转向深海探测与开发，研发重点为深海材料和关键装备、水下探测分析技术和矿产资源勘探。未来，我国有望在深海基础科学研究领域发展成为全球规模最大的国家之一，并将成为该领域最重要的贡献者之一。

1. 深海装备全面升级

70 年来，中国深海装备技术与装备研究从无到有、从引进到自主研发，取得了长足的发展。在 20 世纪 70 年代，中国不仅组织了海洋仪器会展，还研制和生产 130 多项海洋仪器设备。为了推动海水淡化技术的发展，中国召开了全国海水淡化科技工作会议，制定了《1975 至 1985 年全国海水淡化科学技术发展规划》，在天津组建了海水淡化与综合利用研究所，并在一些科研院所设立了海洋淡化研究机构。1982 年，中国在西沙建成了第一个电渗析海水淡化站。

在"七五"规划期间，中国研发了海洋资料浮标和深海潜标系统。

改革开放以来，国家"863"计划设立了海洋领域，先后研制成功 6 000 m 自容式温盐深自记仪、中国第一艘 200 m 无人遥控潜水器"海龙一号"、第一艘 1 000 m 无缆水下机器人"探索者"号等一批海洋技术装备。"向阳红 10 号"大型远洋调查船的研发成果获得 1988 年度国家科学技术进步奖特等奖。

1988 年 8 月，中国利用自主研发的仪器设备在南沙群岛永暑礁建成了"全球海平面联测"第 74 号站。

在"九五"规划期间，中国膜法海水淡化技术研究取得了重大突破。由高从堦等人完成的"国产反渗透装置及工程技术开发"项目，获得了 1992 年度国家科学技术进步奖一等奖。进入 21 世纪以来，中国自主研发的海洋技术与装备在海洋环境监测、海洋资源调查与开发、海洋工程建设、深海研究，以及海洋公益服务等方面得到了广泛的应用。由李华军主持的"浅海导管架式海洋平台浪致过度振动控制技术的研究及工程应用"项目，获得了 2004 年度国家科学技术进步奖二等奖。在"十一五"规划期间，中国开展了万吨级海水淡化技术研究及工程示范，先后建成单套 1 万吨 / 天反渗透海水淡化工程和 1.25 万吨 / 天低温多效海水淡化工程，相关技术达到国际先进水平。由侯纯扬主持的"海水循环冷却技术研究与工程示范"项目，获得 2007 年度国家科学技术进步奖二等奖。除此之外，中国在近海油气勘探开发方面的科研工作也取得了重大进展。其中，"中国近海油气勘探开发科技创新体系建设"项目，获得 2010 年度国家科学技术进步奖一等奖。

"十二五"规划以来，中国在蒸发器、蒸汽喷射泵、膜组器、高压泵等关键装备技术研究和产业化方面取得突破性进展，全面掌握反渗透和低温多效海水淡化技术，并接近或达到国际先进水平。中国自主研发了50余项海洋能新技术、新装置，并向实用化发展，其中部分技术达到了国际先进水平。4.1 MW的江厦潮汐试验电站已稳定运行30多年，3.4 MW模块化大型潮流能发电系统的首套兆瓦级机组并网发电，100 kW鹰式波浪能发电装置和60 kW半直驱式水平轴潮流能发电装置累计发电量超过30 000 kW·h等。这些成就标志着中国已成为全球少数几个掌握规模化开发利用海洋能技术的国家之一。中国自主建造的世界最先进首座超深水圆筒型海洋钻探储油平台"希望1号"成功交付使用，其技术成果"深海高稳性圆筒型钻探储油平台的关键设计与制造技术"获得2011年度国家科学技术进步奖一等奖。2012年，"海洋石油981"（图2-12）深水半潜式钻井平台在南海首钻成功，实现了中国海洋油气资源开发从浅水到超深水的历史性跨越。该技术成果"超深水半潜式钻井平台研发与应用"获得2014年度国家科学技术进步奖特等奖。2017年5月，国家重大科技基础设施"国家海底科学观测网"立项。我国将在东海和南海海底分别建立主要基于光电复合缆连接的海底科学观测网，实现从海底向海面的全方位、综合性、实时的高分辨率立体观测。

图2-12　"海洋石油981"正在海上航行

目前，中国自主研发、建造的海洋重要技术装备，如海洋卫星、深海运载器、海洋浮标、海洋调查船等，已进入了世界先进行列。

（1）海洋卫星

20世纪80年代以来，中国海洋卫星及其探测技术的研发与应用取得了令人瞩目的成就。潘德炉突破性地发展了中国海洋水色遥感反演算法、遥感卫星应用效果模拟仿真理论和技术，并创建了中国遥感卫星模拟仿真系统和海洋水色遥感应用技术系统。由其主持完成的"近海复杂水体环境的卫星遥感关键技术研究及应用"项目获得2013年度国家科学技术进步奖二等奖，为提升卫星空间信息获取和综合应用能力，促进卫星遥感装备的发展做出了突出贡献。蒋兴伟等人提出了中国海洋卫星系列化发展规划，并完成了海洋卫星地面应用系统建设，解决了卫星资料处理难题和海洋应用关键技术，推动了海洋卫星遥感应用进入中国海洋主体业务。目前，中国已建成了以海洋一号（HY-1）系列卫星（图2-13）、海洋二号（HY-2）系列卫星（图2-14）及高分三号（GF-3）系列卫星为代表的海洋水色、海洋动力环境及海洋监视监测系列卫星；地面应用系统建设了北京站、三亚站和牡丹江站，实现了从单一型号向多个系列卫星组网、从试验应用向业务应用的跨越，建立起了具有优势互补的海洋遥感卫星观测体系。它们正发挥着显著的社会效益和经济效益。

海洋一号卫星（HY-1、海洋水色卫星）系列，包括2002年发射的HY-1A卫星、2007年发射的HY-1B卫星、2018年发射的HY-1C卫星，重点进行叶绿素浓度、海表温度、悬浮泥沙含量、可溶有机物、污染物及海岸带环境监测，并兼顾海冰冰情、海流特征、海面上空大气气溶胶等的观测。

海洋二号卫星（HY-2、海洋动力环境卫星）系列，包括2011年发射的HY-2A卫星、2018年发射的HY-2B卫星，以及2018年发射的中法海洋卫星（CFOSAT）等。其主要任务是监测和调查海洋动力环境，获取包括海面风场、海面高度、浪高、海流、海面温度等在内的多种海洋动力环境参数，直接为灾害性海况预警预报提供实时遥感数据。

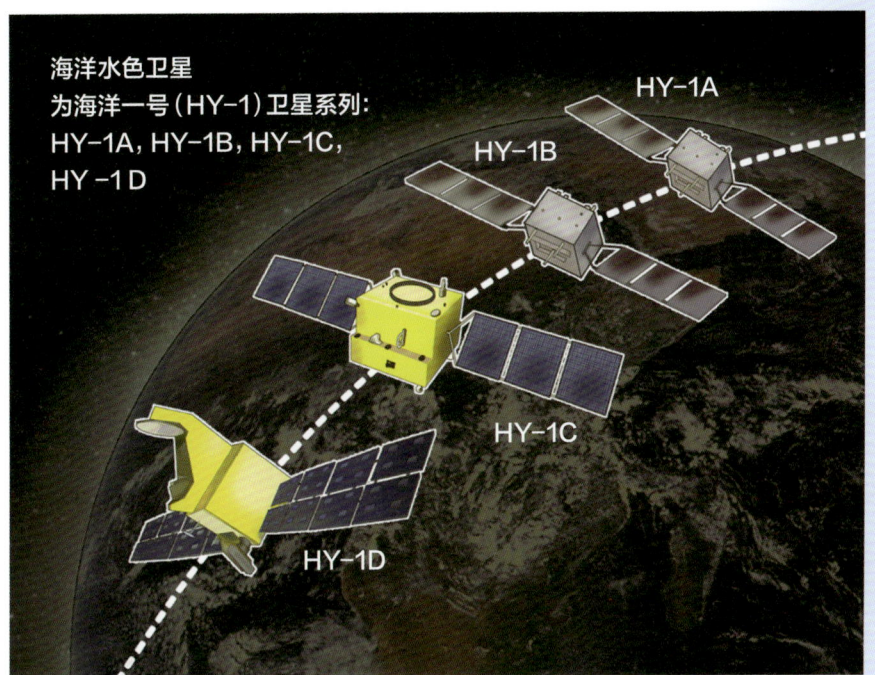

图2-13 海洋一号卫星系列

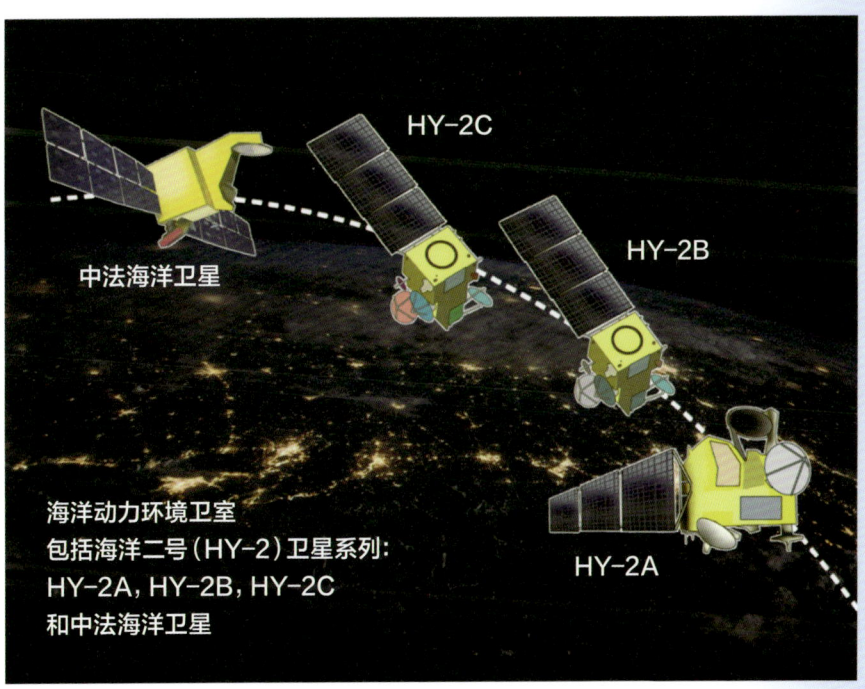

图2-14 海洋二号卫星系列

在这些卫星中，中法海洋卫星的成功发射与应用，开启了中国海洋卫星领域对外合作的新篇章，被列入 2018 年中国航天与海洋十大新闻、中国十大海洋科技进展。在该卫星发射当天，国家主席习近平同法国总统马克龙互致贺电。中法海洋卫星对中国获取全球海面波浪谱、海面风场、南北极海冰等信息，进一步加强对海洋动力环境变化规律的科学认知，提高对巨浪、海洋热带风暴、风暴潮等灾害性海况预报的精度与时效等都具有重要科技支撑作用。

高分三号探海监测全能星（GF-3）于 2016 年发射。该卫星填补了中国自主高分辨率多极化合成孔径雷达遥感数据的空白，其空间分辨率最高可达 1 m，是全球成像模式最多的 C 波段多极化合成孔径雷达卫星。高分三号探海监测全能星能对海洋进行全天时、全天候、近实时监测，可被应用于海洋环境监测、海洋目标监视、海域使用管理、海洋权益维护、防灾减灾等任务中。

（2）深海运载器

进入 21 世纪以来，在前期工作的基础上，中国在深海大洋调查观测方面，逐步形成了以载人潜水器、无人有缆潜水器、无人自主航行器等为主体的适应多尺度、多环境、多学科联合的多类型海洋调查监测与观测平台。

① 载人潜水器

a. 载人潜水器——"蛟龙"号

2002 年，由徐芑南主持的国家"863"计划"7 000 m 载人潜水器"重大专项正式启动。该项目有约 100 家单位参与合作。2012 年 6 月，"蛟龙"号载人潜水器在马里亚纳海沟成功下潜到最大深度 7 062 m，创造了作业型深海载人潜水器的新世界纪录。自 2013 年起，"蛟龙"号载人潜水器转入试验性应用阶段，先后在南海、东太平洋、西太平洋、西南印度洋等七大海区作业，实现 100% 安全下潜。"'蛟龙'号载人潜水器研发与应用"成果获得 2017 年度国家科学技术进步奖一等奖。

b. 载人潜水器——"深海勇士"号

基于"蛟龙"号载人潜水器的研制与应用经验，"深海勇士"号载人潜水器攻克了以浮力材料、深海锂电池、机械手为代表的深海核心技术及关键部件研发难题，为后续中国载人潜水器的谱系化建设打下了基础。2017 年 6 月，"深海勇士"号载人潜水器进行了 28 次下潜试验，检验了其高效的作业效率，顺利完成海试。2017 年 11 月，中国船级社完成了对"深海勇士"号载人潜水器的入级检验。

② 无人潜水器

a. "海马"号无人有缆潜水器

2014 年 4 月，在国家"863"计划的支持下，"海马"号潜水器于南海完成了海上验收，最大下潜深度 4 502 m，成为中国迄今为止自主研发的下潜深度最大、国产化率最高的无人有缆遥控潜水器，也是中国深海高技术领域继"蛟龙"号载人潜水器之后又一标志性成果。

b. "潜龙"系列无人无缆自治潜水器

继"潜龙一号""潜龙二号"分别于 2013 年、2015 年下潜勘探试验成功后，4 500 m 级的"潜龙三号"潜水器于 2018 年 4 月在南海成功完成了首次综合海试。其下潜深度为 3 900 m。"潜龙三号"集合了热液异常探测、温盐深探测、微地形地貌、海底照相等多种深海探测系统和功能于一身，将主要被用于多金属硫化物等深海矿产资源的勘探作业中。

c. "海龙"系列无人有缆深海潜水器

"海龙三号"是中国自主研发的首台 6 000 m 级勘查取样型无人缆控潜水器，配备虹吸式取样器、岩石切割机、沉积物保压取样器等设备，并搭载前视声呐等特种工具，具有自动避让障碍物、深海定位以及重型设备作业能力。"海龙 11000"潜水器是中国自主研发的万米级深海无人遥控潜水器，设计最大工作深度为 11 000m。2018 年 9 月 10 日，"海龙 11000"潜水器在西北太平洋海山区完成 6 000 m 级大深度试验潜次，最大下潜深度 5 630 m，创造了中国无人有缆深海潜水器的深潜新纪录。

d. "海斗"号无人潜水器

2016 年 6 月至 8 月，"海斗"号无人潜水器在马里亚纳海沟的下潜深度突破万米，并成功获得了 2 条 9 000 m 级（9 827 m 和 9 740 m）和 2 条万米级（10 310 m 和 10 767 m）水柱的温盐深数据，创造了中国无人潜水器的最大下潜及作业深度纪录，使中国成为继日、美两国之后第 3 个拥有研制万米级无人潜水器能力的国家。

此外，中国自主研发的"海角"号和"天涯"号深渊着陆器、"原位实验"号深渊升降器等已应用于国内外深海海域探测，取得多项突破性成果。

③ 水下滑翔机

a. "海燕"系列水下滑翔机

该型滑翔机采用最新的混合推进技术，目前已形成工作深度为 200 m、1 000 m、4 000 m 和 10 000 m 的谱系化产品自主研发制造能力。2018 年，"海燕－X"万米级水下滑翔机已在马里亚纳海沟完成了潜海测试，其潜水深度最深达到 8 213 m，刷新了水下滑翔机最大下潜深度的世界纪录。2018 年，"海燕－L"水下滑翔机实现了海上无故障运行 141 d，最大工作深度 1 010 m，连续剖面 734 个，续航里程 3 619 km，创造并保持了中国水下滑翔机海上工作时间最长、航程最远、观测剖面最多的新纪录。

b. "海翼"号滑翔机

2017 年 3 月，中国自主研发的"海翼"号水下滑翔机在马里亚纳海沟的下潜深度达到 6 329 m，刷新了当年度水下滑翔机最大下潜深度的世界纪录。该型滑翔机可以搭载温度、盐度、溶解氧、浊度、叶绿素、硝酸盐、ADCP、水听器等海洋探测传感器，满足多样化海洋观测应用的需求。2018 年 7 月，"海翼"号深海滑翔机首次被应用于中国北极科学考察。

（3）海洋浮标

海洋浮标是海上连续、长期、自动观测多学科环境参数的重要平台，是弥补船舶调查和遥感观测不足的有效手段。

① 锚系浮标

中国的锚系海洋浮标研制起步于 20 世纪 60 年代，代表性成果是 HFB-1 型海洋水文气象浮标。该浮标平台是中国在 1975—1984 年间研制的一种大型浮标，能在恶劣的海洋环境下对水文气象要素进行数据采集、处理，并以遥测方式向岸站发送实时观测资料，具有长期、定点、可无人值守的特点，曾为中国海洋环境观测发挥了重要作用。1985 年至今，中国大型海洋浮标发展进入黄金时代，先后研制出了 FZF2-1 型（后发展为 FZF2-2 型、FZF2-3 型、FZF3-1 型）、FZS2-1 型（后发展为 FZS2-3 型）、FZF4-1 型等大型锚系海洋浮标，直径均为 10 m。其中，"FZF2-1 型海洋浮标系统""FZF2-2 型海洋资料浮标系统"先后获得国家科学技术进步奖二等奖。FZF4-1 型浮标是中国研发的第四代海洋环境监测浮标，可以确保长时间、连续性、全天候地工作，每日定时测量并且发报出海流、海温、潮位、风速、气压等 20 多种水文气象要素。目前，我国已在渤海、黄海、东海、南海，钓鱼岛海域以及北极地区，布设了超过 100 套直径 10 m 的大型浮标。

2012 年，由中国自主集成研发的 7 000 m 级深海气候观测系统"白龙"浮标被正式布放在安达曼海。这是中国唯一一个进入全球海洋观测系统的浮标，有助于提升中国参与全球天气和气候尺度的预报、预测能力。

② Argo 浮标

2002 年初，中国正式加入国际 Argo 计划，并成立中国 Argo 实时资料中心。目前，中国自主研发了 COPEX 型剖面浮标和 HM2000 型剖面浮标。其中，COPEX 型剖面浮标突破了定深温控技术、温盐深测量技术和浮标检测技术瓶颈，实现了剖面浮标部件近 100% 的国产化率，有效扭转了中国剖面浮标技术受制于人的局面；HM2000 型剖面浮标首次运用中国北斗导航系统进行数据传输和定位，可在水中维持 4 ~ 5 年的工作周期，并已获国际组织认可。截至 2018 年底，中国共投放 Argo 浮标 400 个，其中自主研制的北斗剖面浮标 30 个。中国北斗剖面浮标数据中心的建立，使中国成为继美国、法国之后第 3 个为全球 Argo 海洋观测网提供剖面浮标数据服务的国家。

③ 潜标系统

自 2009 年以来，中国在南海连续布放潜标观测系统，突破了沿缆往复稳定可靠运动控制和水下沿缆剖面测量等关键技术，实现了对环流、中尺度涡、内波、混合等多尺度海洋动力过程的长期观测。目前，该系统保持同时在位观测潜标 42 套，观测海域横跨吕宋海域、南海深海盆、南海东北部和西北部陆坡陆架区，成为目前世界上规模最大的区域海洋潜标观测网。

2017 年，中国首次建成西太平洋"深海实时传输潜标系统"，研发了无线水声通信传输方案，实时传输水深 400～4 000 m 的海水温度、盐度、环流、回声强度等数据资料，解决了传统潜标每年只能采集一次数据的问题，跻身全球海洋观测先进技术行列。

（4）海洋调查船

海洋调查船的发展历程，标志着中国海洋科学技术发展的深度和广度。自 20 世纪 50 年代以来，中国海洋调查船的尺寸、吨位从小到大，调查能力从中国沿岸浅海延伸到深海大洋、南北两极，调查内容也从单一学科调查转化为多学科多技术多维度综合性科学考察。目前，中国拥有了"雪龙"号系列破冰科考船（图 2-15），"向阳红"号、"大洋"号、"科学"号、"东方红"号、"实验"号、"海洋地质"号等系列综合海洋科考船，以及"海大"号、"嘉庚"号等海洋科考船。其中，大部分海洋调查船是近 10 年来由中国自主设计和建造的。"科学"号调查船是中国自主设计建造的新一代科学考察船的代表。该船于 2011 年 11 月 30 日下水，船总长 99.8 m，型宽 17.8 m，排水量约 4 600 t，最大航速超过 15 kn，具有全球航行和全天候观测能力，总体技术水平和考察能力达到国际新建和在建综合调查船的同等水平。在此之后相继建造的新"向阳红 10"号、"向阳红 1"号、"向阳红 3"号等综合调查船都是基于"科学"号调查船建造经验而创新建造的。"海洋六号"地质调查船是中国首艘以天然气水合物调查为主，集地震、地质调查等多项调查功能于一体的调查船，其排水量 4 600 t，续航力 15 000 nmile，可在国际海域无限航区开展调查。"雪龙 2"号极地破冰科考船是中国自主建造的首艘破冰船，是全球第一艘采用船艏、船艉双向破冰技术的极地科考破冰船，于 2019 年 7 月 11 日交付使用。该船总长 122.5 m，宽 22.3 m，排水量约 13 990 t，航速 12 ～ 15 kn，续航力 20 000 nmile，能以 2 ～ 3 kn 的航速在冰厚 1.5 m 加积雪 0.2 m 的环境中连续破冰航行。"雪龙 2"号装备了国际先进的海洋调查和观测设备，实现了科考系统的高度集成和自治，是第一艘获得中国船级社颁发的智能符号的极地破冰科考船，极大地提升了中国在极地洋区开展科学考察的能力。

2012 年 4 月，中国组建了国家海洋调查船队。截至 2019 年，该船队共有 37 艘成员船，主要承担国家海洋基础性、综合性和专项调查等任务，以及国家重大研究项目、国际重大海洋科学合作项目、政府间海洋合作项目所涉及的调查任务。

近年来，伴随自动控制技术等关联学科的发展，针对复杂海域岛礁实施海洋调查、测量等任务的无人艇的研制工作取得了突破。一批各型无人艇已在海洋测绘、环境监测、管线巡视以及影像采集中得到应用。在水下避障、

图 2-15　"雪龙"号极地考察破冰船

姿态稳定、自主航行等方面，我国积累了丰富的研发经验，产出了一大批自主创新成果。其中，"复杂岛礁水域无人自主测量关键技术和装备"获得2016年度国家技术发明奖二等奖，"海洋智能无人艇平台技术"获得2016年度海洋科学技术奖特等奖。

2. 深海技术发展新方向

在深海进入领域，智能化、协同化、高精度化和高效率化是新一代深海进入技术的发展方向。我国应积极布局该领域研发所涉及的关键技术和装备。如，下一代载人深潜器智能控制技术、多栖/跨介质航行器、超高速潜水器技术、极区观察作业 ROV、6 000 m 海深 ROV 脐带缆、7 000 km 超长续航水下滑翔机技术、可变翼水下滑翔机技术、惯性基组合导航技术、长基线、超短基线定位系统、地形匹配导航/地球物理导航技术、水下驱动传动技术、深海蓝绿激光高速通信技术、水下光量子通信技术等。

在深海探测领域，体系化、协同化、智能化作业是新一代深海探测技术的发展方向。我国应积极布局该领域研发所涉及的关键技术和装备。如，海洋生物资源声学监测与评估技术、新型材料声学换能器、声学图像在线识别技术、LIBS/拉曼光谱探测技术、海洋激光雷达、水下微光成像探测技术、海洋及深海原位大视场明场荧光成像探测器、海洋可控源电磁勘探系统装备技术、海洋环境电磁监测/探测技术等。为了实现精确、可靠和高效的深海探测，我国应加大对深海光学通信、深海导航定位、深海动力能源、深海装备材料等关键性技术研发的支持力度。

在深海生物资源开发领域，深海生物原位观测、特殊生境生物和基因资源开发，以及资源的综合利用是该领域的重要发展方向。我国应积极布局该领域研发所涉及的关键技术和装备。如，基于人工智能的实时原位海洋生物多样性监测与自动识别技术、海洋生物资源量评估技术、基于单细胞测序的深海微生物基因组挖掘技术、深海（微）生物基因组－代谢组偶联表征与重要活性产物的合成生物学挖掘技术、深海微生物独特生命特征与极端环境适应的生理遗传机制和结构基础等。

在深海油气与矿产资源开发领域，智能化、商业化、专业化等是该领域呈现出的发展趋势。我国应积极布局该领域研发所涉及的关键技术和装备。如，深水控压钻井技术、深水防喷器技术、海上油田智能钻采及提高采收率技术、新一代水下生产系统、天然气水合物高精度勘探与目标评价技术、天然气水合物单筒双分支井钻井技术、天然气水合物开采热压传导强化增效技术、天然气水合物商业化开发技术、深海多金属矿提取技术、深海采矿区环境及生态系统监测与修复技术等。

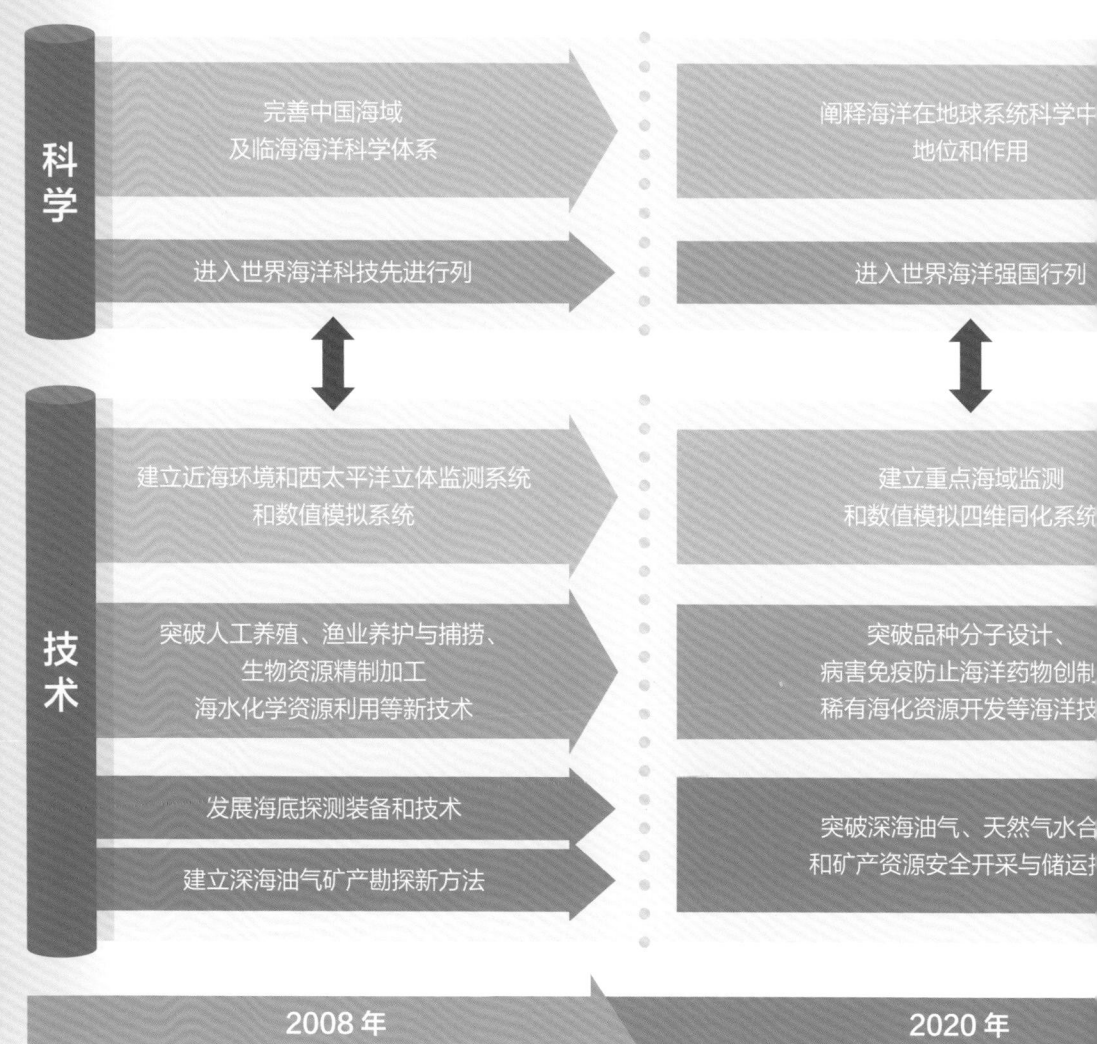

科学

完善中国海域
及临海海洋科学体系

阐释海洋在地球系统科学中
地位和作用

进入世界海洋科技先进行列

进入世界海洋强国行列

技术

建立近海环境和西太平洋立体监测系统
和数值模拟系统

建立重点海域监测
和数值模拟四维同化系统

突破人工养殖、渔业养护与捕捞、
生物资源精制加工
海水化学资源利用等新技术

突破品种分子设计、
病害免疫防止海洋药物创制
稀有海化资源开发等海洋技

发展海底探测装备和技术

建立深海油气矿产勘探新方法

突破深海油气、天然气水合
和矿产资源安全开采与储运

2008 年

2020 年

中国至 2050 年海洋科技发展路线图。

重要科学问题和关键技术获得重大突破

实现海洋科技从先进到引领的跨越

海洋科技水平进入世界前三位

为资源可持续利用、
环境健康安全、
人类社会和谐进步
做出贡献

建立近海动力环境生态一体化监测系统

建立全球海洋监测体系和数值预报系统

实现海洋水产生产农牧化和海洋资源的高效利用

海洋生物工业绿色精制和基因利用技术高度融合

形成规模化深海资源开发装备体系

解决一批重要科学问题，
突破一批关键技术，
为国家安全
和海洋资源的开发利用
提供强力支撑。

2030 年

2050 年

PART 3

Analysis of

Typical Deep-Sea

Application
Tasks

深海任务与普通水下任务在执行环境、所需设备、风险程度、目标任务等方面存在一定的共性与差别。从共性的角度来看，无论是深海任务还是普通水下任务，它们都属于水下作业的范畴。这意味着执行这些任务的人员都需要具备一定的水下活动技能，比如潜水技术和水下导航能力。此外，执行这些任务都需要使用特殊的装备，如潜水服、呼吸器、水下通信设备等，以适应水下环境的特殊条件。在安全措施方面，无论是深海任务还是普通水下任务，都需要严格遵守相关的规程，以确保作业人员的生命安全。然而，深海任务与普通水下任务之间也存在显著的差别。由于深海环境的复杂性和不可预测性，深海任务面临的风险通常要高于普通水下任务。深海环境中可能存在强流、低温、黑暗、高压等多种极端条件，这些都给任务的执行带来了额外的挑战。在目标任务方面，深海典型任务主要包括深海勘探与开发、深海科学考察、海底原位研究试验、深海救援等，这些任务往往需要高度专业化的知识和技术支持。理解这些共性与差别有助于制订更加合理和安全的任务计划，同时应用高端技术、专业设备和精心策划的操作来确保任务的成功执行。本章将对国内外深海典型应用任务进行分析，并对完成这些任务的关键能力进行讲解。

3.1 国内外深海典型应用任务

3.1.1 深海勘探与开发

当今世界，资源问题已成为一个全球性问题。而在陆地资源日渐枯竭的情况下，地球上却有一片广阔而尚未开发之地，那就是占海洋面积90%以上的深海区域。海底的矿物资源非常丰富，可供人类持续使用数千年。深海蕴藏着丰富的多金属结核、富钴结壳、可燃冰、海底热液硫化物等资源，许多资源的储量相当于陆地储量的几十甚至上千倍。据勘察，在水深1 000 m至2 200 m的海底海山斜坡和山顶上，蕴藏着富钴结壳矿石资源。这种矿石不仅富含钴元素，还含有锰、镍、铜及稀土元素。在水深1 400 m至3 700 m的海底大洋中脊和弧后盆地，蕴藏着许多硫化物。这些硫化物富含铜、锌及少量的金、银元素。位于水深4 000 m至6 000 m的深海平原，是多金属结核物的藏身之处，富含镍、铜、钴锰等多种金属元素。从全球范围来看，多金属结核物主要分布在东太平洋的克拉里昂－克利珀顿区、秘鲁海盆、印度洋中央海盆3个海区，如图3-1所示。

深海智能装备是进行深海矿产资源开发的重要依托。其中，自主水下机器人可搭载各种传感器，对海底进行多参数测量，确定海底资源富集程度；遥控水下机器人可搭载取样器、作业工具，进行深海取样或辅助资源开发。

自主水下机器人具有诸多优点，如良好的操纵性、与复杂海底地形适配力、大范围的自主航行能力、不需要绑定母船可控的高精度航迹、自适应和管控能力强等，是进行多金属结核、富钴结壳、热液硫化物等资源调查的得力助手，也是在深海资源调查、海洋科学研究、海洋工程等领域广泛应用的重要装备。自主机器人技术十分复杂，涉及多种技术领域，对其他技术的发

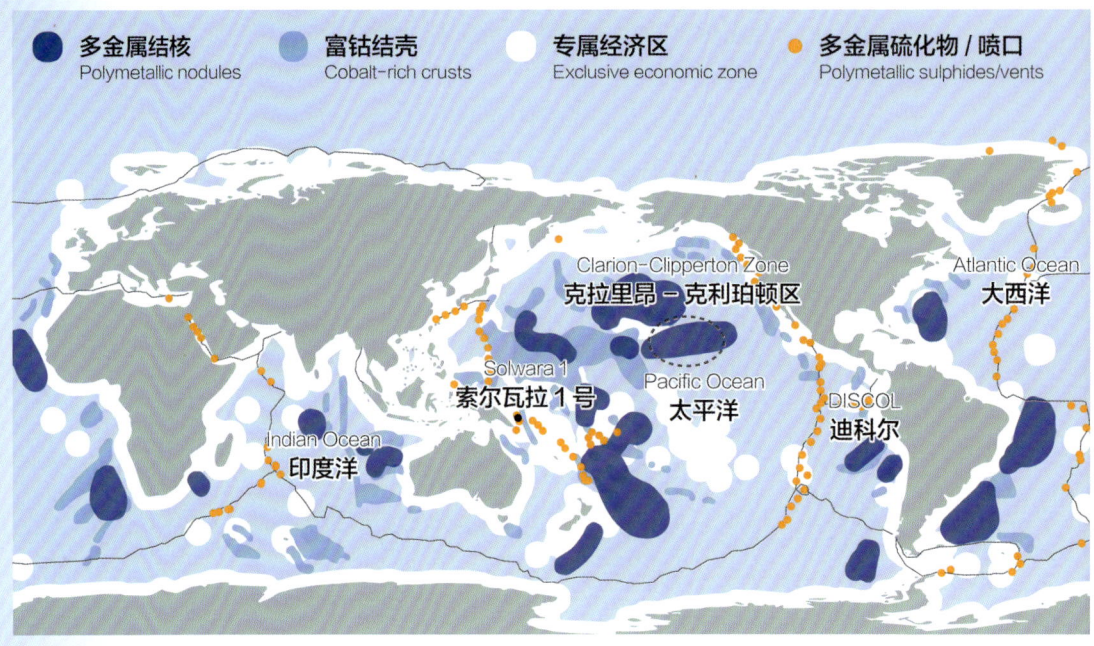

图 3-1　世界深海矿床分布图

展具有带动性，加速发展新一代的自主水下机器人意义重大。

国外自主水下机器人研究已有近 70 年的历史。以美国为代表的西方发达国家，如美国、英国、法国、挪威、加拿大、德国、俄罗斯等，先后投入大量资金研发了多种型号的深海机器人。这些机器人已被成功应用于海洋资源调查、海底地质勘测、水下搜索等深海作业中。我国的深海机器人研究始于 20 世纪 90 年代初。在 30 年间，我国先后成功开发了"CR-01""CR-02"以及"潜龙"系列自主水下机器人，"海斗"系列自主遥控水下机器人，"海龙""海马""海星"遥控水下机器人和拖曳式水下机器人。这些高新技术装备的工作深度在 4 500 m 至 11 000 m，基本满足了我国深海科学研究和资源调查的需求，与国外同类装备的技术水平大体相当甚至领先。

从 20 世纪 70 年代开始，HOV 载人潜水器已成为海洋考察的标准工具，得到广泛运用。HOV 在深海考察、海洋石油开采、海洋土木工程建设、海底电缆铺设与维护、海难救护、军事侦察等领域中发挥着重要作用。其基本组件主要包括：具有生命维持系统的承压壳体、进行升降及姿态控制的平衡系统、推进系统、提供动力的蓄电池、通信导航系统、操纵杆、照明装置、观察孔及流线型的框架。

HOV 载人潜水器是一种能够搭载多种科学仪器的深海探索工具，能够执行海底观测、资源勘探、样品采集、原位试验等任务。与 ROV 水下遥控潜水器和 AUV 无人自主航行器相比，HOV 载人潜水器具有独特优势：能够充分利用人类大脑现场观察和分析能力，准确理解观察到的图像和视野景色，并能够即时给出相应的处理回应。

利用载人深潜器对海底资源进行详细探测勘察，是向国际海底管理局申请优先开发权的重要的前期准备，是争取国际海底资源的核心竞争力。近年来，以日本和美国为代表的海洋强国长期致力于利用载人深潜器进行深海资源勘探，并不断取得了一些重要发现。此外，载人深潜器对研究地球早期历史、板块构造、生命起源演化等也具有不可替代的作用。深海采油采气等工业过程主要包括 3 步，即上游勘探和开采原始油气资源，中游预处理和转储这些资源，以及下游的提炼、分配以及销售。如图 3-2 所示。

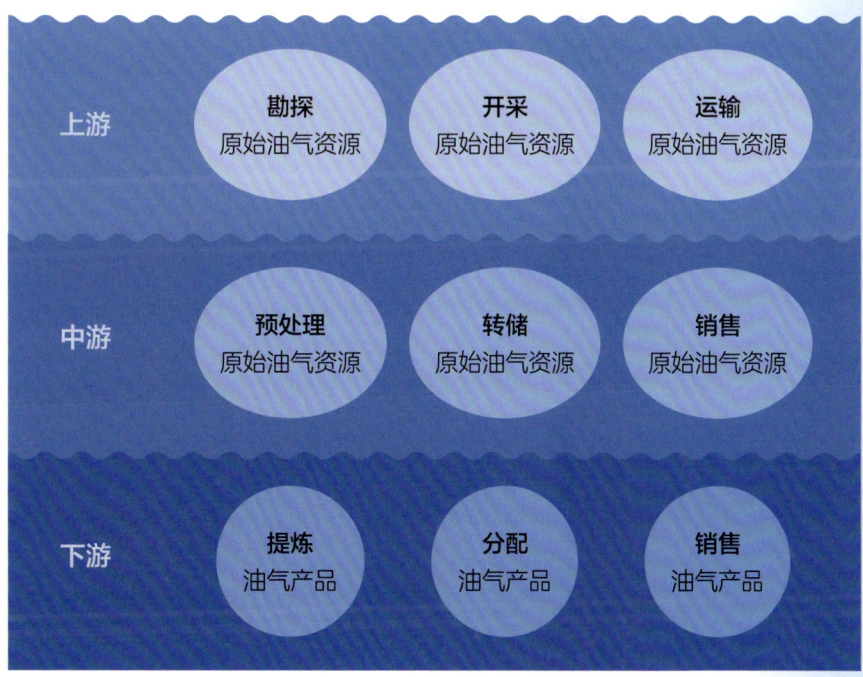

图 3-2　深海采油采气的工业过程

虽然深海矿产资源的勘探技术已经取得了一定成就，但是深海矿产资源的实际开采还处于试验阶段。在人类历史上，"深海采矿"的概念至少可以追溯到1870年。在法国科幻作家儒勒·凡尔纳（Jules Gabriel Verne）的经典著作《海底两万里》中，尼摩船长宣布："在海洋深处，有非常容易开采的锌、铁、银和金矿。"1872年，英国皇家海军舰艇"挑战者"号开始了历时5年的海洋探险，其间发现了在深海广泛分布的多金属结核资源，这使得多金属结核重要的资源价值得到了认可。

中国工程院院士李家彪认为："深海矿产资源开发是一项庞大而复杂的工程，涵盖勘查、采矿、选冶和运输等产业链流程，融合了海底作业、水下输送、动力输配、中央控制和水面支持的全方位平台和系统装备体系，可能成为人类能够操纵的最大深海作业系统，被视为世界各国科技竞争的前沿领域。目前全球尚无适合商业化开发的深海采矿系统，多数装备仍处于研制和试验阶段。"

海底矿产开采流程如图3-3所示。

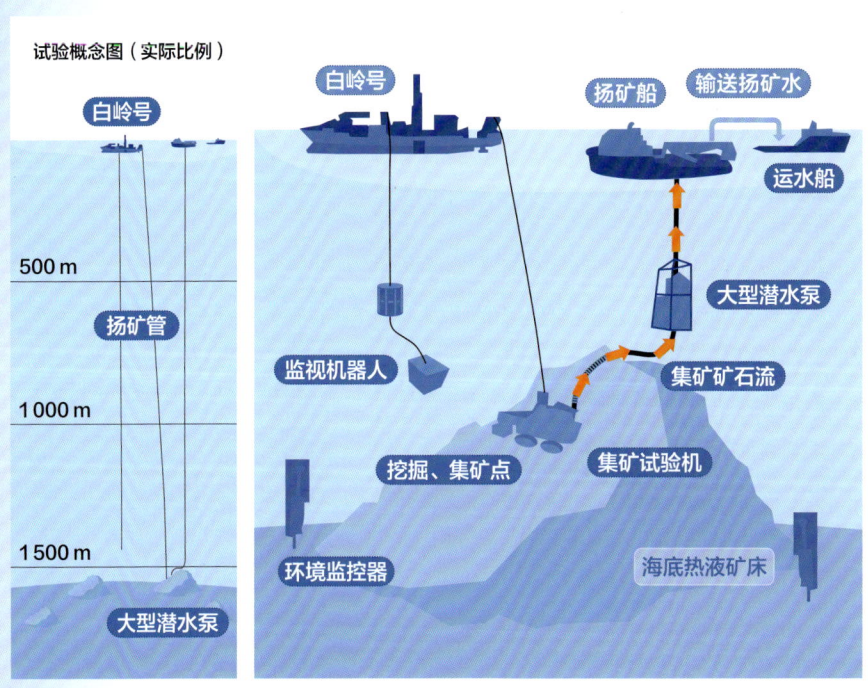

图3-3 海底矿产开采流程

深海采矿的代表性模式包括连续链斗式、自动穿梭艇式和管道提升式。其中，前两种模式系统稳定性差、开采效率低、环境影响大，目前国内外主要采用管道提升式深海采矿模式。该模式主要包括海底采矿车、管道提升装备和水面支持平台。

海底采矿车是海底矿石开采的核心技术装备之一。多金属结核一般富集于平坦海底，与海底沉积物共存，可采用机械式、水力式或水力－机械混合等方法进行采集；富钴结壳富集在基岩表面，一般采用螺旋滚筒将矿石从基岩剥离，进行破碎和收集；多金属硫化物的采集方式与富钴结壳相似，一般先处理复杂崎岖的地形，开拓采矿台阶，而后完成矿石采集。

管道提升装备用于将矿石从海底输送至海面，一般可采用水力提升或气力提升，即通过提升泵，将矿石－海水或矿石－海水－空气的混合物输送到水面支持平台，其核心技术装备为混合物提升泵和管道。通常情况下，采矿车采集的矿石通过软管输送至水下中继站，在提升泵的作用下，由硬管输送至海面。

水面支持平台是深海采矿的集控终端。一方面，矿石输送至水面后在平台进行预处理、脱水、暂存，而后外输至穿梭船；另一方面，水面支持平台保障采矿系统的动力供给、信息通信、导航定位，并作为采矿作业的控制中心。同时，水面支持平台还兼具采矿车、提升泵、管道等水下装备的布放和回收功能。

为了开采隐藏于深海的各项资源，各国都在研发相应的深海作业设施。20世纪70年代，美国、德国、日本等多个国家的公司组成了跨国财团，联合研发管道提升式深海采矿系统方案。1978年和1979年，各财团于东太平洋CC区多次开展全系统联合海试，集中验证了海底集矿车、泵管提升装备以及系统协调作业的可行性。

海底矿产工业级开采意味着地球资源开采进入了新纪元，各国政府和众多企业争先恐后地把资金投入到海底矿产勘探、采矿技术开发和相关设备的研造上。美国首开钻探深海，目前领军者是日本，很多地质学家都投身其中。韩国和印度也在紧锣密鼓地开展地球物理研究，在印度搜索硫化物和金属结核的踪迹。欧洲也在深海采矿技术的研发上增大投入，目标是瓦利斯群岛和富图纳群岛法属海域里的多金属硫化物，以及亚速群岛周边的丰富矿藏。

（1）美国首开深海钻探

早在 1957 年，美国科学家就曾提出莫霍计划，试图钻穿洋壳最薄处，获取地壳深部和地幔的物质样本。1964 年，为进一步解决深海钻探难题，美国三大海洋研究所和迈阿密大学海洋与大气学院联合提出"深海钻探计划"（DSDP）。为了获取整个洋壳 6 km 的剖面结构，以取得地壳、地幔之间物质交换的第一手资料，美国自然科学基金会从 1966 年开始筹划"深海钻探计划"，"格罗玛·挑战者"号深海钻探船首次驶进墨西哥湾，开始了长达 15 年的深海钻探。

除了深海钻探船、深潜器、水下机器人、液压活塞取心器（HPC）、延伸式岩心筒（SCB）、SeaBeam 测深系统和 TowCam 深拖系统外，美国领先于世界的最先进技术还有深海科学观测光缆。这一技术是将观测平台放置海底，通过海洋研究交互观测网络（ORION）向各个观测点供应能量、收集信息，还可以进行多年连续的自动化观测。在陆地研究基地，科学家可以通过网络实时监测自己的深海实验情况，并远程指导实验设备监测风暴、海流、波浪、潮流、藻类勃发、地震、浊流等各类突发事件。

美国拥有"阿尔文"号深潜器（图 3-4）。该深潜器于 1964 年 6 月 5 日下水，是世界上最著名的深海考察工具，服务于伍兹霍尔海洋研究所 (WHOI)，并以伍兹霍尔海洋研究所的海洋学家 Allyn Vine 的姓氏命名为"阿尔文"(Alvin)。起初，它的主要部件是一个钢制的载人圆形壳体，最深可下潜到 1 868 m 处。1972 年，"阿尔文"号换上了新的钛金属壳体，将下潜深度提高到了 3 658 m。它又于 1978 年下潜到了 4 000 m 深处，于 1994 年到达 4 500 m。"阿尔文"号可以在高低起伏的海底地表自如移动，最深可下潜到 8 000 m 处。它不仅能在水中自由漂浮，还可以在海底停留，进行摄像与拍照，开展科学和工程任务。通常情况下，"阿尔文"号每次下潜作业持续 8 小时，其中 4 小时往返、4 小时工作，必要时其下潜时间可延长到 72 小时。

图 3-4　　"阿尔文"号深海载人潜水器

1964 年，美国军方制造的"阿尔文"号载人潜水器开始下水工作，这艘"深海精灵"为人类探索海底世界做出了突出贡献。目前，"阿尔文"号的下潜次数已经超过 4 700 次。除了在 1966 年成功打捞美军遗留在地中海的氢弹、1986 年发现泰坦尼克号沉船外，它还曾有过一个震惊世界的发现——海底热液喷口。1977 年，"阿尔文"号在东太平洋加拉帕戈斯群岛附近海区下潜时，发现了低温热液。1979 年，当"阿尔文"号再次下潜到东太平洋 2 500 多米深处时，它发现了一些冒黑烟的特殊地质结构。该结构喷出物的热液温度达到了 350 ℃。研究人员将这种地质结构命名为热液喷口 (hydrothermalvent，亦称热液口或深海热泉)。因海底热液喷口喷出物的颜色多偏黑，且沉积物不断累积增高形似烟囱，因而又被称作"黑烟囱"(black smoker)。它的形成与海底岩浆活动有关。当岩浆能量足够大时，会在海底喷发形成火山，大洋中脊就是这样形成的。当岩浆的能量不足以冲破洋壳时，可将海水加热形成热水喷流。这些喷出物富含金属元素，且逐渐在喷出口形成金属硫化物（如黄铁矿、磁黄铁矿、闪锌矿等）沉积，而硫化物矿物的颜色整体偏深，导致海底热液喷口沉积多呈黑色。

（2）日本研制最先进的深海探测船

从 20 世纪 90 年代初开始，日本利用多种技术手段对海底热液硫化物及富钴结壳开展了调查与研究工作。其调查区域覆盖日本专属经济区的太平洋岛和太平洋的其他一些地方（如东太平洋海隆等）。同时，日本也在进行现代海底热液硫化物的地质及成矿机制、资源评价、采矿环境影响等方面的研究。

日本拥有最先进的深海钻探船，在深潜器技术和运载系统方面居世界领先地位。日本的"地球"号是目前世界上最先进的深海钻探船。"地球"号能在地幔、大地震发生等区域进行高深度钻探作业，被称为"人类历史上第一艘"多功能科学钻探船。"地球"号（5.7 万吨级）能向海面下伸长 10 000 m，在水深 2.5 ~ 3 km 的海域也能钻探到海底地壳下约 7 km 处的地幔。船上配备先进的设备，如 Deep Tow 深海曳航照相 / 声呐系统，可进行海底地形、地质、热液、资源等走航式探测；液压活塞取样系统，可从海底钻取岩心，进行岩心内部结构的现场分析。除了帮助人们探究地球形成和大地震发生的机制，通过分析地幔的物质成分来预测地震外，"地球"号还担负着研究地下生物圈以探索生命起源，以及追踪过去气候变化痕迹的任务。

为调查其专属经济区的海底资源，日本正在研发新一代无人深海探测器。该探测器的作业深度可达 2.5 km 和 4.5 km，能按照预先设定的路线程序潜入海里，在离海底 50 m 的高度使用声波扫描地形，获取精确数据。近年来投入使用的 2 台水下机器人除了探测海底热液矿床外，还可以对铜、锌、金、银、锗、铁、锰、钴、镍等矿物资源进行探测，有望在大洋海底发现锰、钴、铅、锌和其他稀有 / 稀土金属矿。

2002 年，东京大学和日本三井造船公司成功合作研制了水下机器人

R2D4（图3-5）。该机器人尺寸4.4 m×1.08 m×0.81 m，空气质量1 600 kg，最大潜深4 000 m，最大航速3 kn，最大航速下可连续航行12小时，并可利用锂电池给载体供电。它的执行机构包括：纵向推进器、垂向推进器、舵机；搭载的测量设备有测位装置、全球定位系统（GPS）等。该机器人在2003年的测试中较为成功地完成了试验，主要用于深海及热带海区矿藏的探察，能自主地收集数据，可进行海底火山、沉船、海底矿产资源和生物等探测。

图3-5　R2D4水下机器人

R2D4搭载的探测装置（图3-6）能够准确把握周围状况，依靠海底对机器人发出的声波的反射信号来分析海底地形，并采集岩石样本，还可以自行躲避障碍，并拍摄高精度图像。通过该机器人在印度洋海底作业，日本研究人员发现了全球最大的熔岩平原。与东京大学以前开发的海底探测机器人相比，该机器人小了一半，质量减轻了60%，潜水深度从400 m提高到了4 000 m。R2D4以锂电池为能源，可以连续航行60 km。它定位精确，指定地点与实际到达处之间的航空误差仅约30 m。R2D4靠传感器检测水温、水中的浑浊度等，并能自主收集数据，可用于探测喷涌热液的海底火山、沉船、海底矿产资源、生物等。

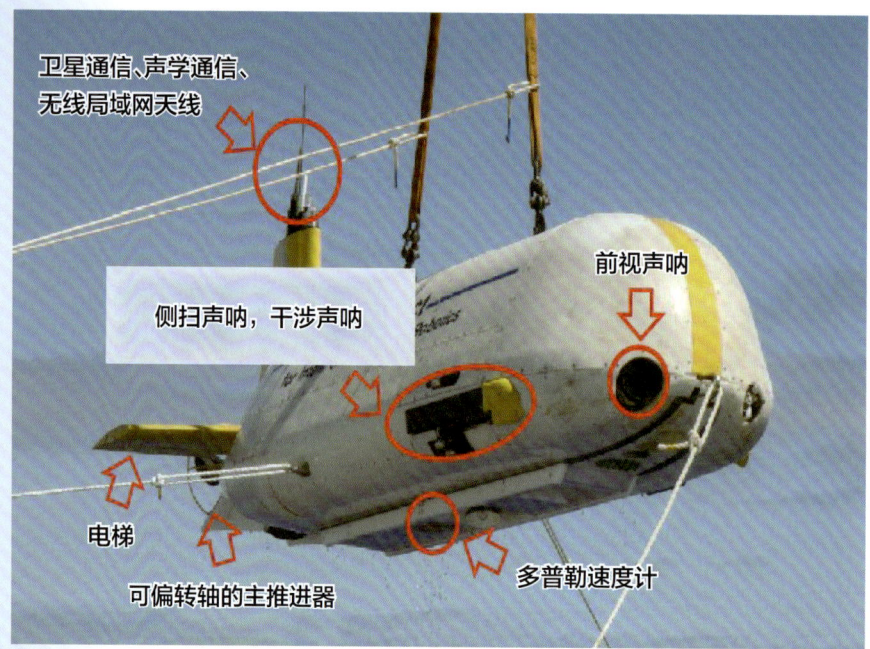

卫星通信、声学通信、无线局域网天线

侧扫声呐，干涉声呐

前视声呐

电梯

可偏转轴的主推进器

多普勒速度计

图 3-6　R2D4 水下机器人导航传感器布置情况

R2D4 导航系统由 INS、FOG、DVL、GPS、深度计、无线电、声学通信、DPR 声呐、前视声呐等组成，并且携带侧扫声呐、CTD、pH 传感器、磁力计、CCD 摄像头等观察传感器。

（3）俄罗斯持续投入深海勘探

俄罗斯对无人水下航行器的研究始于 20 世纪 60 年代末期，先后研制了 MT－88（1988 年）、"管道海狮"（1994 年）等，被主要用于深海水下搜索或海图绘制。自 20 世纪 80 年代初开始，以俄罗斯科学院海洋研究所和自然资源部为主力，俄罗斯开展了大规模的海底热液硫化物调查。前者主要负责基础研究，针对硫化物的成矿作用，利用深潜器先后对太平洋和大西洋上 14 处热液活动场（地区）及胡安得富卡洋脊的海山、加利福尼亚湾的瓜亚马斯盆地、西南太平洋的某些海域和大西洋中脊上的 4 个地区进行了勘测。自然资源部则主要负责应用（资源）研究以发现和评价新矿床资源，先后在东太平洋海隆（EPR）0°～13°N 和 20°S～22°S 范围内进行了大区域调查，并在其北部发现了 6 个新的硫化物矿化区（如 Logachev-1、

Logachev-2 和 24° 30′ N 高含铜的硫化物矿化点等）。目前，俄罗斯仍在大西洋中脊继续进行硫化物调查。

1991 年，俄罗斯建造了"北冰洋陆架"号第 1 艘海上钻探船，用于海上油气勘探开发活动，随后又建造了可在 2 ~ 3 km 水深作业的钻探平台，用于勘探开发深海油气资源。2000—2005 年，俄罗斯建造了 5 艘 5 万吨级双壳体深海地质勘探船和 2 艘 2.5 万吨级深海矿物探测船，并装配有探测海底硫化物的遥控水下机器人。俄罗斯研制的海底采矿和扬矿样机已完成了 200 m 水深海上试验。其用于深海试验的集矿机模型完成了室内管道提升试验和 6 km 压力试验。此外，俄罗斯还研制了用于采集海底山钴结壳的采矿机。

（4）加拿大活跃的后起之秀

加拿大鹦鹉螺矿业公司（Nautilus Mineral）是全球海底采矿设备研发领域最活跃的企业之一，在海上矿产勘探方面拥有丰富经验。1997 年，鹦鹉螺矿业公司（已在多伦多证券交易所和伦敦证券交易所另类投资市场两地上市）完成位于西太平洋巴布亚新几内亚专属经济区的科学考察后，获得了 7 个拥有勘探权的授权区域（总面积约 1.5 万 km²）。目前，该公司获得授权勘探的海底热液硫化物区域已从巴布亚新几内亚扩展至斐济和汤加的专属经济区，总面积超过 27.6 万 km²。这些区域蕴藏着大量高质量大型硫化物矿床，其中部分矿点的矿物含锌高达 26%、含铜量高达 15%、含银量达 200 g/t、含金量达 30 g/t。

众多实力较强的企业与公司在认识到海底热液硫化物的采矿前景后，便通过不同途径与鹦鹉螺矿业公司合作，积极推进海底热液硫化物的商业开采工作。鹦鹉螺矿业公司和法国公司 Technip 一起研发了基于大型履带式的机器人，专门用于深水采矿作业。这些机器人将首先在太平洋西南部的俾斯麦海海底索尔瓦拉一期（Solwara-1）区域进行采矿作业。鹦鹉螺矿业公司还为此研发了 3 种形态的采矿机器人（辅助切割机、主切割机和收集机）（图 3-7），以分工合作完成采矿作业。

收集机

主切割机　　辅助切割机

图 3-7　鹦鹉螺矿业公司研发的 3 种形态的海床采矿作业机器人

辅助切割机配备长长的机械臂，装有可搅碎岩石的锯齿，担当开路先锋；主切割机配有较宽的、功能强大的切割滚筒，可以把目标矿石碾碎；最后是收集机，通过内部的管道吸取海水、泥浆，并通过一个冒口系统，将这些物质传送到海面的母船中。

虽然水下采矿目前只是一种实验性的生产活动，但是已有的研究数据表明，这项活动将会带来丰厚的效益。水下采矿能缓解金属缺乏的问题，这意味着科技的进步不会因材料短缺而放缓。

（5）中国厚积薄发

"潜龙一号"是我国在 2011 年启动研发的 6 000 m 级无人自主航行器 (AUV)，用于深海海底锰结核探测。它配备了单向浮力调节系统。这一系统允许"潜龙一号"在陌生水域进行初次下潜时，将浮力调节装置搭载于航行器外部。在航行过程中，该系统能够自动进行浮力调节，实现在预定下潜深度的最优化配平，同时开展相应的探测任务。这种设计意味着，在未知海域进行大深度探测时，"潜龙一号"无须进行额外的配平作业，从而极大提高了 AUV 的经济性和方便性。单向浮力调节系统还具有功能独立、体积小、使用维护方便等优点，对大潜深航行器具有很高的工程应用价值和一定的研发理论指导价值。

"潜龙一号"的主要任务是发现和寻找资源所在区域，探测海底现场的海洋要素，为资源储量和商业开采价值评价提供依据。通过搭载测深侧扫声呐和照相机等探测传感器，"潜龙一号"可获取海底地形数据、背散射数据、照片数据等多元综合数据，以确定多金属结合的丰度，为未来开采选址提供基础数据依据。

2014 年 8 月 31 日，在中国大洋 32 航次科考期间，我国自主研制的 6 000 m 级 AUV "潜龙一号"在多金属结核合同区成功下潜作业，顺利完成了综合性能测试。在测试中，"潜龙一号"整体性能稳定，在 5 000 多米水下作业 6 小时，在多金属结核勘探区开展了海底微地形、多金属结核资源、环境生物等调查工作。

"潜龙二号""潜龙三号"和"探索 4500"采用了立扁仿鱼型流线外形设计，并配置了 4 个可旋转推进器，再加上全新的运动控制方法，使其具有良好的垂直面机动性和航行稳定性。此外，它们还搭载了测深侧扫声呐、磁力计、甲烷、温盐仪、照相机、多参数水质仪等多种探测传感器，具备声学调查和近底光学调查两种工作模式，可在热液硫化物矿区获得高精度地形图、高清图像、磁力数据，以及多种水体物理和化学数据。

2015 年 12 月至 2016 年 3 月，"潜龙二号"在西南印度洋进行首次海底资源调查，在西南印度洋热液矿区作业 70 余天，获得了热液区近海底精细三维地形地貌和磁力数据，以及大洋中脊近海底高分辨率照片，同时发现了热液区多处热液异常点。"潜龙二号"连续 3 年参与我国在西南印度洋多金属硫化物矿区的调查任务，为该海域海底矿区资源和矿产区域价值评估提供了多元高精度数据，也为后续钻探工作的布置提供了参考。"潜龙二号"

在考察时发现的水体及磁力异常信息，还为我国进一步拓展热液区范围提供科学依据。

2017年，我国新一代远洋综合科考船"科学"号在执行中国科学院战略性先导科技专项"热带西太平洋关键区域海洋系统物质能量交换"项目的任务时，搭载了"发现"号遥控无人潜水器。"发现"号装备了温度计、生物采集器、采泥箱等仪器设备，是开展深海研究的先进工具。"发现"号设计下潜深度4 500 m，带有水下定位系统和深水超高清摄像系统，配备 Titan4 和 Atlas 两种机械手，能直接抓取重达 300 kg 以上的生物和岩石。"发现"号还携带有我国自主研发的拉曼光谱探针，在我国南海海域首次发现了裸露在海底的"可燃冰"，也就是天然气水合物。

天然气水合物俗称"可燃冰"，一般分布在深海沉积物或者大陆永久冻土中。而裸露在海底表面的天然气水合物则需要大量的深海冷泉流体作为气源才能形成，一般极难存在，在全球也鲜有报道，是研究天然气水合物形成、分解、成藏以及与海洋环境相互作用机制的极佳天然实验场。"发现"号遥控无人潜水器共在我国南海海域发现两个存在裸露天然气水合物的站点，水深约 1 100 m。其中一个站点分布在冷泉化能极端生物群落中，动态合成并分解的天然气水合物可以为深海冷泉化能极端生命提供甲烷和硫化氢等能量源；另一个天然气水合物站点位于一个活动冷泉喷口的内壁，这也是在我国南海海域首次发现正在喷发的深海冷泉喷口。

海底油气的开采与矿产的开采有着很大的区别。对于油气来说，由于地层本身就拥有较大的压力，只要打穿地层，巨大的压力就会迫使其中的天然气和石油向外涌出。但是，可燃冰和深海矿藏却不能用相同的方式来开采。一方面，由于可燃冰属于固体，无法沿着管道自动上升，并且随着温度的增加和压力的减小，被压缩在固体当中的甲烷气体会泄漏出来，不仅无法收集，还会造成严重的大气变暖。另一方面，矿石更加沉重，一般的设备根本无法将其开采并抬升至水面，因此需要使用特种器材来进行开采工作。

在中国南海就蕴藏有大量的可燃冰和锰矿资源，并且中国目前已经掌握了深海挖矿船技术。中国打造了全球第1艘深海采矿船"鹦鹉螺新纪元"号。它的长度为227 m，宽度约40 m，排水量超过4万吨，几乎和一艘中型航空母舰的体量相当。"鹦鹉螺新纪元"号上装备了能满足船员生活以及采矿所需的各种设备，能够连续5年在海上进行资源开采工作，最深可开采位于水下2 500 m处的深海资源。在目前全球深海采矿船当中，这台中国打造的船舶是最先进的。

"鹦鹉螺新纪元"号这类深海采矿船的作业流程，是先将可燃冰和矿藏打碎，然后将其上升到海面后进一步提纯，去除在开采过程中携带的泥沙，最终由矿砂船直接从海上开采平台运回陆地进行进一步的加工处理。在此过程中，如何隔着数千米深的海水对下方的开采设备进行精确定位，同时控制它进行精确的开采作业也是非常困难的。除此之外，用于开采矿石的设备不仅需要承受与海床之间的剧烈碰撞和摩擦，还要能够承受深海海水的高盐度所带来的腐蚀。这就对其制作材料提出了非常高的要求。

3.1.2　深海科学考察

海洋科学是海洋技术发展的源泉，海洋技术是海洋科学创新的动力。历史上，海洋学的创新都源自海洋调查观测的结果，海洋科学的创新研究与海洋观测和探测技术密不可分。深海区域是探索生命起源和地球演化等重大科学问题的必经之路。尽管人类已经实现太空遨游，但对近在咫尺的海洋却知之甚少。一方面由于深海环境具有无光、高压、水温低、地形复杂等特殊属性，另一方面则因缺乏进行深海科考和海洋资源开发的有效作业工具——深海潜水器。

海洋观测技术和仪器设备的发展，一直是海洋科学家和海军重点关注的内容。海洋环境观测是通过多种海洋观测平台及布设在平台上的各种仪器、传感器及通信设备来实现的。在众多的海洋观测平台及仪器设备中，深潜器作为新兴的辅助观测工具，正在发挥越来越大的作用。在一个复杂多变的深海区域中，深潜器可以进行环境摸查。它能够贴地行进，并随地势起伏自主升降，同时收集大量信息，拍摄所需图像，极大地提高科研效率。对于海底热液，当深潜器勘测到高温热液后，可以通过特制的传感器当场检测其温度和酸碱度，而不必等待将高温高压的热液取出水面后再测量，避免了因物理形状改变而产生的误差，提高了科研质量。

深海潜水器是一种能够方便携带各种声呐设备、机械采集装置、潜航员及科学家的装备平台。它能够快速、准确地到达各种深海环境，进行精确的科学考察和研究。深海潜水器主要分为载人型潜水器（HOV）和无人型潜水器（UUV）两个大类。其中，无人型潜水器又可分为无人遥控潜水器（ROV）、无人自主航行器（AUV）、最新研制出的混合型遥控潜水器（ARV / HROV）、无动力潜水器等多种类型。作为综合性的水下机动平台，深海潜水器可以搭载设备以开展各种精细化作业，从而成为深海科考领域的"集大成者"。

无人水下航行器指的是能够通过预编程或自我调整实现自主驱动的水下航行器。尽管它们的运行可以高度自主，但是其部分功能仍需要少量的人工监控。缆控航行器与无人自主航行器是无人水下航行器在实际应用中的两种常用平台。在国际上，较为知名的无人水下航行器有 REMUS-6000、Talisman 等，它们已被广泛应用于水下科学研究、打捞与搜救工作，发挥着强大的辅助功能。我国自主研发的 4 500 m 级无人遥控潜水器"海龙 2 号"能够深入水下 3 500 m 处的区域开展作业，并能够适应海底高温与复杂地形环境等挑战。

水下滑翔机是一种新型水下机器人，本质上是一种低速航行器，具有低能耗的优势。它通过内部浮力变化来实现锯齿状滑翔运动，可搭载多种探测工具潜入深海执行观测任务。水下滑翔机的最大特点，是能在特定作战区域持久作业并进行监听。通过配备收集关键数据的传感器，水下滑翔机可对海洋温度、密度、深度、潮汐、海流等进行长时间、大范围的测量，不仅能提供科学、可靠的水文数据，更能精确掌握水下声音传播特性，为水下作战提供情报和信息支持。近年来，以"海翼"号、"海燕"号等为代表的国产水下滑翔机致力于探索深海科学奥秘，在研发、应用等方面取得一系列新进展，为我国深海科学研究不断取得新成果助力。

与其他深海科学考察装备相比，载人型潜水器在实际应用中有诸多优势。现代载人潜水器配备了完善且充足的动力和便携的操作系统，其推进器可实现潜水器在水下自由航行；驾驶员可根据事先给定的坐标，驾驶潜水器到达预定目标进行科考作业。载人潜水器可携带大量的采样装置进入深海环境作业，配备机械手的灵活操作可实现在万米海底的实时采样与装置回收。载人潜水器可搭载多名科学家进入深海环境。通过观察窗，科学家可以近距离观测真实的深海环境，对海底地质结构、生物目标等进行长时间的连续观测。载人潜水器中的潜航员与科学家相互配合，可实现驾驶操作与观察同步进行，灵活自如地执行任务。

在深海科考中，载人潜水器主要应用于地质科学和生物科学领域。其中，在深海地质科学方面，载人潜水器的潜在应用方向主要包括洋中脊板块运动过程、板块汇聚边界动力学、被动大陆边缘、深海地球化学、深海天然气水合物形成等。在生物科学中，载人潜水器得到了更加广泛的应用。通过载人潜水器对深海极端特殊环境中的生物及其群落的科考结果，人们对生命起源、生物进化及繁衍机制、生物基因等有了全新的认识，有了诸多重大的发现。另外，载人潜水器在物理海洋学研究方向也有所应用：主要是通过搭载温盐深等物理海洋学传感器，实现对深海特定区域的观测研究。

我国研制的"蛟龙"号、"深海勇士"号、"奋斗者"号等载人潜水器已经完成了上百次深海科考任务。它们主要参与在各种复杂海底环境中开展的海洋地质、海洋地球物理、海洋地球化学、海洋生物等科学考察活动，并获得了海量高精度定位调查数据和高质量的珍贵地质与生物样本，极大地推动了我国的深海科学研究。

1. 美国深海科考

1971—1975 年，美国和法国联合开展了 FAMOUS 计划（French-American Mid-Ocean Undersea Study），即在深海钻探的基础上，科学家乘坐载

人潜水器直接对大洋中脊进行近距离观测。在该计划中,美国的"阿尔文"号与法国的"西安纳"号(Cyana)载人潜水器共执行下潜任务57次,对大洋中脊谷底进行了超过200 h的观察、照相等作业(图3-8)。通过这些作业,直接观察到了新生的洋壳和转换断层。在洋中脊谷底,发现了新鲜的熔岩和年轻的火山,以及平行于裂谷延伸的正断层、张性裂隙和岩墙露头等地质现象。这些发现证明了大洋中脊的确是洋壳生长和扩张的场所,为板块构造理论提供了最直接、最可靠的证据。

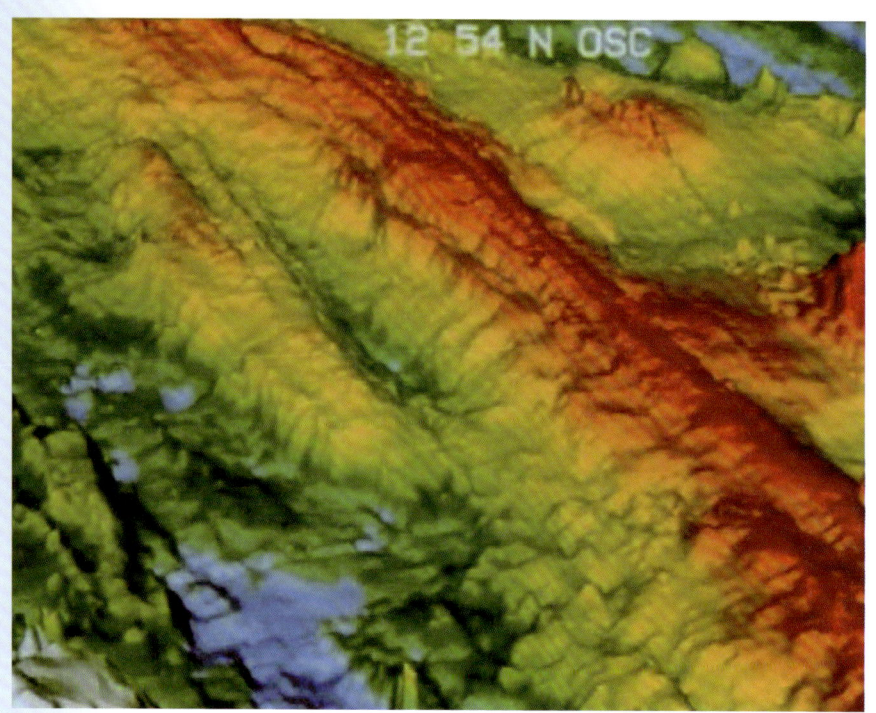

图3-8 "阿尔文"号载人潜水器测得的洋中脊地形图

1977年,"阿尔文"号载人潜水器在太平洋加拉帕戈斯群岛东北水深2 550 m处的海底热液喷口附近发现了丰富的生物群落,其中有大量的环节类、甲壳类、软体类、须腕动物、鱼类等深海大型生物。大型的管栖蠕虫状须腕动物成团成簇存在,管长达5 m,直径4 cm,生物密度可达15 kg/m²。

1984年,"阿尔文"号在对大西洋洋底深海热液喷口附近的生物群落进行调查时,发现生活在热液喷口附近的蛤类的代谢速度比一般蛤类快约

500倍。在参与MAR97航次执行任务时，"阿尔文"号首次在大西洋中脊的热液区使用配备的机械手和吸管采样器，采集到了包括蚌类、小虾、螃蟹、腹足动物、多毛目环节动物等大量生物样本，并且在清洗蚌类及采样篮的时候，又发现了大量的无脊椎生物。

2. 日本深海科考

日本引以为荣的载人深潜器"深海6500"（HOV SHINKAI）和水下机器人技术（AUV，ROV）也被广范应用于深海探测中。由日本海洋研究所研发的深海巡航探测器"浦岛"号是一个自治型的深海探测机器人。它可根据内置计算机预先设定的程序，计算自己的位置，自主航行。由于摆脱了以往探测器必须通过电缆和母船相连的限制，"浦岛"号能够在更广阔的范围内自动收集研究全球气候变暖机制所需的海水盐度、水温等数据。"浦岛"号正常工作的最大深度为3 500 m，可以靠近海底进行探测，从而获得清晰度很高的海底地形和海底以下地层构造的数据。它可以用锂离子电池作为动力源，也可以使用燃料电池。"浦岛"号的燃料电池不与外界环境交换任何物质，技术远比汽车用燃料电池先进。2005年2月，在燃料电池的驱动下，"浦岛"号创下了续航距离317 km的新世界纪录。

日本海洋科技中心计划研制的"海沟"号深水潜水器，是世界上唯一能够下潜到11 000 m深的潜水器。"海沟"号无人潜水器于1990年完成了设计，长3 m，重5.4吨，耗资5 000万美元。"海沟"号是一种缆控式水下机器人，装备有复杂的摄像机、声呐、一对用于海底采样的机械手等设备。

"海沟"号通过光电复合电缆传输电力和信号。在建造完成后不久，"海沟"号就展示出卓越的深潜能力：1995年3月，它成功潜航至马里亚纳海沟10 911 m的深处，确认了海沟断崖的存在，并发现了存活在水深3.5～10 987 m处的深海极端环境下的6种有孔虫，还在马里亚纳海沟底部发现了约180种微生物。这些发现为研究地壳变动、古环境等提供了资料。

1995年3月4日上午7时54分，"海沟"号于母船尾部由吊车起吊下水。被盘卷在巨大绞车上、全长12 000 m的一次缆，以步行速度被放向海底。"海沟"号的操作室内装备有17台监视器，用来显示由深潜器等设备传送回的图像资料。"海沟"号上还装备有螺旋推进器操纵杆和控制机器人动作的主从机械手。主从机械手是按比例缩小的实际机械手主手，它通过与从手完全相同的动作实现远距离操作。

上午9时31分，"海沟"号下潜深度为5 000 m；10时50分，到达10 500 m；10时58分，下潜至10 800 m的中继站，停止下潜；11时13分，脱离中继站。随后，"海沟"号通过二次缆，继续下潜。参试人员紧张地注视着荧光屏，关注着它的每一个动态。

11时22分，下潜3.5小时后，广播中传来"现在刚刚着底，表示水深10 903.3 m，修正水深10 911.4 m"的声音。修正水深是指，根据水压测定的值，通过含盐量、水温资料等进行修正后得到的深度。

"海沟"号成功传回了世界最深海底茶色泥土的图像。它还使用右侧机械手，将一块刻有"KAIKO"字样的深潜纪念牌树立在海底。当"海沟"号在距离着地点50 m半径内游弋海底时，其监视器屏幕上最先出现了一些白色的、形似海参的生物。它们弯曲着身体，边回转边游动。两分钟后，当"海沟"号再次回到纪念牌处时，屏幕上出现了数条小鱼正游向被作为饵料放置的物品处。

电视摄像和日本海洋科技中心深海开发技术部的研究负责人高川真一说："这次深潜成功，为世界提供了解开深海探查、地震机制等地球之谜的有关资料。"本次"海沟"号的作业任务主要是对马里亚纳海沟深部进行勘察。该海沟的板块深入日本列岛，易引发地震。"海沟"号可通过摄像机准确地观测其板块运动，并使用机械手来设置听诊器式的地震仪，预测地震。

日本的"深海6500"号载人潜水器建成于1989年，其潜深达6 500 m，可容纳3人，主要用于探测海底地震与海底火山情况。"深海6500"号在三陆冲地震的震源处，发现了地震的痕迹和大裂缝。1933年，该地震曾造成3 000余人死亡。"深海6500"已经在太平洋、大西洋分别潜水30次，为国际海洋研究工作做出了贡献。

海洋覆盖了地球表面约 71% 的面积，其海底被视为人类探索的最后边疆，被寄予厚望。深潜器作为海洋研究的有力工具，正在也必将为拓展我们对海洋世界的认知，促进人类发展做出贡献。

3. 俄罗斯深海科考

俄罗斯的载人深潜器技术一直处于较领先的地位，早在苏联时期就已拥有深海运载器"和平 1 号"（MIR-Ⅰ）"和平 2 号"（MIR-Ⅱ）。近 20 年来，"和平 1 号"与"和平 2 号"在太平洋、印度洋、大西洋和北极海区共完成了 20 余次科学考察任务，包括对失事核潜艇"共青团员"号核辐射的定期监测、"泰坦尼克"号沉船的海底调查和大洋中脊水温场地热流的测量。

俄罗斯"和平 2 号"载人潜水器参与了大量国际海洋科考任务，包括太平洋和大西洋中的热液矿床调查，东大西洋、地中海与印度洋中部的洋底山脉研究、洋底动物群及洋底地质结构特点研究等。在 1988 年至 1997 年的 10 年间，"和平 2 号"下潜约 500 次，其中潜深在 1 000 ~ 3 000 m 的任务有 146 次，潜深在 3 000 ~ 5 000 m 的任务有 129 次。1990 年，"和平 2 号"对 1 000 ~ 5 948 m 不同深度的水层进行了 19 次作业，对该水域垂直方向上的生物分布、海水温度、盐度、密度、溶解氧浓度等参数及相互影响进行了调查。这是世界上首次进行海洋浮游生物垂直分布的实地观察。

2007 年，"北极 - 2007"考察活动由俄罗斯国家杜马副主席奇林加罗夫作为领队，乘坐"和平 1 号"到达北冰洋海底插上了俄罗斯国旗。这是人类首次抵达北冰洋北极海底。"北极 - 2007"考察活动准备了多年，配备了两艘伴随船只。其中，"俄罗斯"号破冰船破开冰层开路，其后是载有考察队员和两艘深潜探测器的"费多罗夫院士"号科考船。2007 年 7 月 24 日，他们离开摩尔曼斯克港驶往北极。2007 年 8 月 2 日，第一艘深潜器从"费多罗夫院士"号科考船中吊出，被小心地放在甲板外。当天莫斯科时间 9 时 28 分，"和平 1 号"潜入暗蓝的水中。半小时后，第二艘深潜器也被放入水中。每艘深潜器上载有 3 名船员。下潜 3 小时后，"和平 1 号"与伴随船只取得联系。船长报告："深潜器已到达北冰洋海底，深 4 302 m，停在黄颜色的土层上。我们可以执行任务。"俄罗斯"和平 1 号"和"和平 2 号"深潜器在两米厚的冰层下进行了极限下潜，完成了科技考察任务。研究人员借助机械手取回土样和海洋动物标本，然后将一面用钛金属制作的俄罗斯小国旗插入海底。

"和平 1 号"和"和平 2 号"也被广泛用于研究贝加尔湖。贝加尔湖是世界上最古老、最深的淡水湖。2009 年 8 月 1 日，普京穿着蓝色保温服，潜入贝加尔湖水面以下 1 400 m 处，以接触湖底的新能源"可燃冰"。这次湖底之行，他乘坐的便是大名鼎鼎的深海之王——"和平 1 号"深潜器。

4. 中国深海科考

（1）"海星 6000"深海科考

"海星 6000"是我国首台自主研发面向科考应用的 6 000 m 级 ROV 装备，最大作业功率 50 HP，最大工作深度 6 000 m，采用全电动推进，搭载有七功能机械手、回转生物吸取样器、宏生物采集箱、沉积物取样器、采水瓶等深海科学考察工具，具备浮力调节和水下广播级高清视频拍摄功能，可进行海底采样作业。

中国科学院沈阳自动化研究所水下机器人研究室主任、研究员李智刚说，在历时 3 年的研制过程中，中国科学院沈阳自动化研究所突破了超长铠装电缆的实时状态监控与安全管理、自适应电压补偿的长距离中频高压电能传输、近海底高精度悬停定位以及深海浮力调节技术等多项关键技术，在 6 000 m 以浅海域连续开展海底采样作业、海洋环境调查、生物多样性调查、近海底原位探测等深海科考作业。

在 2017 年海试成功的基础上，针对科学目标设计的科考应用航次，"海星 6000"先后完成了 9 个不同深度的综合科考潜次。2017 年 10 月 26 日，"海星 6000"有缆遥控水下机器人完成首次科考应用任务，在多个海域获取了环境样本和数据资料。其间，"海星 6000"最大下潜深度突破 6 000 m，再创我国有缆遥控水下机器人的最大下潜深度纪录。

在 1 000 m 级科考潜次中，"海星 6000"与在海洋先导专项支持下研制的"冷泉"号着陆器、拉曼光谱仪等协同完成了冷泉区科考工作。"海星6000"对着陆器进行搜索、精准移位与协同观测，通过搭载的拉曼光谱仪对收集的天然气水合物开展了近海底原位探测，同时还进行了冷泉区水样原位过滤固定及宏生物、沉积物与水样的采集等工作。

在 6 000 m 级科考潜次中，"海星 6000"连续工作 3 小时，完成了6 000 m 近海底航行观察、生物调查、海底特征表层沉积聚成物获取、泥样和水样采集、模拟黑匣子搜索打捞、标识物放置等任务，其间最大工作深度 6 001 m，创造了我国 ROV 最大潜深纪录。

在返航途中的 2 000 m 级潜次中，"海星 6000"一天内连续 3 次完成不同海域的岩石和水样采集等任务，获取岩石样本总量近 400 kg，最大单体岩石质量 61 kg。连续大强度的科考作业，进一步验证了该水下机器人的稳定性和可靠性。

（2）"发现"号马里亚纳海沟海洋科考

2019 年，我国新一代科学考察船"科学"号携带"发现"号水下机器人，对马里亚纳海沟南侧一座从未被调查过的海山展开了多次水下考察，发现了近 10 处罕见的"海底花园"，并获取了大量的生物和岩石样本。

科考团队使用"发现"号水下机器人，从海山的东侧和南侧，由海山底向上爬行，开展生物和岩石取样调查。截至目前，"发现"号下潜 3 次，共获取巨型动物标本 158 号，岩石标本 18 块。在海山东侧约 1 000 m 水深处，科考队员通过水下机器人发现并采集到两只头部粉红色、后半部身体发白的蜗牛状软体动物——海蛞蝓（图 3-9）。这种海蛞蝓的头上有两对突出的触角，像兔子耳朵，俗称海兔。

在海山东侧，科考队员还发现了一大片热带寡营养深海极为罕见的"珊瑚林"。其中，在一处巨石上就生长着至少 12 种巨型动物，包括 8 种不同类型、颜色艳丽的深水珊瑚及柱星螅，此外还有海百合、蛇尾、铠甲虾、深海虾、鱼类等生物在珊瑚林间生长，五彩斑斓，如同"海底花园"一般。在海山南侧 1 300 多米处，还密布着 50 多株、平均翼展 50 cm 长的粉红色的未知柱星螅珊瑚。这也是首次在热带西太平洋寡营养深海底发现如此靓丽且成片分布的柱星螅珊瑚。此外，科考队员还发现了罕见的红黄相间拟柳珊瑚、神秘的深海海鞘等。"保护海洋、科学利用海洋的第一步就是要认识海洋。" 中国科学院海洋研究所首席科学家徐奎栋说道，"例如，海山生态系统支持着独特的生物群落，生物多样性高、生物量大、特有种比例高，但人类开展过生物取样的海山仅占极少数，没有研究就谈不上保护。"

图 3-9　"发现"号水下机器人采集到的海蛞蝓

（3）"蛟龙"号海洋科考

"蛟龙"号开辟了我国深渊科学研究的新领域。通过"蛟龙"号，我国首次在马里亚纳海沟发现活动泥火山地质新现象，这对研究超深渊区板块构造活动、俯冲与沉积作用具有重要意义；首次揭示了维嘉海山与采薇海山巨型底栖动物具有很高的相似性，改变了海山间生物种类相似性低的传统认识；取得了深海生态环境新认识，发现不同类型热液喷口生物群落的巨型底栖生物种类和数量有显著差异。

2013 年 7 月 3 日，"蛟龙"号顺利下潜"蛟龙海山"。下潜人员有潜航员唐嘉陵，中国科学院声学研究所副研究员张东升，以及中国科学院海洋研究所研究员、海洋生物学家李新正。这次下潜不仅搜集到了岩石、沉积物样本，还发现了许多新奇的生物。"没有想到这里有这么多种类的大生物。非常震撼。"李新正说，"千奇百怪，无论从文献上，还是我看过的图片，都找不出一样的。"随"蛟龙"号下潜海山区，这位中国顶尖的海洋生物分类学家发现，大部分生物他都没有见过。在这些生物中，有三种让他印象最为深刻。第一种是一种奇特的软体动物，被李新正称之为"海怪"，它可以在水底快速移动。同行的张东升认为，其长相和行进方式类似水蛭。"但跟水蛭不同，有特殊形状的头。"李新正判断，这或许是一种后鳃类动物——比如海兔和海牛，它们长得像蜗牛，但没有壳。第二种是海底的"白莲"（图 3-10），既奇特又美丽，"画家也画不出来这种东西"。李新正认为它应该是一种海绵。

图 3-10　海底的"白莲"（推测为一种海绵）

　　第三种是一种紫色生物，呈心形叶状，边缘是波纹状。由于一瞥而过，无法判断是什么东西。除了这些，李新正还看到了好几种虾类，柳珊瑚和软珊瑚，海百合、海星和海蛇尾等棘皮动物。鱼类也至少看到了两种，没有眼睛的盲鳗以及一种大眼睛鱼。让他感到遗憾的是，他们没有采集到标本，只能寄希望于以后的下潜活动。"这里的动物个体数量少，但有这么多种类，让我意想不到。"李新正说，"对一个做生物（研究）的人（来说），这是终身难忘的经历。"

2017 年 5 月 5 日，"蛟龙"号载人潜水器前往南海北部浦元海山进行科考。此次科考，潜人员有实习潜航员陈云赛、资深潜航员唐嘉陵和科学家王小谷，海底作业 6 小时 34 分钟，最大潜深 2 029 m，发现了多金属结核区，并采集到了珍贵的生物标本。"蛟龙"号沿浦元海山作业区一条测线进行了近底观察和取样，完成了环境参数测量，采集了近底海水、沉积物、结核结壳、生物等样本，拍摄了大量海底高清视频和照片。"蛟龙"号还从海底 2 000 m 左右的结核区内，带回了珍贵的生物样本：一只生活在靠近山顶岩石上的海百合和一枝红珊瑚；一枝长在结核上的珊瑚，以及长在珊瑚上与之共生的蛇尾。

"蛟龙"号在浦元海山海底科学考察取得的成果，为提升我国在国际海底治理的话语权发挥了重要作用。通过试验性应用阶段，衔接海上试验与日常应用，"蛟龙"号已累计成功下潜 192 次，搭乘了近 600 人次的海洋科学家和科技工程人员下达深海海底进行直接观测、取样、测绘。其中，31 个潜次作业水深超过 6 000 m，累计获得了 1 200 kg 岩石和结核、结壳样本，398 管沉积物样本，3 953 件生物样本、6 225.5 GB 地形地貌视频资料等。

（4）"奋斗者"号海洋科考

2020 年 10 月 10 日到 11 月 20 日，"奋斗者"号前往马里亚纳海沟开展科学考察。"奋斗者"号和母船从三亚出发，往返于马里亚纳海沟大概需要两周时间，实际作业时间不到 30 天。在此期间，"奋斗者"号完成了 13 个潜次，其中包括 8 个万米潜次。

来自中国科学院深海科学与工程研究所的贺丽生，曾多次搭载"蛟龙"号、"深海勇士"号和"奋斗者"号，完成深海生命系统探索和深海样本采集的科学考察工作。在本次科考中，她记录下在马里亚纳海沟遇到的神奇生物：万米海底的海参身体是透明的，跟周围沉积物的颜色很接近，如果不仔细看的话，都很难发现它，中间那一条就是它的肠道；在海底移动的多毛类生物，多毛是底栖生物中一个优势物种，它的分布也非常广泛，但是在万米海底，科学家还是首次发现多毛类生物；在 7 600 m 深的海底，我们通过诱饵观察到狮子鱼，它们的生存范围是 6 000 ~ 8 000 m，它们头大尾小，没有鱼鳞，皮肤是透明的；在 1 500 m 深海底发现海百合——海中的"百合花"，机械手其实还没有碰到它，它就马上非常机敏地跳起来游走了；在 1 000 m 深海底翩翩起舞的海参，舞姿非常优美。

图 3-11 是在 3 000 m 深海底拍摄到的一个行走的海胆。在它的身后留下了行走过的痕迹。海胆在海底行走的样子，非常可爱。显然，深海、深渊，甚至是万米海底并不是一片沉寂，而是有着非常丰富、非常可爱的生物。

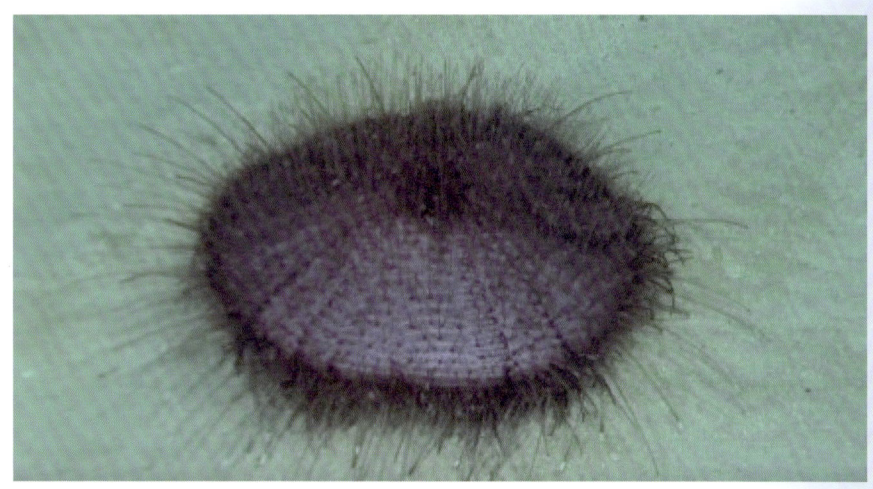

图 3-11　生活在海底 3 000 m 处的海胆

研究发现，在深海狮子鱼的基因组中有一个关于骨细胞钙化的基因发生了突变。这个基因在发生突变后，就不再具有原本的功能。也就是说，狮子鱼的骨密度是非常低的。如果人类的骨密度低，就需要补钙了。但是对于狮子鱼来讲，这种低密度的骨质，就是它在极端环境中生存的一种适应机制。在以往研究的所有生物体当中，tRNA（转运 RNA）负责把一个个的氨基酸运到一起形成蛋白质，tRNA 序列中的第 34 位是需要甲基化修饰的。科学家对 6 000 m 深海底的海参肠道的共生菌进行了研究，发现这个修饰在海参中消失了。这些研究结果说明，深海生物有着不同于浅海生物的、非常特别的、适应深海环境的生存策略和适应机制。

（5）多位点着陆器与漫游者协同探测作业

借鉴火星及月球探测器的设计思路，并结合着陆器、遥控潜水器、爬行履带车等深海装备的技术特点，我国提出了"深海多位点着陆器（Multisite Lander，简称 M-Lander）与漫游者潜水器（Rover ROV）系统"的概念。这一系统既具备着陆器长时间定点探测作业的能力，又能够从着陆器框架内释放漫游者潜水器，在邻近区域开展精细探测和作业。同时，着陆器还可携带漫游者潜水器在近海底移动，实现在单个作业周期内完成多位点探测。这种设计可以实现深海底部的低成本、高效探测作业。该研究可为 3 000 m 级深海探测作业提供一种新型的综合平台，在热液、冷泉等极端环境区域具有良好的应用前景，也为下一步实现深渊乃至全海深极端环境下的断线区域探测作业奠定技术基础，为我国深海底部区域精细探测作业提供新型装备和技术。

深海多位点着陆器与漫游者潜水器协同探测作业如图 3-12 所示。

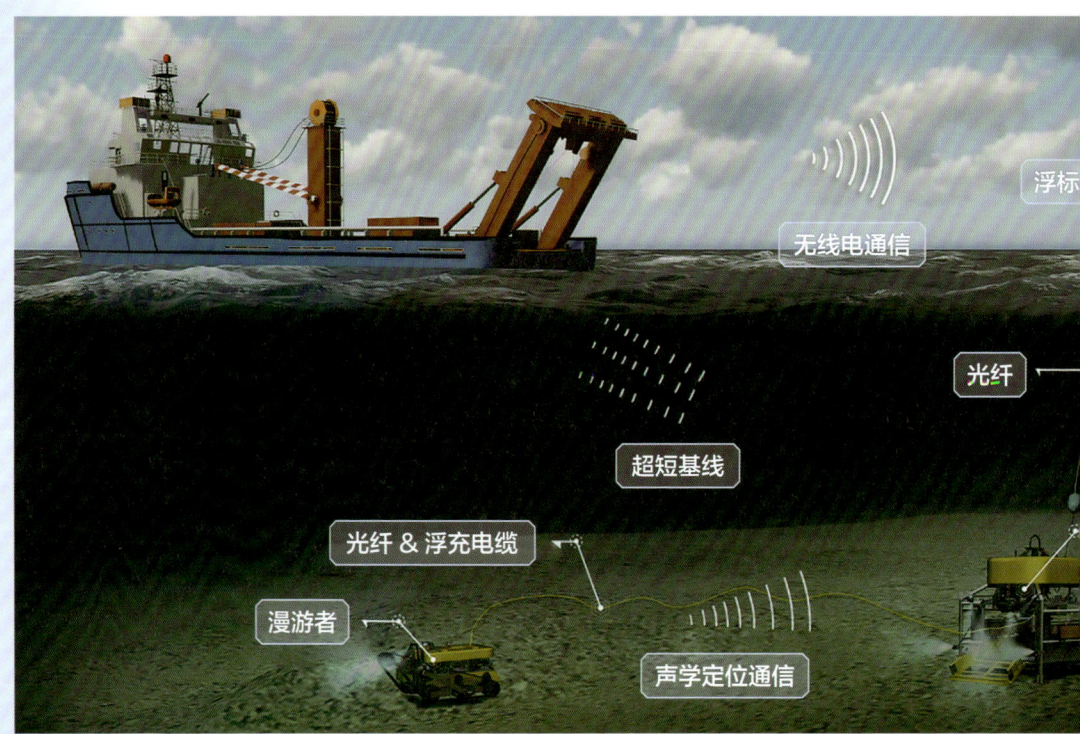

图 3-12　多位点着陆器与漫游者协同探测作业

3.1.3　海底原位研究实验室

深海前沿科学、可燃冰与生物资源的研究与开发方兴未艾。为了适应深海长期驻留和原位研究开发的需求，将实验室建到海底，利用深海环境条件，开展连续观测、筛选取样与保藏、原位实验与开发，已成为海洋科学研究的新手段。同时，海底原位研究实验室技术也已成为国际上研究的热点。

海底原位研究实验室是一种固定式的深海载人原位研究装备。它基于饱和潜水技术原理设计，使得舱内气压与其所处深度水压保持一致。工作人员可以通过闸室自由进出实验室。在实验室生活所需的呼吸气体、淡水、食物、电力等均通过"脐带"补给。

海底原位研究实验室是为了适应深海研究发展趋势而设计的先进装备。它将配备可模块化更换的多种海底有缆或无缆无人探测与作业装备，形成水下集群探测作业系统。这种系统将有人操作与无人技术结合起来，以增强深海实验的研究能力。随着新技术和新装备的应用和发展，海底原位研究实验室将展现出以下几个发展趋势。

（1）大潜深、长自持力

世界上 90% 面积的海洋水深超过 1 000 m。典型的海洋生态系统，如冷泉、热液等，也都存在于 1 000 m 以上的深海区域。钛合金、陶瓷材料、碳纤维复合材料等深海高强度耐压材料的应用，可在深海中为水下实验室的工作人员和设备提供常压的工作环境。大容量电池技术和水下密闭空间环控生保技术的发展，为科学家在深海长时间驻留，进行长周期观测、实验作业提供了可能。

（2）有人、无人协同作业

固定式水下实验室通常仅能在点域内进行观察和采样作业。但是，搭载 ROV、AUV 等无人研究系统后，它们便可以协同开展取样、样品分析和原位实验研究，有效地拓展固定式水下实验室的观测和取样范围。

未来深远海的开发需求及世界海洋装备技术的发展趋势，决定了"深海探测作业功能"需要实现由水面到水下海底、由短时到长期、由小功率到大

点着陆器

海水电池

功率、由小负荷到大负荷、从点域到大范围的 5 个维度的拓展；"深海装备及探测作业技术"需要实现从小型装备向大型装备、单体探测作业向集群协同作业、水面操控无人装备作业向水下有人装备与智能无人装备融合作业的三大跨越。

自 20 世纪以来，为调查和研究深海环境特征，各海洋强国建造了多类海底原位实验室系统，包括美国的海中人系列、"宝瓶宫"（Aquarius）、SEALAB 系列、Tektite 系列，苏联的 Bentos-300，法国的 Conshelf 系列，德国的"赫尔戈兰"（Helgoland），意大利的 Progetto Abissi 等。这些水下实验室是用于科学研究、在海底长期驻停与运行的载人实验平台，支持各国科学家在海洋生态环境等调查研究中取得丰硕且宝贵的研究成果。例如，美国在 20 世纪 70 年代研制的潜深为 914.4 m、排水量为 372 t 的 NR-1 型深海移动式工作平台，具备海底基础设施的安装与维护、海底测绘、跟踪取样、环境监测等水下任务能力。

1962 年，美国"Man-in-the-Sea I"号和法国"Conshelf I"号水下实验室首次在地中海进行试验。迄今为止，世界上已有超过 65 座海底原位实验室系统建成并投入使用。其中，相当一部分实验室建在水深只有十数米到二十米的地方，如美国的"宝瓶宫"、SEALAB 系列。德国的"赫尔戈兰"水下实验室是世界上第 1 座为冷水区建造的水下实验室，主要用于研究海底生物、生态环境、微生物和真菌、减压和潜水病。

海底原位实验室在海洋环境、海洋酸化、全球气候变化、海洋生态（如珊瑚礁、海草、鱼类等生物和水质生态环境变化）以及人类在海底生活的各种生理状况的研究中发挥了一定的作用。

1. 美国"宝瓶宫"水下实验室

美国"宝瓶宫"（Aquarius）水下实验室于 1986 年建成，位于佛罗里达群岛国家海洋保护区深水珊瑚礁附近的水域，离海面有 19 m，紧挨着一座叫"海螺礁"的珊瑚礁。从该实验室出发，潜水员可以下潜到约 29 m 的深度，开展 6～9 小时的海洋作业。"宝瓶宫"是目前世界上唯一一个还在运行的水下海洋实验室，由佛罗里达国际大学负责管理，主要用于海洋科学研究和 NASA 宇航员培训。

建在水下，实验室可以在不受水面风浪、天气等因素的影响下，进行海底原位科学研究和实验，如开展气候变化和海洋污染对珊瑚礁、鱼类、水生植物海洋生态的影响研究。同时，实验室还可以开展饱和潜水技术培训，研究饱和潜水人员在海底生活时的各种生理变化。经过改造，实验室将来还可以在海底模拟太空生活环境，进行太空行走，出舱执行维修、作业任务等演练。

"宝瓶宫"直径约 4 m，长约 14 m，其尺寸与国际空间站相当，可大体分为 3 个部分。

（1）海面浮标

这是"宝瓶宫"的生命线，为海底实验室提供电源、通信等生命保障。在漂浮于"宝瓶宫"上方的浮力系统中，有通信塔、发电机、空气压缩机、雷达、电话和微波通信装备。通过这个系统，可以源源不断地给水下的主体舱提供压缩空气和氧气、电以及无线通信。

（2）实验室主体

实验室主体又分为实验区和生活区两个部分。刚进入"宝瓶宫"的时候，需要经过一个"湿走廊"。与"湿走廊"相连的，是工作人员在海底的主要活动空间——一个抗压的双锁舱体。它总长约 13 m、宽约 2.7 m、高约 5 m、重约 85 t。其中，一个舱体约 14 m³，为实验区，里面有各种电脑设备、实验室、电力系统、窗户、卫生间等；另外一个舱体为生活区，里面配有 6 张床位、电脑设备、两个大舷窗、厨房等。这两个舱的生命支持控制系统相互独立，可以单独调控室内压力。

（3）"宝瓶宫"基座

它位于整个实验室的最下方，下沉于海底，起到停泊、固定实验室的作用。该基座重达 116 t，有 4 个"脚"。每个"脚"上配有 25 t 重的铅，用来"压"住舱体。每个"脚"都可以单独调节，从而降低海啸、地震等对地基稳定性的影响。

为了保障海底实验室的安全，岛上还建有实验室控制中心，可以对实验室进行实时监控和管理，确保水下工作人员的安全和顺利作业。目前，"宝瓶宫"已经接待了 200 多名来自 NASA、高校等 90 多个机构的科研人员入住。

2. 苏联"黑海"号水下实验室

"黑海"号水下实验室是由苏联科学院希尔绍夫海洋研究所设计建造的海底固定式载人实验室，由水下实验室、漂浮基地、岸上观通站组成。该水下实验室位于格连吉克区域的戈鲁布湾，其水下作业系统由水下实验室、漂浮基地及岸上观通站组成。

其中，水下实验室的内部空间，分为休息区、工作区和潜水区 3 个主要功能区域。休息区配置有供人员休息用的吊床、吃饭用的折叠桌和存放个人物品的柜子；工作区布置有 2 个实验桌，用于舱外采集样品进舱原位分析研究，3 个仪表盘，用于监测舱内环境状况；潜水区布置存放潜水设备的架子和维修装备的工作台。

"黑海"号水下实验室的生命支持系统由氧气生成系统、二氧化碳吸收系统、通风系统、保暖系统、干燥系统等组成。而通风系统依靠安装在漂浮基地上的压气机来提供清新的空气，供 5 至 6 人使用。压气机的功率为 100 m^3/h。二氧化碳吸收系统是用一些吸收器安装起来的，除了备有通风机的额定电动机外，该系统还使用了配备直流电动机的离心通风机，风量达 170m^3/h。氧气定量供应系统是整个气体系统的一部分。3 个贮存氧气的气瓶（每个容量为 40 L）被设置在居住舱的舱底板下，压缩氧气的数量由人工调节。1968 年夏天，该实验室在一次实验中，用大气中的空气代替氧气。保温及干燥系统主要由半导体热水泵组成。在干燥状态下工作时，热水泵会降低空气温度，直至冷凝物热交换器板片上的温度下降为止。不过，由于实验室具有足够的热绝缘条件及温度相当高的室外水，热水泵也可以不与保温系统相连。

此外，"黑海"号上还装有气体分析器系统。该系统由二氧化碳及氧气百分比含量传感器、温度计、干湿球温度计组成。呼吸气体中的氧气含量每4小时测量一次，其他参数在28天的实验期间每小时测量1次。水下实验室辅助系统中还有供电系统、水道系统、空气气体系统、排除系统、排水系统和通信系统。供电系统由两个平行的电路（直流及交流电路）组成。直流电路的电力来源为漂浮基地或安装在实验室甲板上的密封箱中的蓄电池。

"黑海"号水下实验室主要用于水下的原位长期综合性海洋调查。科学家在水下实验室内通过直接观测或者利用各种监测仪器，进行海洋地质学、海洋生物学、水下光学、水下物理学等方面的长周期连续观测与实验活动。

3. 德国"赫尔戈兰"水下实验室

"赫尔戈兰"（Helgoland）水下实验室于1968年建于德国，位于赫尔戈兰岛附近的北海，实验室内部划分为休息区、实验区和工作区，备有充足的补给品，可以在不依赖外界补给的情况下，至少保持14天的人员自持能力。实验室可以在无起重设施辅助的情况下自主下潜和上浮，并能在水面异常气候环境下保持水下工作正常运行。

水下实验室的设计初衷是为了开展水下海洋医学研究及北海海洋生物研究，但在使用过程中，其使用范围被不断扩大。实验室在饱和潜水减压方面的研究为世界饱和潜水技术的发展做出了极大的贡献；该实验室还研究了在舱内空气压力不断增大的情况下，不同气体组分对人体心理、生理功能的影响。这些研究对潜水员进行饱和潜水训练具有很好的指导意义。

4. 大深度海底原位科学实验站

2022年10月28日，"探索二号"科考船携带"深海勇士"号载人潜水器完成了一系列海试任务。科研人员成功地在海底布设了大深度原位科学实验站。这将有助于实现深海长周期无人科考。原位科学实验站，是近年来由我国提出的一种新型深海装备技术体系。它以深海/深渊基站为核心，可携带多种无人潜水器，并可接入化学/生物实验室等平台，在深海/深渊原位开展一系列科学探测和科学实验。

"在海底布设原位科学实验站相当于把陆地实验室的测试、分析仪器整体搬到海底。"中国科学院深海科学与工程研究所副研究员陈俊介绍。与从海底取样后拿到陆地实验室检测的传统海洋调查方式相比，在深海原位进行科学实验，可以避免因环境变化导致的样本数据损坏或缺失。

据介绍，此次布设的原位科学实验站系统将在海底全自主工作，能够进行自身状态监测和智能管理。所有数据通过深海滑翔机中继通信，定期传回岸基控制中心。科研人员也可以对原位科学实验站进行远程控制。

此次布设的原位科学实验站配置了兆瓦时级锂电能源系统，在能量密度方面实现了新的突破。该能源系统可储存 1 000 度电，支撑原位科学实验站在海底连续工作半年以上。在此次海试中，通过"深海勇士"号载人潜水器，实现了海底基站与原位实验室的水下连接，同时还对基站的海底航行能力及自主位点移动功能、原位实验室的自主运行模式切换功能，以及电感耦合无线通信功能等进行了验证。后续，该原位科学实验站还将接入更多智能化无人实验、探测及信息传输系统，以实现深海长周期无人科考（图 3-13）。

图 3-13　海底基站作业画面

3.1.4 深海救援

随着海事行动日益频繁、海上作战愈发激烈，海底打捞与救援需求日趋重要。水下环境恶劣，人的潜水深度有限，因此水下搜寻难度大、时间长、危险性高，潜水员在工作中易造成次生伤害。如，当水流速度大时，为了潜入水底，潜水员可能需要通过携带铅块来增加自身质量，这增加了其活动风险。再如，水下情况复杂多变，可能存在涡旋、残余渔网等，加大风险；一些水域可能存在石油、化工污染，对救捞人员的身心伤害极大。

水下作业任务的复杂程度日渐增加，对海底打捞装备与救援技术的综合能力提出了更进一步的要求。近年来，世界各国的企业与研发机构都在努力研发先进的深海打捞装备与救援技术，并尝试将其应用于各种打捞任务中。遥控潜水器是一种可在水下环境中长时间作业的打捞装备，能有效替代潜水员，承担高强度以及危险环境下的水下作业任务。

深海救援能力取决于救援舰的性能和高技术搜救设备，包括深潜救生艇（DSRV）、收放系统、受压转移（TUP）系统等的性能。深潜搜救过程一般包括设备的准备、设备入水、对接、设备回收、治疗处理等步骤。以新加坡的专用潜艇救援舰"Swift Rescue"号为例。该船在进行深水搜救时需要进行4个步骤。一是设备下水。在获知潜艇需要求救的消息后，"Swift Rescue"号抵达潜艇失事水域，船上的深潜装置DSAR6应在15分钟内入水，并且依据潜艇所在深度应在30分钟内抵达。二是设备与潜艇对接。当失事潜艇将信息提供给外界时，DSAR6开启搜救。DSAR6的内部首先受压以匹配潜艇的内部压力，然后将其底部舱口与潜艇逃生舱口进行对接。潜艇艇员通过连接舱进入DSAR6，每次最多可以救援17人。三是设备的回收。在所有艇员进入DSAR6后，DSAR6返回至水面并回收至"Swift Rescue"号。然后艇员直接从DSAR6进入减压舱，应保持定常压力，直至进入减压舱，以防艇员受伤。四是人员的治疗处理等。

水下机器人在海洋救助与打捞领域应用广泛，在海洋相关产业及应急指挥、灾难救援方面有非常高的任务匹配度。目前，很多国家和救援组织都使用水下机器人进行救助打捞工作，尤其是深水的救助打捞作业。打捞搜救是一项极为复杂的工程，涉及的领域极多，其主要作用就是代替潜水员在水下进行水下搜索、视频观测、打捞救助辅助等。

（1）美国CURV系列救援潜水器

使用水下机器人进行海洋救助与打捞已有近60年的历史。美国加利福尼亚州帕萨迪纳的海军军械测试站从20世纪60年代起，就开始研制一系列电缆控海底回收车（CURV）（图3-14）。这些电缆控海底回收车是现今各类遥控潜水器的原型，也是远程操控打捞与救援装备的先驱。作为一种遥控潜水器，CURV主要负责深海打捞工作。第一代CURV型遥控潜水器型号名为CURV Ⅰ，当时被用于从地中海海底进行氢弹回收。后续经历了数次演变与技术更新，催生出了CURV Ⅱ、CURV Ⅱ-B、CURV Ⅱ-C、CURV Ⅲ以及最新一代CURV-21遥控潜水器。

图3-14　早期的CURV Ⅰ（左）、CURV Ⅱ（中）、CURV Ⅲ遥控潜水器（右）

1960年，美国研制了一台名为"CURV Ⅰ"的ROV。这台水下机器人被专门应用于水下打捞作业。1966年，这台水下机器人和载人潜水器配合，在西班牙外海成功找到并打捞了失落在海底的氢弹。此后，水下机器人开始受到关注。1973年，这台机器人还在爱尔兰成功救援了一艘失事潜艇中的驾驶员。

在1966年的帕洛马雷斯氢弹事故中，一架B-52轰炸机在西班牙帕洛马雷斯附近与一艘KC-135加油机相撞，一枚氢弹在地中海丢失。作为世界上第一个军用遥控潜水器，CURV Ⅰ在880 m的西班牙外海域中完成了氢弹回收任务。1973年，CURV Ⅲ完成了小潜艇"双鱼座3号"以及两名船员的深海救援任务。这两名船员在被困 76 小时后，终于脱险生还。1976 年，CURV Ⅲ 被用于"埃德蒙·菲茨杰拉德"号的沉船调查。CURV Ⅲ 在 150 m 的海底进行了 12 次潜水调查，在海底的作业时间超过 56 小时，并拍摄了搜救视频以及 895 张照片。

作为目前最新的一代深海打捞产品，CURV-21 遥控潜水器被美国海军广泛应用于深海打捞作业中，是美国海军现役深远海打捞的主要装备之一。CURV-21 是一种重约 3 t 的无人遥控潜水器 (ROV)，其最大作业深度为 6 096 m，尺寸比上一代 CURV Ⅲ 更小，并装载了许多新技术装备。

CURV-21 遥控潜水器由控制台、脐带缆、脐带绞盘、电缆卷筒、甲板液压动力装置、操作车、维修车以及备件存储车组成。CURV-21 遥控潜水器可通过单独的柴油发电机或其他兼容的平台提供动力。

CURV-21 是一个独立的设备，可通过飞机快速部署至打捞船上。在打捞船上的操作员可通过控制台对 CURV-21 遥控潜水器进行 6 个自由度的控制。CURV-21 配备了连续调频声呐与扫描声呐，可在浑浊或黑暗环境下实现对目标物体的辨识、定位与信标检测；配备了两个液压多功能机械臂，实现搜索和打捞功能。同时，CURV-21 还能够在侧扫声呐和打捞操作之间切换。此外，CURV-21 还配置了高分辨率数码相机、黑白和彩色电视摄像机，用于获取图像信息。

CURV-21 的光纤多路复用系统，可以在单根光纤上传输多达 8 个通道的视频、声呐和导航数据。其数据传输容量为每秒 1.5 GB，并有望在未来通过 2 根备用光纤和 3 个通道光纤滑环进行扩展。该系统的设计便于其很容易地与其他传感器或使用标准数据格式的工具包连接。

对于特殊操作，CURV-21 可配备定制的撬装工具包，其中包括但不限于挖沟机、专用打捞工具、仪器包以及其他任务设备。

作为一种遥控潜水器，CURV 型遥控潜水器可与水下摄像、声呐、定位以及机器人水下操作相结合，是美国海军深远海打捞装备体系的重要组成部分。其强大的功能主要体现在：结构紧凑，具备多种功能模块；操作简单、灵活；容易进入狭窄区域，获得清晰图像；有缆作业、数据传输快捷。

2020年1月25日，MH-60S海鹰直升机（图3-15）在冲绳以东92海里处坠入菲律宾海。这架直升机隶属美国海军第12直升机战斗中队（绰号"金隼"）。当时，它正在"蓝岭"号指挥舰上执行任务。事故没有造成伤亡，机上的5名机组成员在直升机沉没前成功逃生。

美国海军使用了CURV-21遥控潜水器参与打捞工作。这款海底救援装置全重2.9 t，通过电缆连接和传输信号，最大作业深度可达6 000 m。也就是说，这一次直升机打捞深度，已经接近这台美军潜水器的极限。

经过数日的潜水工作后，CURV-21遥控潜水器发现了坠海的直升机，并将缆绳固定在了坠海直升机上。回收行动自2021年3月17日开始，于3月18完成。随后，这架直升机被送到了横须贺基地，转运回美国。美国海军已经不是第一次执行这样的打捞任务了。多年前，CURV-21潜水器就曾在菲律宾海打捞过一架C-2A"灰狗"舰载运输机。

图3-15　2021年，打捞坠海的MH-60S海鹰直升机

2022年，"卡尔·文森"号航母上一架F-35C隐形战机（图3-16）着舰失败，冲出甲板，坠入了南海海域。损失价值数千万甚至上亿美元的舰载机，这是对美国海军的沉重打击。为避免泄密，美军往往会不计成本地

打捞沉入海底的尖端武器。但这次失事地点远离海岸，无法第一时间抵达失事地点，快速开展深海打捞作业，错失了最佳的打捞时机。一个月后，F-35C 战机残骸由 CURV-21 遥控潜水器协助回收。CURV-21 遥控潜水器把索具和升降绳绑在 F-35C 战机身上，再使用吊钩并配合打捞船的起重机把飞机吊出水面。据称，该次打捞深度为水下 3 780 m。

图 3-16　2022 年，打捞 F-35C 战机

美国海军的深海打捞能力在全世界来说都是数一数二的。他们不仅拥有丰富的深海打捞经验，除 CURV 型遥控潜水器外，还拥有一系列先进的打捞平台、水下探测设备以及其他类别的遥控潜水器，例如 TPL-25 型拖曳声波定位仪、浅水扫描系统、Hugin54 型潜航器、Deep Drone 8000 型、MR2 Hydros 型遥控潜水器等。鉴于海洋战场空间的重要性与独特性，世界各国都在积极投入深海技术研究并加以实践运用。作为一个陆海兼备的发展中海洋大国，我国也应加快发展深海搜索和打捞技术，以提升自身的主动性和竞争力。

（2）美国 REMUS 6000 救援潜水器

"莱姆斯"（Remus）族系水下无人航行器是美国伍兹霍尔海洋研究所设计、水螅虫公司制造和销售的水下无人航行器产品。REMUS 6000 自主水下无人航行器是该公司的系列产品中工作深度最大的 AUV。其外形及相关组成如图 3-17 所示。

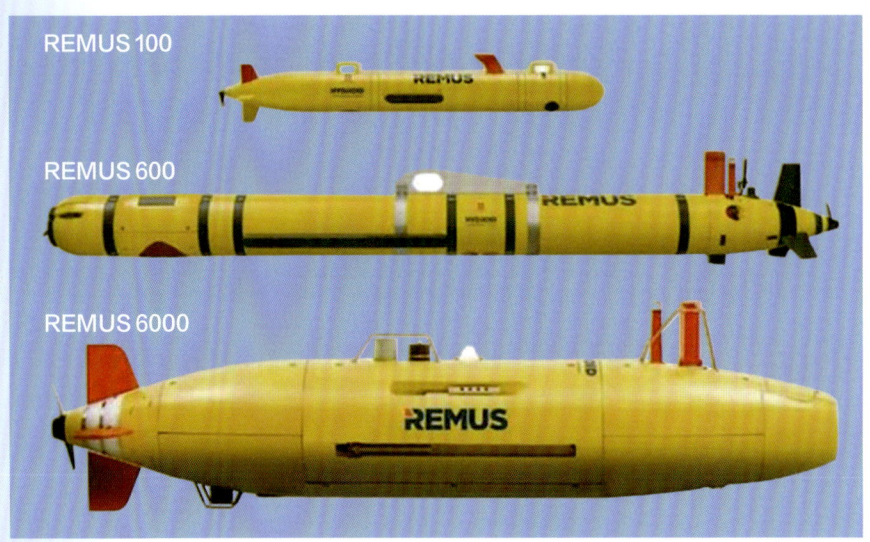

图 3-17　REMUS 系列自主水下无人航行器

REMUS 6000 自主水下无人航行器可携带有效载荷，自主海底跟踪航行，进行最大 6 000 m 水深作业，测量海水特性，如电导率、温度、化学成分，并且通过测深、声呐侧扫、磁学、重力学以及照相术，绘制成像海底。REMUS 6000 自主水下无人航行器的基本结构包括航行器、测深仪、侧扫和沉积层穿透声呐、导航装置、通信装置以及其他相关设备。REMUS 6000 自主水下无人航行器也可根据用户需求配置专用传感器，以适应特殊要求。REMUS 6000 的主要参数为直径 71 cm、长度 3.96 m、空气质量 862 kg、最大工作深度 6 000 m、续航力 22 h（典型速度）、最大航速 4.5 kn。

REMUS 水下无人航行器被用于浅海航道测量、水雷监视、物体搜索等工作。2003 年，该航行器曾参与美军于伊拉克战争初期在伊拉克近海进行的排雷任务。2011 年，REMUS 6000 还曾协助寻找失事的法国航空 447 号班机的"黑匣子",并成功发现了失事班机的大部分残骸,包括机身、机翼、发动机及起落架。

2015 年底,美国伍兹霍尔海洋研究所向水下投放了一个编号为 REMUS 6000 的水下无人航行器,对"圣荷西"号帆船进行全面的声呐探寻。这个长约 4 m 的航行器不但可以经受住强大的水压,还可以在混浊不清的水域进行搜索。最终,REMUS 6000 成功下降到沉船上方,拍摄了一系列照片,其中包括"圣荷西"号上雕刻有海豚图案的大炮。这是一个非常关键的影像证据。除此之外,它还拍摄到了被半埋在海底的水罐等生活用品,几门散落在海底的青铜大炮。通过声呐探测,REMUS 6000 还找到了一些战争武器和陶制品等,并拍摄了图片。当这些照片被传回至电脑屏幕上时,专家们立即认定这就是传说中的"圣荷西"号。2017 年,REMUS 6000 帮助微软创始人保罗·艾伦在菲律宾 5500 m 的深海找到了沉没 72 年的美国海军重型巡洋舰 UUS Indianapolis 的残骸。

(3)美国"蓝鳍金枪鱼 -21"救援潜水器

"蓝鳍金枪鱼 -21"(图 3-18)由美国通用动力任务系统公司生产,设计用于深海作业,因参与 2014 年马航 MH370 搜救事件而备受关注。

图 3-18　"蓝鳍金枪鱼 -21"无人自主航行器

根据美国海军"无人潜航器总体规划"中的级别分类,"蓝鳍金枪鱼 -21"介于轻型级和重型级之间。其下潜能力很强,不需线缆拖拽,可达 4 500 m 深的海底,并能根据需要配置传感器和载荷,如侧扫雷达、多波束回声探测器等，也可携带高清相机拍摄物体图片（图 3-19），还可对所发现的目标进行精确定位。在标准载荷配置下且航速为 3 kn 时，"蓝鳍金枪鱼 -21"可在水下长时间持续工作达 25 小时，每天测绘约 104 km² 的海底。

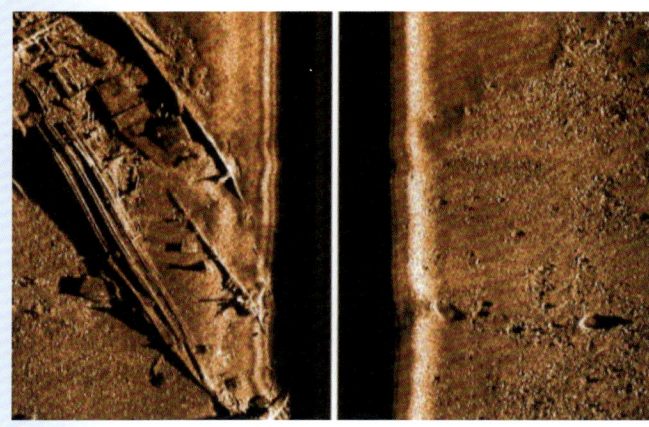

图 3-19　"蓝鳍金枪鱼 -21"使用声呐和相机获取的海床照片

　　在 2014 年发生的 MH370 航空事故中，水下机器人在搜救行动中大显神通，特别是"蓝鳍金枪鱼 -21"。当时，它使用搭载的侧扫声呐，一天测绘了 90 km² 的海域，最大作业深度达到了 4 695 m。在 21 个工作日内，"蓝鳍金枪鱼 -21"累计搜索了 370 小时，覆盖范围 647 km²。之后，MH370 搜寻工作重启，也得益于水下探测器（水下机器人）的升级发展（图 3-20）。新的水下自动探测器不仅潜得更深，还能对物品做出初步识别。

图 3-20　打捞队在印度洋海域准备释放水下探测器

（4）俄罗斯 AS 系列深海救援艇

AS-28（普里兹级潜艇）是一种载人自推进潜器，具有坚固的圆柱形外壳，由钛合金制成，最大下潜深度为 1 km，配备操纵装置、生命保障系统、通信设备、科学考察仪器等，长 13.5 m、宽 3.8 m、高 5.7 m，水上正常排水量 55 t，最大航速 1.8 kn，巡航速度 1.2 kn，垂直下潜速度 0.5 m/s，侧潜速度 0.6 m/s，乘员 4～20 人，续航时间 120 h。

AS-28 型深海潜水器，技术相当先进，具备在数百米的深海进行作业的能力，可以吊运 150 kg 重的货物，艇身上安装了 10 个发动机和 4 台摄像机，观测能力和应变能力相当强大。俄罗斯海军的这型迷你救援潜艇主要用于核潜艇深水失事救援，平时还可以执行一些情报侦察及研究任务。几年前，它曾参与了"库尔斯克"号核动力潜艇的救援行动。

从艇身的设计来看，它拥有可以搭载 24 位乘员的钛合金船舱，船头是船员操作空间，下潜时间可达 3 小时。2005 年 8 月，AS-28 在堪察加半岛柏勒索夫亚湾外海 16 km 处海域，执行水下监听器维护任务。在水下清理被废弃的旧渔网时，AS-28 反被渔网捆住，被困在 190 m 深的太平洋海底。这个事件让这艘红白相间的迷你救援潜艇出了名。当时，英国海军"天蝎"号抢在了美军前头，对 AS-28 实施了救援。

AS 系列救援潜艇有 AS-26、AS-28、AS-30、AS-32 等成员。俄罗斯 1855 型"锦标"AS-30 深潜救生艇由下诺夫哥罗德的"红色索尔莫沃"造船厂建造，作业深度可达 1 000 m。该救生艇由 5 人操作，由"海洋公社"号携带，隶属于太平洋舰队。在以往的俄罗斯潜艇事故救援行动中，它都是第一个到达现场。"海洋公社"号也有必要提一下。它是俄罗斯最老的军舰，始于沙皇俄国时期，其钢结构的舰船上层建筑给人深刻印象。

据俄《军工信使报》报道，俄罗斯"星星"造船厂的研发人员对 BS-64 型核动力潜艇进行了改造，加装了"鲟鳇鱼"AS-40 型深潜器。这种深潜器由钛合金制作，排水量约 50 t，可载 22 人。在随母艇抵达指定位置后，深潜器便与母艇分离。3 名潜航员驾驶深潜器，以平均 15.4 m/min 的速度下潜。该深潜器的最大作业深度为 720 m，极限潜深可达 790 m。其装备的蓄电池能够支持它在最大下潜深度与母艇之间进行 4 到 5 次的往返作业。当 AS-40 型深潜器接近遇险的潜艇时，潜航员会使用摄像机和控制手柄进行精确操作，将深潜器的入口与遇险潜艇的逃生口对接。由于舱外巨大的水压与舱内的气压之间存在压差，深潜器的入口能够像吸盘一样牢固地吸附在对接位置。遇险潜艇内的人员可从对接口转移到深潜器内。俄罗斯专家认为，与其他水下救援方式相比，这种对接疏散方式最为安全。

（5）北约潜艇救援系统（NSRS）

北约潜艇救援系统（NSRS）是由英国、挪威和法国 3 个国家联合研制的救援系统。英国设备和保障组承担了项目的管理和服役阶段的职责。2004 年，来自罗尔斯·罗伊斯公司的团队获得了长达 10 年的设计与建造合同。该系统的核心是一艘能够自由航行的深潜救生艇（SRV）（图 3-21）。该系统于 2008 年 11 月正式服役，并预计将持续服役至 2033 年。目前，NSRS 主要部署在英国克莱德河海军基地。

图 3-21　NSRS-SRV 救援深潜器

NSRS 的主要特点有具备全球部署能力、可全部空运、拥有现代的自由航行潜水器、配备 ZEBRA 电池系统、高级跟踪和通信能力、拥有可移动式收放系统、高海况收放能力、配备超高压医疗治疗设施、配备遥控潜水器（ROV）。它由两套独立运作的系统组成：一套负责现场清理准备和生命支持的维护系统（IROV），以及一套负责救援的救援系统。后者由 1 艘 SRV、1 套移动式收放系统（PLARS）、1 套 TUP 减压系统以及相关支持设备组成。

当 NSRS 系统接到求援申请时，IROV 会在大约 24 小时内，先于整套系统被运抵事发海域。该设备主要为 PSSL Triton SP ROV，已经是高度商业化的产品，配备多种矢量推进器，能够在 1 000 m 深度范围内作业，体积紧凑、动作灵活。机身装备的机械臂可协助清理待救潜艇残骸，为被困舰员提供紧急生命支持系统。同时，它还会对待救援潜艇进行定位，与其建立通信，进行损伤评估，并为随后的人员救援工作做准备。

SRV 由 Perry Slings by 公司制造，SRV 长约 9 m，重 30 t，内设 3 名船员（正、副驾驶员和救援舱操作员），能够从最大 600 m 水深处救援 15 名艇员，最大对接角度达到 60°。SRV 可通过商用船舶或军用母舰在有义波高 5 m、海况 6 级的环境下进行投放和回收。这些母舰主要是能够安装便携式投放和回收装置的海上支持船。

SRV 采用 ZEBRA 电池。电池组的续航力可支持在不充电的情况下完成 5 次救援任务。但如果在救援过程中提供涓流充电，则更有利于进行持续操作。救援舱最大压力为 6 bar（1 bar = 100 000 Pa），可完成待救援人员从失事潜艇至减压设施的转移。SRV 配备有一套先进的通信设备，包括水下电话、调制解调器、轻型光纤脐带管。

母舰上配备 100 t 的 A 字吊，安全工作负载 30 t；配备有波浪补充装置和减振器，以保障极端环境下的安全操作。其移动式收放系统（PLARS）还能够在无潜水员支持的情况下采用吊索回收 SRV，使用导索和一套闭锁捕捉装置进行操作，最大可能地确保所有人员的安全。TUP 系统拥有 2 个类似的减压舱，最多能够容纳72人。各种支持模块，包括氧气输送模块、维修车间、控制室、环境控制室等，均被要求用于支持该系统的操作。这些模块的总重达到120 t。2个移动式减压舱，可容纳2人，可供病员在其中移动、接受治疗和照顾。对NSRS进行跟踪的水下设备被布置在一个直径约3 m的标准集装箱内，由移动式导航、跟踪和通信系统（PNTCS）组成，保持与SRV和失事潜艇之间的通信。

救援单位可以利用一套移动式声音定位系统和部署系统，进行主设备之间（包括SRV、ROV、失事潜艇和母舰）的定位和导航。集装箱还配备有卫星通信、超高频、甚高频、水下电话、水下调制解调器，以及通过轻型光纤脐带电缆与SRV直接相连的接口。此外，还有大量的其他支持设备，如一套专用的发电系统、一艘带吊艇架的刚性充气艇、医疗补给设施、SOLAS设备、保护性衣物及各类工具等。

（6）英国皇家海军LR5深海救援系统

与其他国家的救援潜艇相比，英国皇家海军的救援潜艇LR5（Royal Navy LR 5）属于较小的一种。LR 5重21.5 t，核载为1，长9.2 m，高3.5 m，宽3 m。LR5采用两组三叶的螺桨推动，最高速度为2.5 kn。外号"海底直升机"的LR5，可由两人驾驶，最大潜水深度400 m，工作时可以在水下锁定潜艇的指挥塔，并且与紧急逃生舱盖对接，每次可从失事潜艇中救援16人到水面。

LR5的操作员声称，这种深海救援潜艇是现今世界上唯一可以在湍急的水流中和倾斜60度的失事潜艇上进行对接的设计。艇上还配备了最先进的摄影系统，以及割机具等用于清理残骸或异物的工具。

救援潜艇LR5服务于英国皇家海军，其优越性能让它在2005年8月的救援任务中表现出色。当时的救援对象，是一艘属于俄罗斯救援潜艇的普里兹级潜艇（AS-28）。LR5使用其摄影系统以及割机具，清除了AS-28周围的电缆与铁线，使其成功脱困。

在本次救援行动中，最关键的是一台精密的大型遥控潜水器"天蝎"

号。这台潜水器可以下潜到 1 000 m 的深度，其机械臂可以切断钢缆。英国救援小组在接到救援指令后即刻出发，将"天蝎"号火速运往堪察加半岛。在等待"天蝎"号等重型设备被装载上船的过程中，救援人员简要介绍了救援现场的情况：AS-28 目前被 10 根绳索缠住。实施救援时，"天蝎"号先剪断了大部分缠绕着 AS-28 的绳索，最后只剩下 1 根缠绕在 AS-28 下方。如果冒险让"天蝎"号从底部进行切割，那么控制电缆很可能会缠绕到 AS-28 身上，这样不仅救不了 AS-28，反而会把"天蝎"号也一同搭进去困住。最终，救援人员决定采用释放压舱水的办法，借助 AS-28 自身的浮力将最后一根绳子拉断。不过，这是一个更加艰难的选择。如果不成功，整个救援行动就会失败，"库尔斯克库尔茨克"号潜艇的惨剧将再次重现，7 名鲜活的生命也许会葬身大海。

救援行动取得了成功。这是一个值得被铭记的奇迹。无论是艇员们在面对死亡威胁时所表现出的冷静和顽强，还是各国救援队在生命面前所展现出的国际援助精神，都彰显了在灾难面前人性中最璀璨的光芒。

（7）中国深海救援发展

为了紧跟世界的步伐，中国于 1970 年开始研发深潜救生技术。Ⅰ型救生钟是我国第一代潜水钟，其下潜深度为 130 m，一次可救助 6 ~ 8 名艇员。由于本身无自航及作业能力，当失事艇处于较复杂的海况中时，救生钟很难进行对接作业。于是，中国又研制了 QSZ 单人常压潜水器。其工作深度为 300 m，巡航半径为 50 m，适用于下潜深度不大、作业时间较短的任务。

中国真正意义上的深潜救生艇，是 7103 深潜救生艇。该救生艇长 14.88 m，宽 2.6 m，高 4 m，排水量约 30 t，航速 4 kn。当下潜深度为 300 m 左右时，7103 深潜救生艇一次可救助 22 名艇员。它的成功研制，标志着我国援潜救生水平达到了世界先进水平。此后，中国船舶工业总公司成功研制了局部智能的无人缆控 8A4 水下作业型水下机器人。它配备有五功能锚定手和六功能作业手，支持 6 种作业工具，可在水下 600 m 的深度工作，巡航半径为 150 m。之后，中国科研机构与国外企业合作，研制了 RECONIV

水下机器人、Hysub10 及 Hysub40ROV、"探索者"号 1 000 m 级无人无缆遥控潜器和 CR-01A 6 000 m 无人无缆遥控潜器。值得一提的是，中国的"蛟龙"号、"深海勇士"号、"奋斗者"号深海载人潜水器，它们一次次刷新了中国深潜技术的新纪录，使中国在无人深潜和潜艇救援领域保持了较高的技术水平。

2021 年 4 月中下旬，印度尼西亚海军潜艇"南伽拉"号在巴厘岛周边海域训练时，突然失联。当时，该潜艇上载有 53 名船员。随后，来自美国、澳大利亚、马来西亚、新加坡等国的海军和海上救援力量对"南伽拉"号潜艇开展了搜救工作。经过探测，救援团队发现，这艘潜艇很可能滑入了 700 m 至 850 m 深的海沟之中。大家对此一筹莫展。

在这种情况下，印度尼西亚向中国寻求援助，因为当时中国已具备深潜救援能力。在两国军方的合作下，中国载人深水潜航器"深海勇士"号先后完成了 13 个潜次的勘测任务，比较全面地掌握了"南伽拉"号潜艇在水下的情况。通过潜载、测深、侧扫设备，"深海勇士"号获得了失事潜艇主要残骸部件的精确形态及位置信息，基本摸清楚了它散落的艇舯、舰桥、艇艉 3 个主要部位在水中的状态、其所处地方的地形情况，以及沉没时形成的海底冲击坑信息。此外，还新发现一处前期未被勘探到的散落的疑似潜艇艏翼和多处中小尺寸的潜艇部件（图 3-22）。这是中国援潜救生力量首次投入国际救援实战。目前还只是打捞印度尼西亚失事潜艇的第一步，要彻底将这艘潜艇打捞出水，还需要待以时日。

"深海勇士"号为 4500 m 级载人潜水器。搭载"深海勇士"号的科考船"探索二号"同样身怀绝技。它是我国最先进的深海探测保障母船，能搭载包括万米级潜水器在内的科考设备，如万米级载人潜水器"奋斗者"号（其探测深度不小于 10 000 m，是目前全球具有最大作业水深能力的作业型载人深潜科考装备）。另外，"探索二号"不仅配备有全海深地质绞车和 CTD 绞车，还设置了多个科学实验室，具备综合科学考察功能。

图 3-22　被打捞起来的失事潜艇"南伽拉"号的救生筏，重达 700 kg

（8）深海救援未来发展趋势

通过观察美国、北约国家与俄罗斯的潜艇救援装备技术，我们可以发现潜艇救援装备正朝着体系化方向发展。这种发展不仅体现在继续研制新型潜艇救援舰上，还包括了救援深潜器、潜水钟、救援生命保障系统、海底定位、自动化系统的同步发展。在实施潜艇救援的过程中，各装备分工明确、紧密协作，根据实际情况和不同需求，采用不同的救援方式，最大限度地发挥救援系统的功效。

救援深潜器搭载平台的通用化，是潜艇救援领域的一个重要发展趋势。北约国家新一代潜艇救援体系 SRDRS 和 NSRS，均摆脱了对专业潜艇救援舰的依赖，可通过多种运输平台，迅速部署到事发海域，实施救援，使得救援深潜器的转运更加灵活、迅速，进一步提高了救援响应能力和效率。

目前，世界上的主要海洋装备强国都在持续研发载人深潜技术。它们的载人深潜器作业深度达到了 6 000 ～ 11 000 m。这些装备不仅可用于水下考察、海底勘探、海底开发，也可为深海救援积攒宝贵的技术经验。

美国、俄罗斯等正在不断发展其战略导弹核潜艇等水下武器系统，其他国家也在不同程度地建造能满足自身需求的常规动力潜艇等水下装备。未来，潜艇救援装备技术的发展，依然具有很高的现实需求。

3.2 深海典型应用元任务分析

元任务分析的核心思想是任务分解。任务分解过程就是将初始任务中的所有复杂任务进行分解，直到分解后的任务都是原子任务为止，然后通过原子任务组合完成作业。

3.2.1 深海勘测元任务

深海勘测元任务包括以下原子任务。

检查： 水下结构的物理位置或质量的测定与验证检查、铺设状况，破损和腐蚀情况，钻井平台、井口及水坝裂缝和拦污栅、闸门情况。

监视： 监视水下水土木工程的灌浆打桩、挖沟、推土等作业情况和导引施工。

勘测： 水下自然或人造目标的测绘，海底地形地貌及海底剖面的测绘等。

辅助潜水员： 辅助潜水员作业，保证潜水员安全，为潜水员传送施工器材。

安装与维修： 水下管道电缆的安装和维修，开启阀门、焊接切割和引爆、牺牲阳极更换等。

清理： 水下设施表面污垢的清洗和重新涂装，石油钻井平台清理，船体、管道及水下构件除锈和涂漆等。

搜索与识别： 水下指定物体的寻找及打捞，搜寻水下沉船、遗失器材、设备等。

3.2.2 深海科学考察元任务

深海科学研究涉及多个学科领域，主要包括海洋物理学、冰科学、地质学、地球物理学、海洋生物学、海洋工程、环境科学、化学海洋学、大气科学、考古学等。

以美国 NR-2 的主要任务使命及任务目标为例。

海洋物理学： 海洋洋流结构、湍流、旋涡等参数的测绘。

冰科学： 海洋冰层厚度、范围、结构、粗糙度测绘；冰盖下海洋水体取样。

地质学和地球物理学： 测绘和详细调查氢氧化物区域，南大洋中的海脊、新火山爆发点、热液喷放口等区域；测绘海底沉积物的轮廓。

海洋生物学： 对大片区域深海动植物生活环境进行近距离、定位、长期观察与测绘；研究人造结构和材料沉降对 1 000 ～ 2 500 m 水深的海底栖生物群落的影响。

海洋工程： 深水区小物体及浅水区大物体的搜索、回收；水中和海底结构物的安装、维护和维修。

环境科学： 调查和监视以往废料堆积点的后果，寻找未来危险物废弃地点；对海洋保护区进行多学科研究。

化学海洋学： 跟踪取样，确定水团年龄和轨迹，海洋气流及北冰洋水体来源及演化；测量从海底到水表的有机化合物，确定生物活性分布以及生物地球化学过程。

大气科学： 配置浮筒与穿冰等传感器监测海水 / 空气或冰 / 空气界面的相互作用；收集冰层下及恶劣天气下关键地点的环境数据。

考古学： 搜索考古遗址并测绘原貌；回收物体（必要时挖掘）。

水下机器人在海洋科学考察中的应用主要表现在以下几个方面。

海洋地质考察： 记录海底微地貌，绘制海底地图，采集土样和岩石样本。

海洋生物考察： 测定海底生物形态、采集生物标本。

海洋物理考察： 观测海水水层、环流水流速度、盐度、深度分布、海水密度等。

地球物理考察： 测定地球磁场、考察石油天然气矿藏等。

海洋声学考察： 观测海底水声特性、海底混响、声学模型。

地球化学考察： 观测海底水温、沉积层土温、沉积物 pH 值。

海洋光学考察： 观察水透明度，自然光场分布、对光的吸收强度等。

3.2.3　无人自主航行器（AUV）集群巡逻元任务

无人自主航行器（AUV）在水下隐秘侦察、反潜战、水下搜救、海洋资源探测、水文信息采集等领域发挥着重要作用。AUV 作为一种能够在水下长时间自主运动的智能化装备，可以携带多种探测器、传感器等装备载荷，执行深海勘探、深海科考、深海救援、深海资源开发等多个领域的任务；可独立完成水下布放、回收、拾取、机构触发等；还可与其他工具配合开展水下采样、测量等作业。随着 AUV 技术日渐成熟，其所面临的任务难度和复杂度也有很大提升。

多 AUV 系统可通过信息的交互，提高系统内 AUV 对环境和目标的感知能力，然后根据当前系统状态和外界环境信息，协同在线优化任务规划决策，提高协同作业效率。通过合理控制每个 AUV 的活动，使 AUV 间相互联系并合作，将任务执行时间降到最少或将能耗降到最小，从而使集群的优势最大化。

1. AUV 作业过程： AUV 从使命描述到完成任务回收的整个任务过程如下。

① **任务开始**阶段，AUV 收到母船的使命文本信息。

② **路径规划**阶段，AUV 进行全局路径规划。

③ **布放**阶段，布放区域的一些操作，包括漂浮状态的调整、姿态的调整等。

④ **任务准备**阶段，系统初始化、自检、加载使命文本、传感器的配置等。

⑤ **航渡**阶段，根据最后的规划 AUV 将直接航行到第一个任务区域；

AUV 从航行路径的一点到另一点的航行。

⑥ **作业任务**阶段，AUV 到达一定的作业区域执行作业任务。

⑦ **重规划**阶段，AUV 在航渡阶段或者执行作业任务的阶段，当遇到一些不确定性事件使得航渡或者作业无法进行时，进行必要的重规划。

⑧ **回收**阶段，AUV 任务的结束。

2. 任务：多个 AUV 对一些水下固定探测点进行巡逻（图 3-23）。

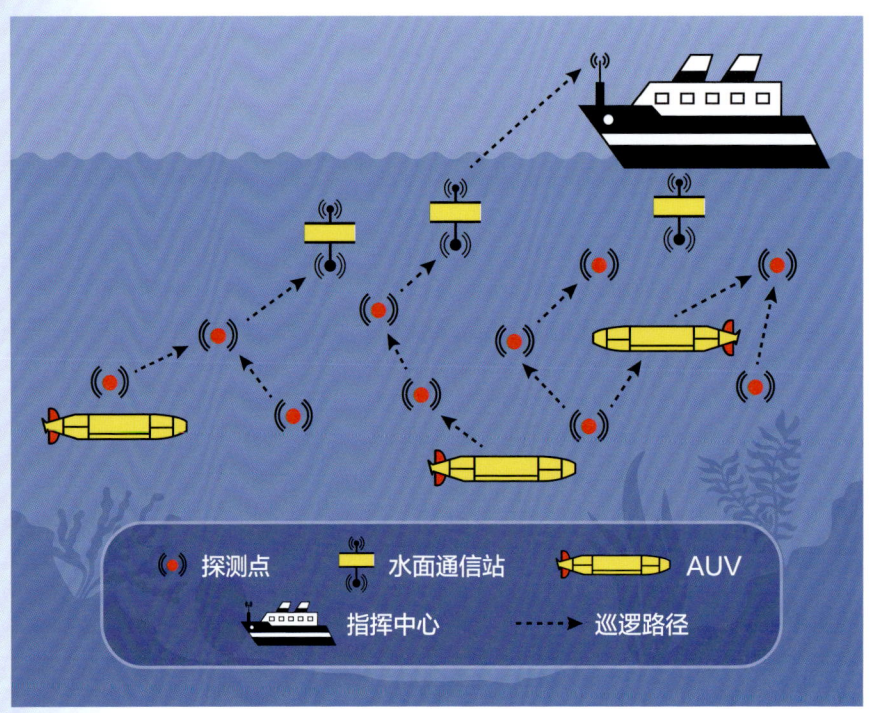

图 3-23　AUV 集群巡逻任务

3. **活动：** 指挥中心根据最初的任务状态对 AUV 进行规划。每当 AUV 抵达探测点后，其将自身状态、海洋环境等任务参数向指挥中心进行汇报。指挥中心得以重新评估并更新 AUV 任务序列。随后 AUV 根据更新后的序列调整自身运动控制参数。通过这种嵌套式的多层规划方式，最终得到多 AUV 的协同巡逻路径序列（图 3-24）。

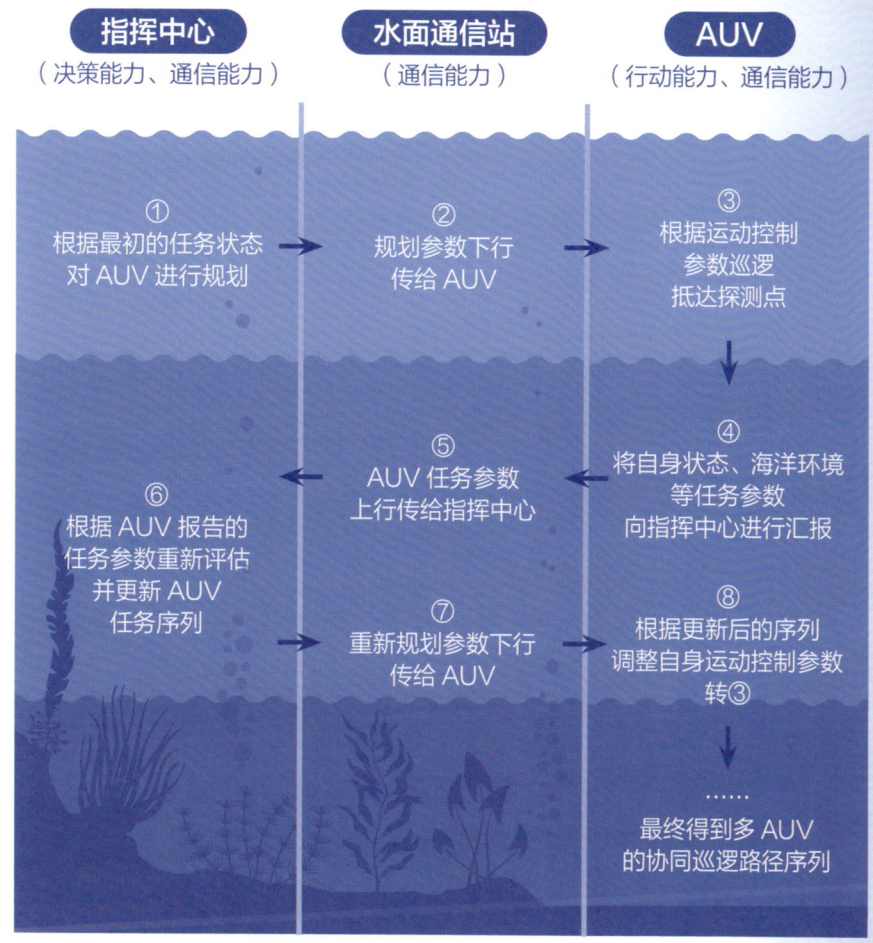

指挥中心
（决策能力、通信能力）

水面通信站
（通信能力）

AUV
（行动能力、通信能力）

① 根据最初的任务状态对 AUV 进行规划

② 规划参数下行传给 AUV

③ 根据运动控制参数巡逻抵达探测点

⑤ AUV 任务参数上行传给指挥中心

④ 将自身状态、海洋环境等任务参数向指挥中心进行汇报

⑥ 根据 AUV 报告的任务参数重新评估并更新 AUV 任务序列

⑦ 重新规划参数下行传给 AUV

⑧ 根据更新后的序列调整自身运动控制参数转③

最终得到多 AUV 的协同巡逻路径序列

图 3-24　AUV 集群巡逻勘探任务剖面

3.2.4　无人水下航行器（UUV）勘探元任务

UUV 勘探任务（图 3-25）是指，当 UUV 进入选定勘探区域后，以回纹梳形勘察航线遍历整个勘察区域。在勘察过程中，UUV 根据勘察区域大小和侧扫声呐扫描范围推算出路线。

勘探任务的典型阶段分为全局规划、布放、备航、导航、作业、航行至使命点、回收等。基于分级的方法，每个阶段又可以分解为更多子任务。图 3-26 给出了勘探任务的层次分解过程。分级的优点是很容易整合新的行为，减小并发处理的复杂度。

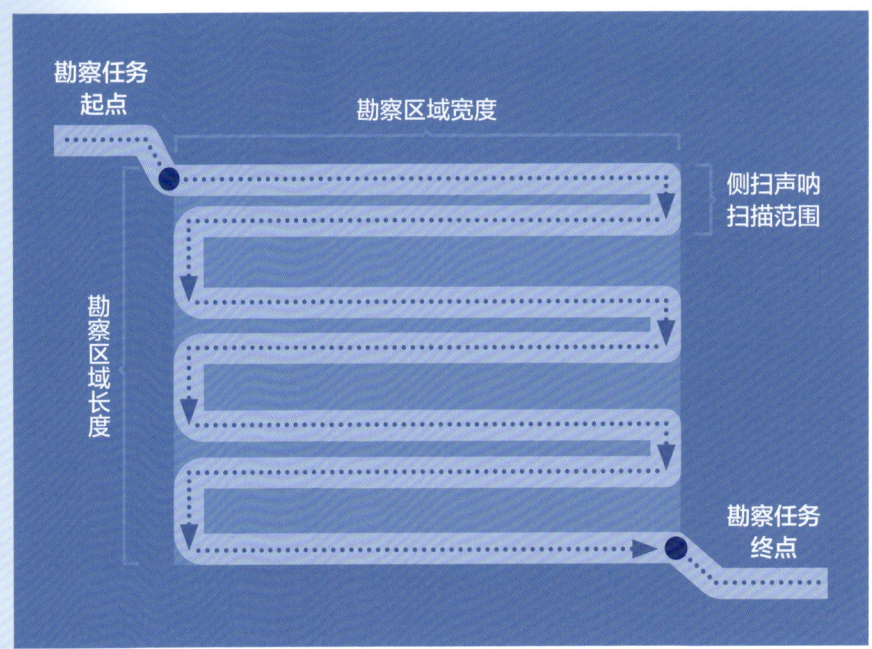

图 3-25　UUV 勘探任务

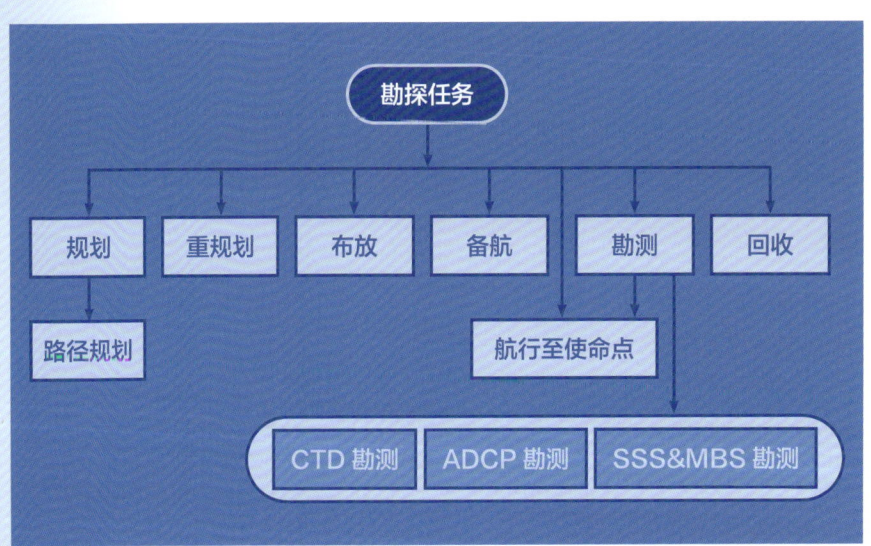

图 3-26　UUV 勘探任务的层次分解

　　勘探任务用 Petri 网（PN）建模。完整使命从一个叫"主使命"的 PN 开始。它描述了从布放到回收的整个阶段，同样定义了在可能发生的情形下的使命执行顺序：收到使命文本、路径规划、布放、备航、导航、避碰、作业（电子侦察、区域勘察、GPS校正）、回收。图3-27展示了主使命的PN。

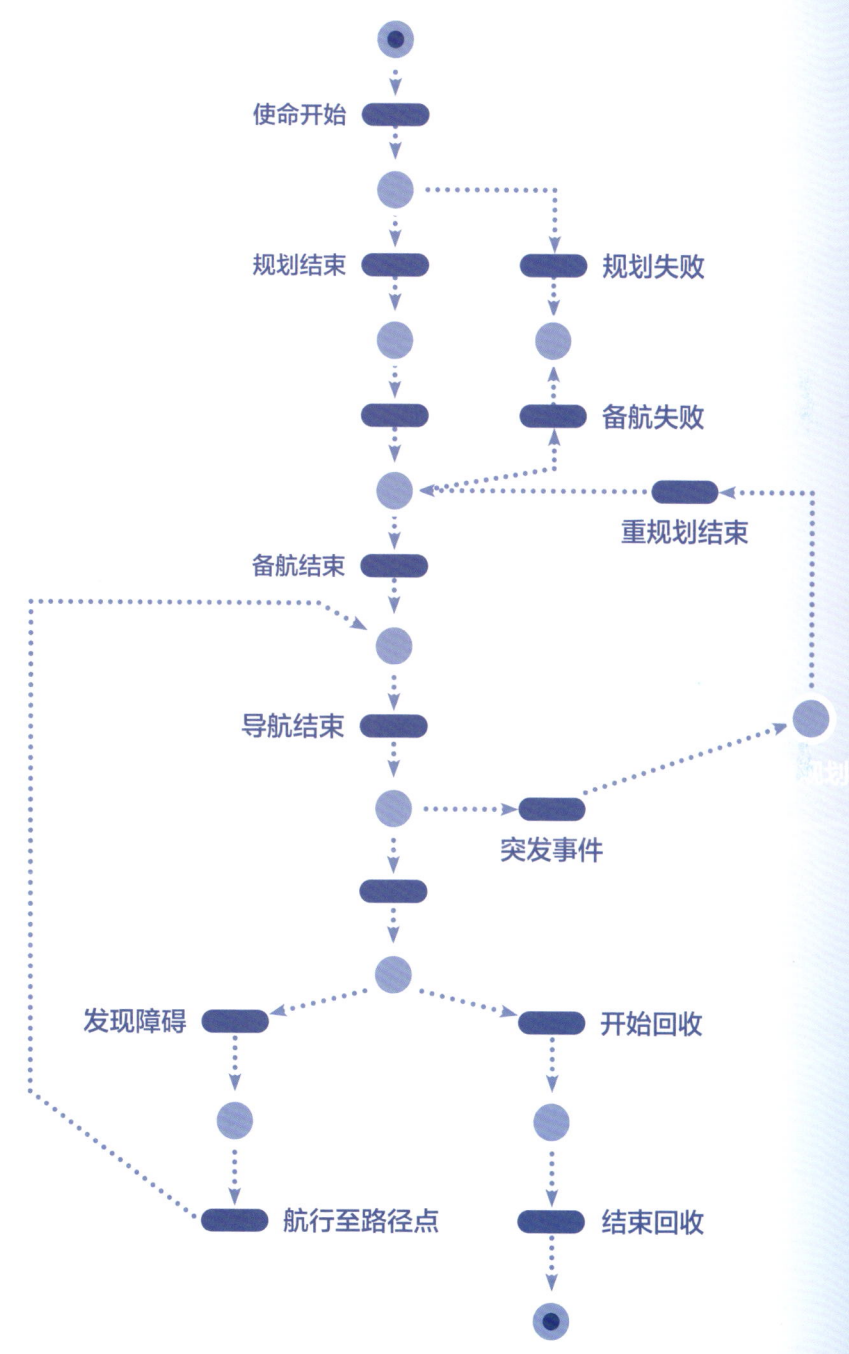

图3-27 UUV勘探任务的PN

当使命开始时，全局规划库所被激活。它描述了利用路径规划算法进行离线规划的过程。

① 布放库所描述了在布放区域的布放操作过程，包括浮态调整和姿态调整等。

② 备航库所描述了系统初始化、备航自检、加载使命传感配置等。

③ 导航库所描述了向目标使命点的自主导航和航行过程，初始使命从入水位置直接航行到第一个路径点。

④ 作业库所描述了在勘测区域进行勘测操作，并激活与操作类型相应的次级 PN。

⑤ 航行至路径点库所描述了 UUV 到达目标点的状态，如果没有下一个路径点，则准备回收。

⑥ 在航行至目标点过程中，如果遇到障碍物，激活动态决策库所。

⑦ 当在航行到下一个使命点，或是在勘测操作过程中发生突发事件，此时 UUV 需终止使命并进行相应的安全保护措施，进而调整使命，并激活一个重规划次级 PN 来执行新的路径规划。

⑧ 回收库所描述了使命结束过程。

~~~~~~

UUV 集群在执行复杂的多区域地形勘察任务时，由主控单元给各个 UUV 分配任务，单个 UUV 则执行被分配到的地形勘察任务。在执行任务之前，需要事先根据任务的类型设计各种基本任务库，包括作业时间序列规划、作业路径规划、导航、行为控制、感知、局部规划等。如图 3-28 所示。

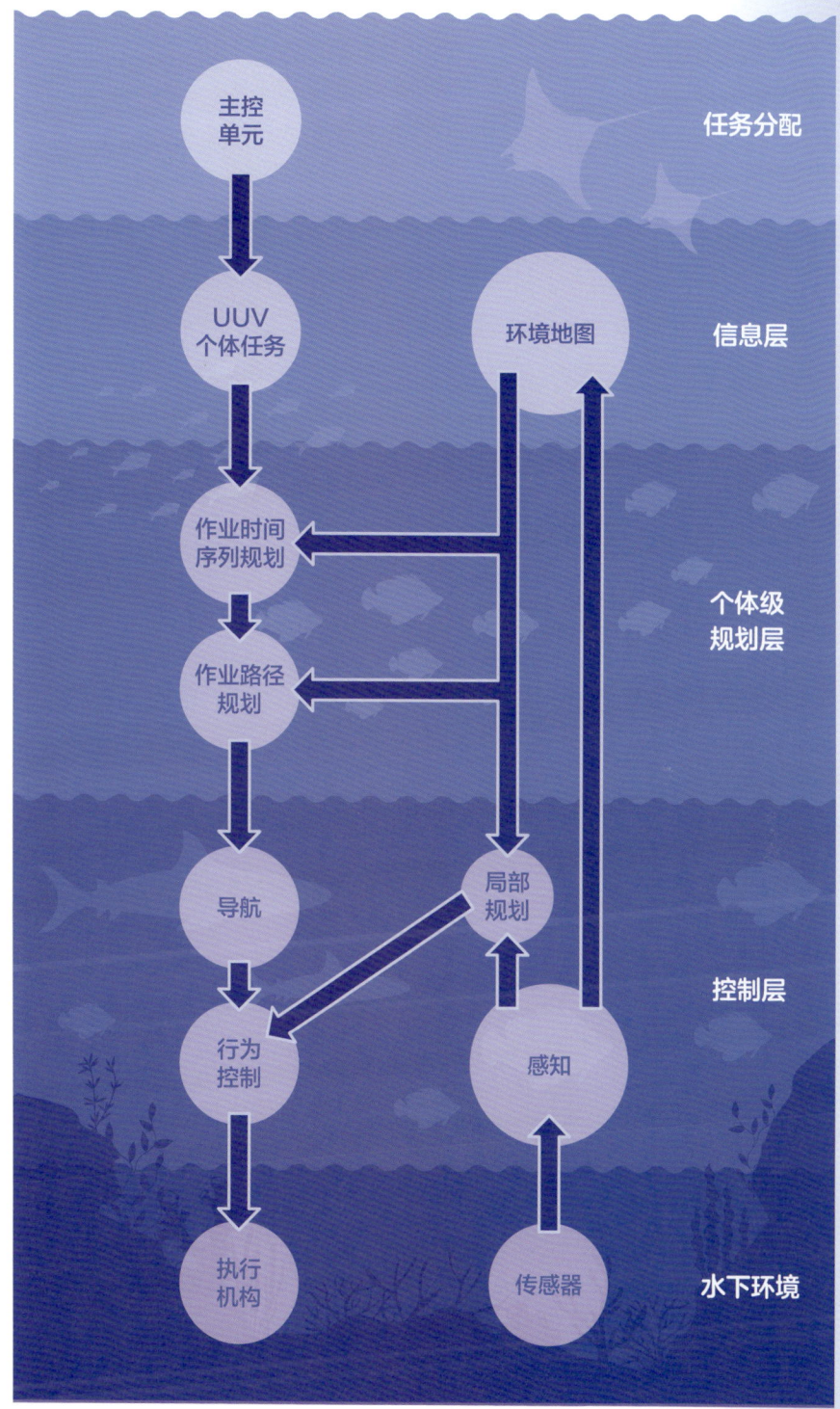

图 3-28　UUV 执行地形勘察元任务

3.2.5　UUV集群搜探水下目标元任务

对水下多区域目标进行搜索，是常见的多目标型任务。UUV协同可以对目标区域进行海底信息探测。如图3-29所示。

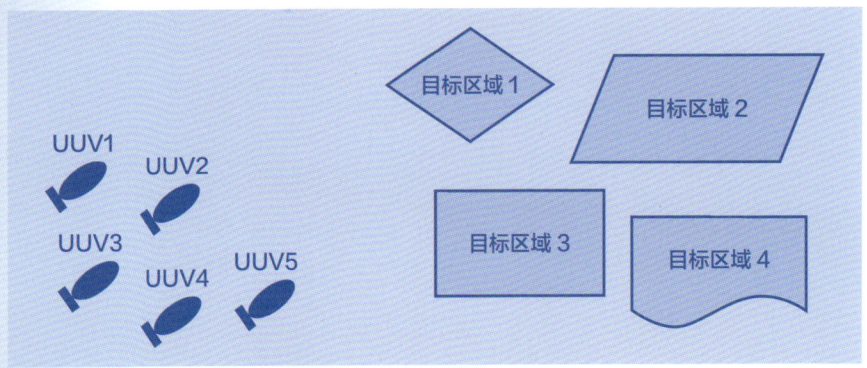

图 3-29　水下多区域目标搜索任务

多UUV系统依靠通信对任务区域感知信息的融合，如图3-30所示。

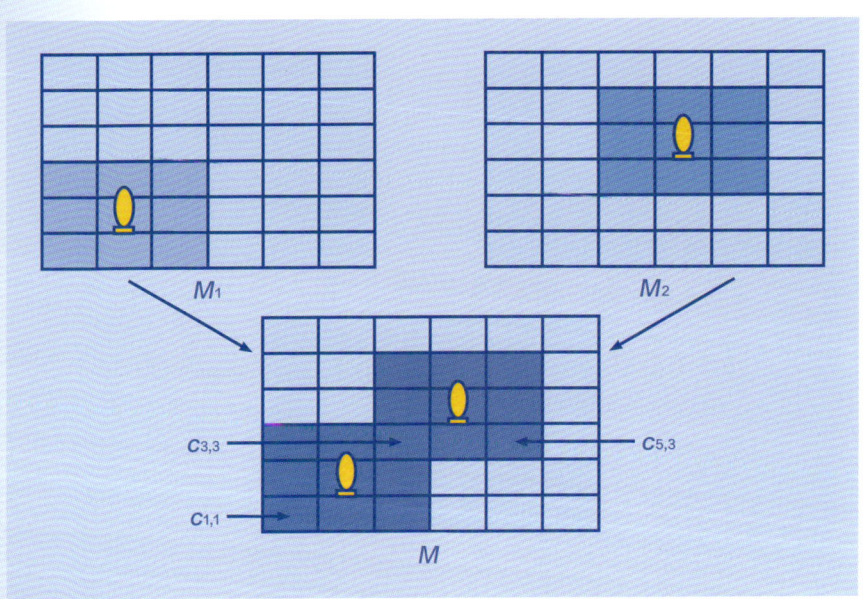

图 3-30　多 UUV 任务区域感知信息的融合

其应用对象为水下失事目标残骸，即当舰船或飞机失事坠入海中后，通过 UUV 对失事残骸进行搜探作业。搜救工作主要分为水上搜救和水下搜探两个阶段。水上搜救作业主要是对幸存人员开展救援工作，同时通过卫星定位装置确定失事海域；水下搜探作业主要是在失事海域确定失事目标残骸的具体位置，为后续的打捞作业提供支持。

在实际工作中，需要考虑 UUV 的实际续航能力，通信距离，UUV 装配的搜探设备的有效搜探范围、精度、效率，以及水下目标发射信号的种类特性等因素。因此，整个水下目标搜探作业过程可分为初步确定失事海域、通过对失事海域信号搜寻标定核心区域、通过对核心区域覆盖探测锁定失事目标位置这 3 个主要过程，如图 3-31 所示。

深潜搜救过程一般包括设备的准备、设备入水、对接、设备回收、治疗处理等步骤。

① **设备下水**：抵达潜艇失事海域。

② **设备与潜艇对接**：其底部舱口与潜艇逃生舱口进行对接。

③ **设备的回收**：设备返回至水面并回收，进入减压舱。

④ **人员的治疗处理**等。

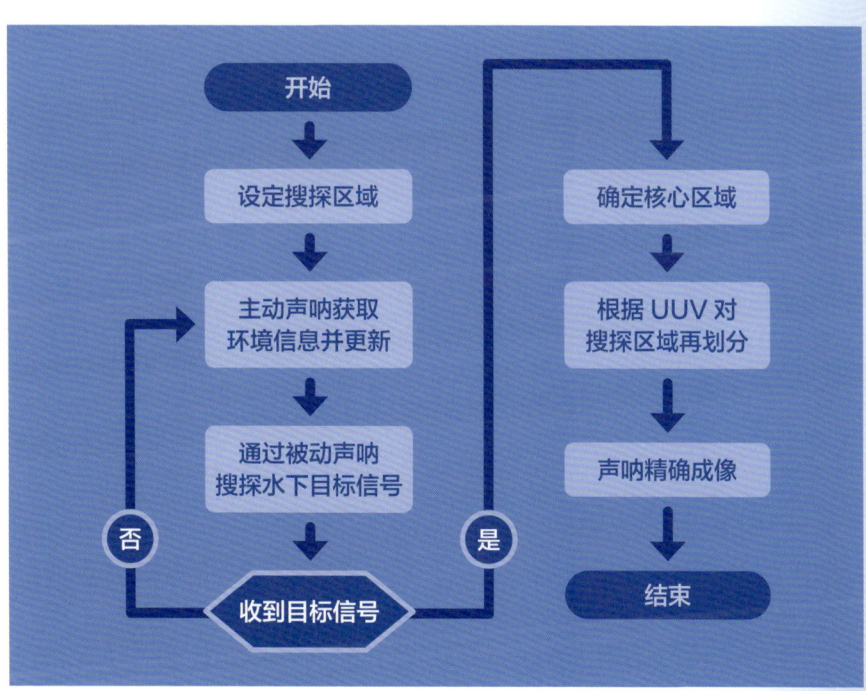

图 3-31　UUV 水下目标搜探流程图

3.2.6 UUV集群协同探测元任务

UUV集群编队由多艘不同功能的UUV组成。假设现有5艘UUV，均由深海水下平台释放。该编队采用主从网络结构，其中1艘作为主节点（0#），其余4艘为从节点（1#～4#）。所有节点均采用模块化设计和组装，任务模块可根据实际进行选择性安装。各UUV节点均配备水声定位和舷侧阵声呐。如图3-32所示。

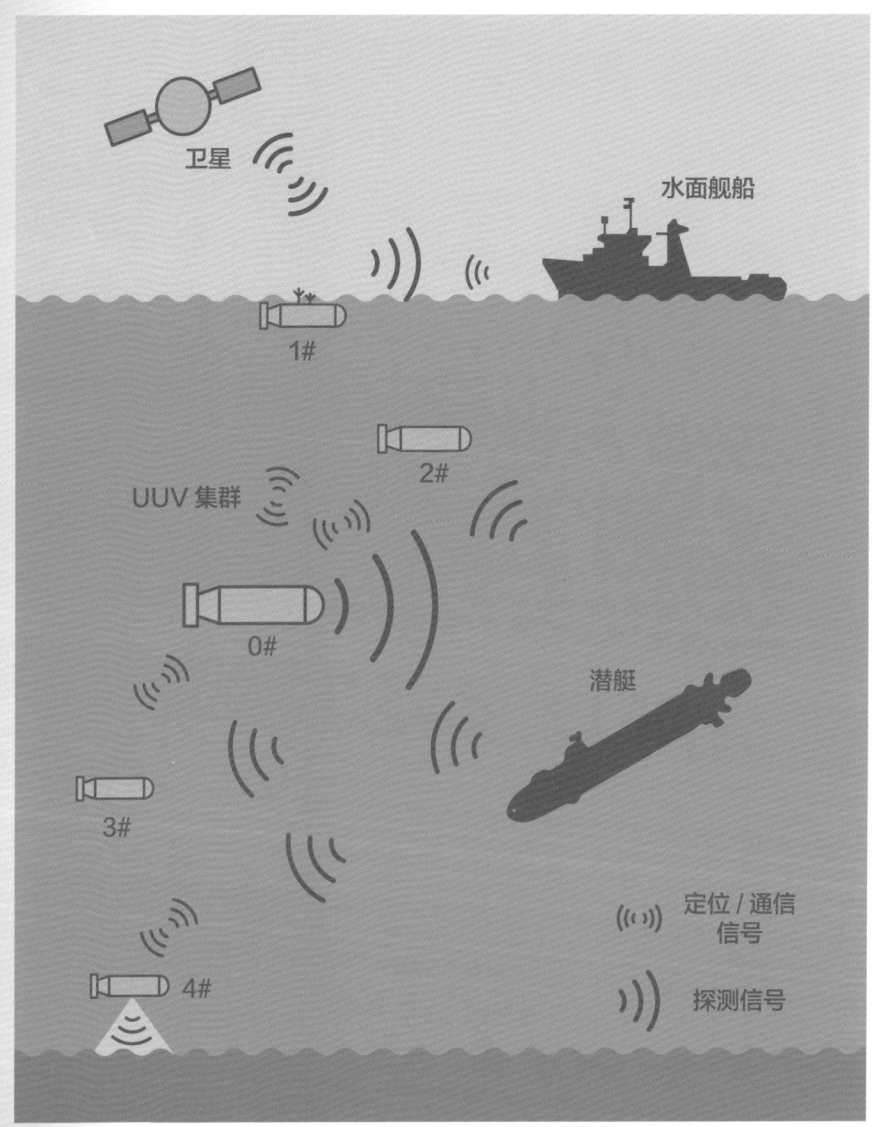

图3-32 UUV集群协同探测

0# 主节点配置智能控制中心，负责控制整个编队的运动和作业；配置高精度导航定位系统，为编队提供导航信息；配置大容量、高速数据处理系统，用于多传感器数据融合；搭载低频主动声呐、拖曳声呐，具备编队周围 100 km 范围内的 360° 警戒搜索能力；配置大功率远 / 近程通信设备，用于对潜、对岸、对浮标、对 UUV 从节点、对水下固定节点的信息和数据传输；配备环境参数测量设备，用于海洋水体参数的测量。

1# 从节点要求具备高航速的特点，可定时（或受命）上浮水面进行水面侦察、通信，以及获取定位信息。主要配备电子侦测、通信和定位相关设备，用于对水面舰船的雷达与无线电信号的侦测、识别和通信，对低空飞机的雷达与无线电信号的侦测与通信，对卫星的通信和定位等；配备磁探仪，用于水下磁异常探测。

2# 从节点主要装备声学成像系统、光学成像系统等，主要用于海底地形地貌测量、水雷探测、辅助地形匹配导航、辅助海底打捞等作业。

3# 从节点具备水声对抗能力，首先可用作潜艇模拟器，利用主动声呐模拟水面、水下舰艇的自噪声，实现声学欺骗；其次是携带水声干扰器和气幕弹等装备，干扰敌方声呐工作。

4# 从节点具备水下作业和攻击能力。携带作业工具，用于布放 / 排除水雷；携带微型炸药，用于引爆水雷；携带小型鱼雷，用于攻击敌方水下航行器；配备特种工具，用于破坏敌方 UUV 导航、通信、推进等系统，实现对敌方 UUV、水下滑翔机、潜标的捕获。

UUV 之间的通信和定位问题是实现 UUV 协同探测的基础。UUV 集群探测对各节点的相对位置要求比较高。由于主节点导航定位精度高，从节点导航定位能力弱，因此主节点需要利用水声定位系统（超短基线系统），对从节点进行定位，同时将位置信息、指令信息发送给从节点。这里水声定位与通信系统采用一体化设计。UUV 主节点除使用自身的惯导设备进行导航以外，还可以使用其他 UUV 从节点获得的信号进行组合导航与定位。图 3-33 为 UUV 集群协同探测元任务分析图。

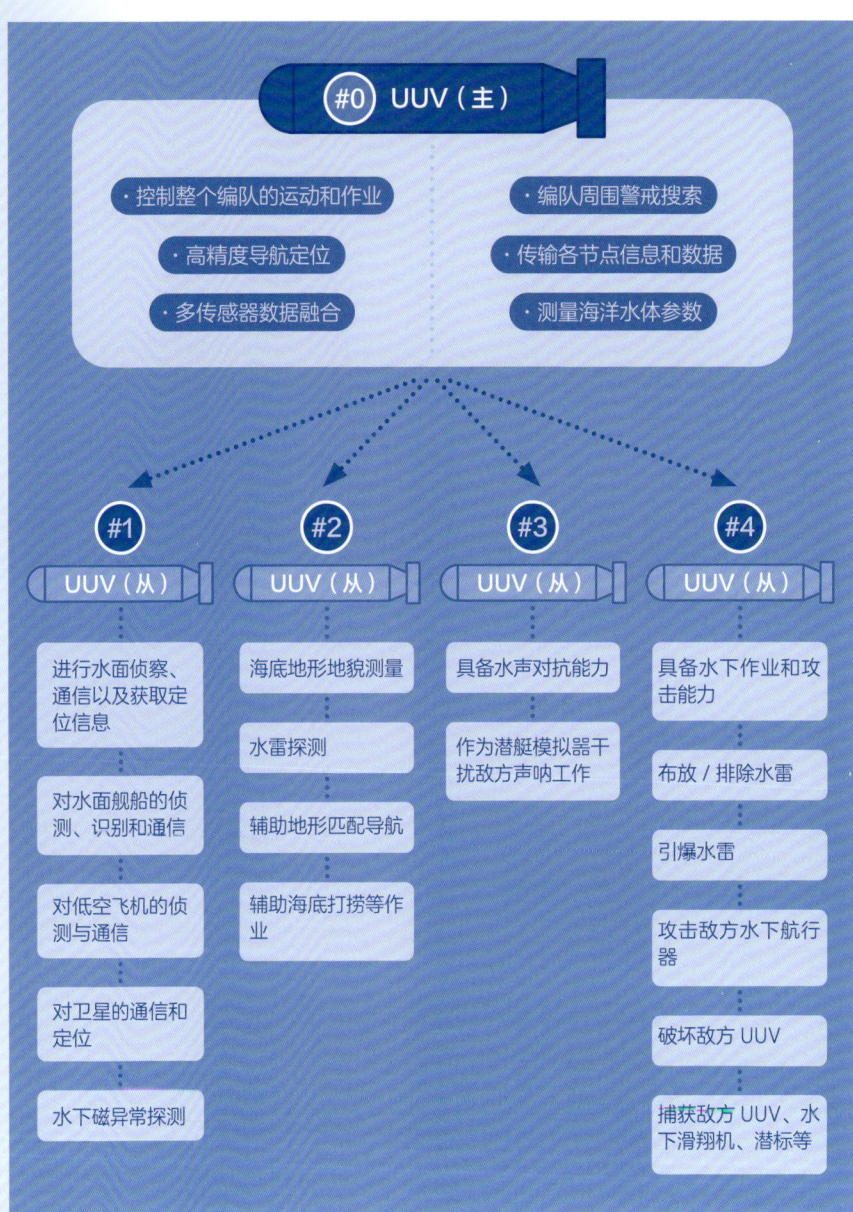

#0 UUV（主）

- 控制整个编队的运动和作业
- 高精度导航定位
- 多传感器数据融合
- 编队周围警戒搜索
- 传输各节点信息和数据
- 测量海洋水体参数

#1 UUV（从）

进行水面侦察、通信以及获取定位信息

对水面舰船的侦测、识别和通信

对低空飞机的侦测与通信

对卫星的通信和定位

水下磁异常探测

#2 UUV（从）

海底地形地貌测量

水雷探测

辅助地形匹配导航

辅助海底打捞等作业

#3 UUV（从）

具备水声对抗能力

作为潜艇模拟器干扰敌方声呐工作

#4 UUV（从）

具备水下作业和攻击能力

布放 / 排除水雷

引爆水雷

攻击敌方水下航行器

破坏敌方 UUV

捕获敌方 UUV、水下滑翔机、潜标等

图 3-33　UUV 集群协同探测元任务

3.3 完成深海任务的关键能力

3.3.1 深海耐压能力

1. 耐压低阻超轻复合材料

在深海潜水器系统中，耐压密封舱的材料选择与设计制造关系到潜水器的体积、质量等性能指标，甚至关系到其所执行任务的成败。随着潜水器下潜深度的增加，传统的金属材料耐压密封舱的质量、体积比也会不断增加，潜水器则需要更多的浮力材料来维持其在水中的平衡状态。如此一来，潜水器的质量、体积就越来越庞大。因此，轻质、高强度和高稳定性耐压结构体，成为无人潜水器实现全海深目标的关键部件。由于具有低密度、高强度、高模量、可设计等优点，复合材料耐压壳体被广泛应用于水下耐压壳体的研制中。

深海耐压结构的总体性能受到材料、结构形式、载荷和环境因素的共同影响。其中，材料是性能优化的基础。用于深海耐压结构的材料，主要有以高强钢和钛合金为主的金属材料，以及碳纤维增强复合材料、新型陶瓷等非金属材料。它们需具备高屈服强度、高刚度、高韧性、高抗爆性，以及良好的焊接加工性能、耐海水腐蚀性能和抗低周疲劳性能。

可用于优化潜水器性能的高性能材料，包括目前在役潜水器中使用的以高强度铁合金、高强度钢、铝合金为代表的金属材料。深海耐压壳体使用金属材料的技术相对比较成熟，主要强调其高强、高韧性能。金属壳体的设计方法和以此为基础的设计标准也已逐渐成熟。我国拥有的 3 台大深度载人潜水器"蛟龙"号、"奋斗者"号和"深海勇士"号的载人壳体，均以高强、高韧铁合金为材料。全海深潜水器的研发需求也带动了高性能合金材料的发展，以及对超高强度钢的探索：深海大型钛合金耐压结构焊接组织性能及焊接成形工艺力学、超大潜深大型钛合金耐压壳体极限承载能力和低周疲劳性能评估与控制、大型钛合金耐压结构应力腐蚀及裂纹萌生扩展机制、钛合金承压结构常温蠕变行为与多尺度失效模式耦合的安全性评估、钛合金耐压结构服役退化过程时空演化规律等。

为了应对 7 000 m 水深的复杂环境，"蛟龙"号在抗压、续航、通信、浮力材料等方面取得了突破。7 000 m 的水深不仅意味着 1.5 ℃ 的低温，还意味着每平方米的潜水器外壁要承受 7 000 t 的巨大压力。在这么高的压力下，几毫米厚的钢制容器会像鸡蛋壳一样被压碎。因此，国际通用的潜水器制造材料是高强度、高韧性且十分耐腐蚀的特种钛合金。"蛟龙"号也不例外。它的耐压壳体由国内研究团队设计，采用了先进的瓜瓣焊接技术，这应对 7 000 m 的水深环境绰绰有余。

纤维增强树脂基复合材料在水下的应用研究始于 20 世纪 60 年代。玻璃纤维增强树脂基复合材料 (Glass Fiber Reinforced Plastics，GFRP) 和碳纤维增强树脂基复合材料 (Carbon Fiber Reinforced Polymer，CFRP) 是两种主要的耐压壳备选复合材料，其制造技术的进步推动了高性能复合材料在潜水器耐压壳中的应用。美国千米级潜水器 Deep Flight I 的耐压壳就使用了玻璃纤维 / 环氧树脂复合材料。同时，在美国、韩国、中国等国家启动的水下滑翔机 (Underwater Glider，UG) 项目中，碳纤维耐压壳结构的使用对优化滑翔机的性能起到了重要作用。

近年来，我国轻型复合材料耐压舱研制技术不断取得新的进展，陶瓷材料也备受关注。尤其是近 20 年来，氧化铝陶瓷和高温陶瓷耐压壳的研究发展迅速，它们主要应用于无人潜水器、海底地震仪、滑翔机等水下装备的关键部件——耐压舱。虽然，这些高强度和低密度陶瓷壳体具有耐腐蚀、电绝缘、非磁性、可透过辐射等优点，但其固有的脆性极大地限制了其应用范围，基于增韧研究的高性能先进陶瓷材料的开发还有待努力。

有机玻璃是水下观光潜水器的主要耐压材料，为潜水器提供半透明或全透明视野。过去，大深度载人潜水器在使用有机玻璃制造观察窗时积累的应用研究经验，为通透型耐压舱的设计奠定了基础。二十世纪七八十年代，STACHIEW 博士对有机玻璃球壳在 2 439 m 深海环境下的应用进行了深入研究，分析了环境、材料老化、压力、开孔等因素对有机玻璃球壳性能的影响。近几年美国、荷兰、加拿大、中国，在全通透观光潜水器产品制造能力上提升迅速。为提高有机玻璃耐压结构长期使用的安全性，美国机械工程师学会（ASME）制定了严格的规范，考虑了很高的安全系数，对设计厚度进行了限定，从而限制了有机玻璃作为完整球壳材料在大深度条件下的应用范围。

2. 外形结构设计及制作技术

长期以来，球壳结构一直是大深度耐压结构的主要形式。大量的研究集中在以钛合金、高强度钢为主要壳体材料的球壳结构设计优化和参数化性能分析上。随着初挠度、厚度、残余应力等缺陷的实测数据越来越充分，基于这些实测因素的理论和试验研究，使得适用于不同金属球壳的极限强度计算方法和非线性数值仿真方法更加完善。中国船级社也在不断吸收大深度载人潜水器载人舱在材料制备、加工工艺、设计方法上的研究经验。未来，基于金属球壳非线性屈曲破坏准则的设计方法可逐渐在复合材料、陶瓷、有机玻璃球壳应用中得到修正。

通过对比圆柱、椭球、球 – 球、球 – 柱 – 球等不同形状耐压壳的容重比，科学家发现椭球的容重比最高。

近些年，半球、碟形、球等各种回转壳被广泛应用于水下耐压结构的封头和舱体设计。研究表明，碟形封头适用于浅海低压环境，椭圆形封头适用于深海高压环境，而环肋扁长椭球封头结构具有良好的抗压能力和流线型，但它的设计计算难度大、壳内空间利用率低、工艺复杂、加工成本高。

蛋形耐压壳已被证明比其他形状的耐压壳具有更大的优越性。研究表明，蛋形壳体遵循圆顶原理，具有超强的耐压特性和流线型设计，是一种优异的仿生原型，可最优协调潜水器的安全性、快速性、空间利用率、人机环等性能。已有理论研究提出了蛋形壳体容积、质量、浮力系数求解方程，以及其强度与屈曲解析公式；建立了等厚、变厚蛋壳设计函数及超高压环境下多蛋壳连接变形协调理论；并基于非线性屈曲机制的蛋形破坏分析和比例模型试验，验证了蛋形仿生壳体的优越性。蛋形壳体在载荷衰减率、空间利用率、水阻力等方面均克服了传统球形耐压舱所具有的先天性不足，为新型潜水器耐压舱的设计提供了一种创新结构。

国内深海装备的快速发展，促进了大型耐压结构制造工艺的进步。在大深度载人潜水器谱系化发展的过程中，我国不仅逐步掌握了高强度合金焊丝加工、大厚度宽幅板冲压成形、大厚度耐压壳体焊接和热处理、焊接接头消应热处理等技术，还攻克了大尺度耐压壳体开孔、密封、锁紧、舱盖设计等关键技术，孔口围壁优化方法及核心组件的设计理论，完善了大厚度耐压结构的设计及制造规范。

随着"奋斗者"号的成功研制，我国在球壳制造工艺方面逐步提升了钛合金宽幅、超厚板材制备技术，壳体安全性随之提高。制造能力的提升也推动了我国深海装备材料与制造技术的发展。

作为探索性研究，基于基本板壳单元相互组合的异形回转壳无模成形方法可用于高效蛋形结构制造，将复杂异形回转壳简化为多个基本板壳单元组合而成的简单叠加壳，再通过施加内压发生塑性变形，成为目标壳体，满足深海耐压结构多品种、单件小批量、大尺寸制造特点，无须单独开设模具，可有效降低成本，提高效率。

近年来，我国轻型高分子复合材料深海耐压舱制造技术有了新突破。基于拓扑变换的缠绕策略和舱体预应力紧身等新技术，已经成功地解决了碳纤维缠绕深海高压舱体的难题。这些新技术使得轻型高分子复合材料深海耐压舱的制造突破了 2 000 m 的深度大关，可广泛应用于无人遥控潜水器、自主式水下潜器、潜标、水下滑翔机等多种海洋观测平台。

3.3.2 深海能源供给能力

1. 耐压、大功率、高密度电池供电技术

能源系统为水下机器人提供动力源，为电子系统、传感器、任务载荷提供电源。能源系统是水下机器人作业的主要限制因素之一，限定了水下机器人的续航能力、速度、工作深度、任务载荷种类。基于尺寸、安全、成本的考虑，蓄电池是水下机器人采用的主要能源方式。

要增加自主水下机器人的续航能力，首先要使其能够携带更多的电池，而更多的电池需要更大的安装空间，安装空间的增加就要改变载体的外形，从而影响载体的水动力特性，进而影响载体的控制。这都是一连串的问题，涉及能源、总体、控制等多方面技术。只有将它们协调统一起来，才能真正地提升续航能力。

（1）续航能力强的银锌蓄电池

建造年代较早的载人潜水器，如美国的"阿尔文"号、俄罗斯的"和平1号"和"和平2号"以及我国的"蛟龙"号，受当时技术水平的限制，使用的是铅酸电池或锌银电池，没有电池管理系统对其进行监控和管理。

以深潜器"的里雅斯特"号为例。它在1960年下潜至马里亚纳海沟底部时，所用时长为4小时43分钟。所以，如果潜水器想要在7 000 m深的深海中展开科研活动，算上下潜和上浮的时间，再加上为科研任务预留的时长，其续航能力必须在10小时以上。

"蛟龙"号载人潜水器一次下潜需要在水下连续停留十几个小时，同时还要不停地航行和作业，但又不能携带太重的燃料，于是它搭载了完全由我国自主研发的大容量充油银锌蓄电池来解决能源供给问题。充油银锌蓄电池电量超过110千瓦，是目前国际上供潜水器使用的容量最大的电池之一。充油银锌蓄电池确保"蛟龙"号可以有更长的水下工作时间，并支持更多探测和取样作业。

（2）寿命实现数量级增长的深海锂电池

锂离子电池因其比能量高、循环寿命长、成本低等优点，被越来越多的深海载人潜水器所使用。但是，锂离子电池比能量高、串并联结构复杂，尤

其是其电压、温度等参数安全工作区间较窄。当超出该安全工作区间后，锂离子电池性能和寿命将受到较大影响，超过一定程度，将引发安全事故。因此，锂离子电池必须使用电池管理系统进行数据检测和故障诊断。因特殊的使用环境和工况，深海载人潜水器的电池系统必须具有较高的安全性。因此，对其电池管理系统的控制策略进行深入的研究，对提高潜水器的安全性和可靠性具有重要意义。

"深海勇士"号下潜成本的降低，与改用锂离子电池有直接的关系。以往潜水器使用的银锌电池的可用次数为 50 次，而锂离子电池将这一数字提升到了 500 次，使用寿命长达 5 年。无动力下潜、无动力上浮，这两个过程不用电，但耗时较长。深海锂电池的使用改变了这一理念。潜水器可借助电力快速上浮和下潜，增加其在深海中的作业时间。

锂离子电池的安全问题也不容忽视。一旦发现了故障，必须迅速隔离故障，并切断电缆，防止故障扩散。在水深 6 000 m、5 000 m、4 000 m 的深海中，如果海水渗入电池，可能几小时内就能将其腐蚀掉，在腐蚀的过程中还可能带来短路的危险。对于我国来说，我们在这一方面的专业技术已经非常成熟，尤其是在 4 500 m 的深度下。

随着锂电池技术的发展，原本的银锌电池被更耐用的锂离子电池所取代，一块电池的可使用次数也从 50 次上升到了 500 次，越来越多的 AUV（无人自主航行器）也开始使用锂离子电池作为其能量来源。因电池组容量、作业模式和是否载人的差异，载人潜水器（HOV）和 AUV 的锂电池管理系统的控制策略设计也存在着较大差异。

首先，HOV 的电池管理系统需要控制管理的电池组容量较 AUV 大很多，HOV 锂电池组的多方面冗余备份也使得其电池管理系统的复杂程度高于 AUV。因此，HOV 的电池管理系统控制策略需要综合分析、处理更多的数据。

再者，目前大多数 AUV 属于预编程式水下机器人。当其电池管理系统检测到电池的故障时，只能机械式地根据预设的故障处理模式进行处理，无法根据潜水器当前状况进行灵活处置。其控制策略最重要的功能是保证AUV 可以在锂电池系统发生故障时，不发生进一步的失控事故，确保 AUV 的安全回收。

相比之下，HOV 由潜航员操纵。潜航员可以根据电池管理系统上报的数据和潜水器状态，进行综合分析和处置。如潜航员未能及时处置，其电池管理系统依然可以根据预先设置的处理模式进行自动处理。因此，HOV 的控制策略还需要考虑人机协作的相关设计。

2. 深水长缆供电技术

随着电气系统和电池技术的不断进步，电动遥控水下机器人（E-ROV）应运而生。E-ROV 可以进行更复杂、更精确的自主操作。有缆遥控水下机器人最主要的任务是完成各种深海作业，甚至常驻海底。母船和水下机器人之间通过一根长达几千米的电缆相连，进行电力传输。因此，电流的稳定性和线缆的安全可靠，是研发团队所面临的巨大挑战。目前，ROV 依靠脐带缆供电，但它也可以连接到海底电源（海底电缆）。从理论上来说，这种方式可以为它无限续航。

ROV 的设计和操作模式是液压和电力推进系统之间平衡的结果，未来它还将继续减少对液压系统的依赖。全海深、长距离动力（电力）传输，海底高效能源动力供应，铺设海底电缆和基站，通信网络、无线技术和电力传输技术的发展等，都将为 ROV 的常驻、自主和远程操作开辟一条全新的道路。

由中国科学院沈阳自动化研究所研制的深海科考设备"海星 6000"，通过一根长达 7 000 m 的电缆与母船相连。在历时 3 年的研制过程中，技术人员攻克了多项关键技术难题，如超长铠装缆的实时状态监控与安全管理、自适应电压补偿的长距离中频高压电能传输、近海底高精度悬停定位、深海浮力调节技术等，实现了自主化。

在"奋斗者"号载人潜水器上，有数百根电缆需要直接浸泡在高压海水中。在这种高压、高盐的恶劣环境条件下，电缆很可能会产生短路、绝缘等故障，从而导致设备功能失效，甚至还可能导致电解腐蚀，危及潜水器耐压结构的安全。针对这一难题，研发团队建立了一套基于绝缘检测技术的在线故障诊断系统，并研制了一套智能化的检测装置，在高压环境下对潜水器的供电安全性进行实时在线检测，实现故障的快速定位和隔离，从而防止故障扩散，保障潜水器的安全运行。

3. 深水核能无线续航技术

中国工程院院士于俊崇指出，随着 21 世纪的到来，人类在向海洋索取资源的过程中，对核能的需求越来越强烈。比如，在深海探索、深海采矿、深海钻探、深海装备维护、深海救援等方面，核动力都被视为最理想的能源。经过长期的探索和发展，核能动力技术中的压水型反应堆已经被证明是目前最好的堆型，具有一体化、紧凑式装置结构，最适合海洋动力的环境特点。于俊崇还强调，与陆地固定式核电站相比，海洋核动力不仅要求结构紧凑，还要求具备更高的可靠性和智能化水平。

核动力在海洋领域的应用始于 1954 年，最初是军用。核潜艇、核巡洋舰、核动力航母、核动力破冰船应运而生，都是核动力技术在军事领域的应用实例。在民用方面，自 20 世纪 60 年代起，美国、西德（今德国）、日本都曾建造过核商船。美国和俄罗斯还建造了海上浮动核电站。

舰船采用核动力推进系统的最大优势，在于其无须大量的燃料储备便可达到持久续航的目的。核动力在海洋领域的早期应用集中在核动力航母、核动力潜艇等军事武器装备领域。虽然，早期美国、俄罗斯等国在民用核动力船舶方面有所发展，但由于受到技术、成本、地域准入许可等因素的影响，核动力在很长一段时间里都不被视为可行的商船动力选择。近年来，在航运脱碳趋势下，将核动力作为船用的燃料再次得到了国际社会的关注。荷兰船舶设计与工程公司（C-Job Naval Architects）通过研究发现，大型远洋船舶是应用核动力推进装置的最佳选择。比如，破冰船、大吨位的矿砂船、集装箱船等对动力、环保、航速、载货容积率等有较高需求的船舶，若采用核动力推进系统，可大大提高其航次收益。

海洋核动力装备在国防领域的应用，主要体现在核动力潜艇、核动力航母、核动力巡洋舰等方面。从拥有核动力舰船的数量和发展实力来看，美国和俄罗斯处于全球领先地位。俄罗斯是拥有核动力潜艇数量最多的国家。在潜艇反应堆研发方面，它主要专研压水堆和液态金属堆两个方向。通过"一型多用"的策略，俄罗斯的反应堆技术在不同型号的潜艇装备上具有较高的通用性；在核动力潜艇设计建造方面，注重减小体积、质量，不断提升降噪、一体化设计等能力。由俄罗斯最新建造的全球最长的"别尔哥罗德"号核动力潜艇的排水量近 30 000 t，搭载了 6 枚"波塞冬"核动力鱼雷，于 2022 年交付海军服役，是目前全球唯一可用于海底战争和间谍行动的特殊潜艇。

美国海军正在研制的"哥伦比亚级"战略核潜艇，是美国有史以来建造的最大型的潜艇。该潜艇采用新型 S1B 压水堆。使用这种反应堆，不仅提升了潜艇的安全性和降噪性能，还能通过使用高富集度燃料棒，使潜艇在其全生命周期服役期间无须进行反应堆换料，从而极大地降低运维成本。首艘"哥伦比亚级"潜艇已于 2021 年开工建造，预计将于 2028 年完成下水，有望成为世界上最先进的战略核潜艇。

3.3.3　深海控制与操作能力

（1）深海作业机械手结构设计

深海作业机器人能进入深海，在高压、高温、低温、恶劣海水等极端环境下作业，并完成深海勘探、深海科考、深海救援、深海资源开发等多个领域的任务。完成这些深海任务，离不开深海作业机械手。在海底，机械手就是一个"擒拿利器"，可独立完成水下布放、回收、拾取、机构触发等任务，并可与其他工具配合进行水下采样、测量等作业。

在结构设计上，无人遥控潜水器（ROV）通常配有左右两只机械手。作业时，两只机械手分工合作。一种常见的作业模式是，一只机械手作为支点固定在结构上，另一只则执行实际的作业任务。目前，较主流的作业型机械手一般采用六或七功能设计（即 6 个运动自由度和 1 个抓取功能），以应对水下各项任务需求。以七功能设计为例，机械的结构主要由基座、肩部、大臂、肘部、前臂、腕部、手爪等部分组成。除前臂、腕部回转外，这些部分的连接均由安装在基座、肩部、肘部和腕部摆动关节部位的可轴向转动的不锈钢转轴来实现。除不锈钢，现代机械手还采用经过极化处理的铝合金或钛合金（Ti6－4）等材料，以确保其具有足够的深海结构强度和抗腐蚀性。为了减轻总重和降低驱动系统压力，也有少量悬浮材料被试验性地应用到机械手的研制中。受深海环境所限，机械手的作业范围通常在 0.5 ~ 2.4 m，扭矩为 8 ~ 50 N·m，负载为 5 ~ 500 kg。机械手的整体尺寸和质量对于深海作业至关重要。设计时，应尽量降低机械手的质量占比，减少其与 ROV 本体的动态耦合效应，从而提高操作效率。

水下机械手自 20 世纪中叶随水下机器人技术一同问世以来，已经发展到一个相当高的工业水平。在国际上，用于 ROV 的水下机械手主要是美国 Schilling 公司研制的 Orion 和 Titan 系列、澳大利亚 ROV Innovations 公司研制的 ARM 系列以及英国 Hydro-Lek 公司研制的 HLK 系列等。

Orion 7R 是一款灵巧的七功能速率型机械手，工作深度 6 500 m，工作范围 1.5 m，夹具标准开口 97 mm，最大推力和扭矩分别为 4.4 kN 和 205 N·m。由于质量较轻、价格低廉，它适合在运载体积有要求的小型水下机器人上使用。

Titan 4 是七功能高精度位控型机械手，采用液压驱动，由钛合金材料制成，工作深度 4 000 m，工作范围近 2 m，夹具标准开口 99 mm，最大推力和扭矩分别为 4 000 N 和 170 N·m，可用于重型作业型水下机器人。

Cybernetix 公司开发的 6 个自由度 Maestro 水下机械手，同样采用了钛合金材料，可由反馈式液压伺服机构驱动，下潜深度 6 000 m，作业半径 2.4 m，最大推力和扭矩分别为 1 000 N 和 190 N·m，能够在各种极端环境中（比如高温实验室）使用，完成拆卸、清理、维修或监测等任务。

ARM 系列机械手均配备有可拆换的夹具头，使用更为便利。ARM 5E

是一种轻量级五功能机械手，最大工作深度 6 000 m，工作范围 1 m，具有优化的推重比，主要用于负载较小的水下机器人。ARM 7E 是质量级七功能机械手，最大工作深度 6 000 m，工作范围 1.8 m，拥有较强劲的工作能力。

HLK-HD6W 是一种六功能机械手，可以承担较重的工作负荷，其肩部可实现 360° 旋转，支持两种不同的装载方式，可适配左手或右手操作，适用于中型作业级 ROV。为完成水下更为复杂的任务，日本立命馆大学机器人学院开发了双臂机械手水下机器人原型机（图 3-34），并在日本最大的淡水湖 Biwa 湖中进行了控制试验。该 ROV 空重 56 kg，单臂空重 5.5 kg，具有 5 个自由度。试验结果显示，力学与控制算法对于 ROV 及其机械手的运动性能至关重要。在国内，华中科技大学较早开展了液压驱动和电力驱动机械手的研制工作，为我国自主开发技术做出了重大贡献。

图 3-34　日本立命馆大学设计的双臂机械手 ROV

近几年来，哈尔滨工程大学和天津工业大学等分别设计了用于 ROV 的水下机械手，并研究了相关的水动力特性和运动控制技术。总体上来说，目前国内商业公司对水下机械手采取专项任务专项设计的策略，可满足各类水下任务需求。

"蛟龙"号是我国第一台自行设计、自主集成研制的深海载人潜水器。"蛟龙"号有两只机械手，左右各有一只。这两只机械手各有多个关节，可以伸缩、旋转、摆动，灵活作业。该机械手最大伸长范围为 1.9 m，全臂展最大持重达 65 kg。"蛟龙"号的外侧机械臂犹如两只蟹钳，尤其是右侧机械臂，可以像人的手臂一样完成多角度的抓取动作，比如抓海参、海绵和海葵等深海软体生物，更加精准、细微、灵活，为科学研究提供更准确的样本。此外，潜航员还操控该机械手，成功地将一面国旗插在了中国南海的海底。

（2）深海作业机械手操控技术

在操作控制方面，机械手一般由液压、电动或气动装置等驱动。其中，液压驱动臂力较大、结构紧凑、刚性和驱动效率较高，是作业型 ROV 的首选驱动方式。伺服控制器与 ROV 本体运动控制方式类似，其中 PID 类仍在工业应用中占主导地位。国外学者针对机械手伺服控制设计开展了研究。比如，日本东海大学的 SAKAGAMI 等人，基于神经网格 – 模糊控制（Neuro-Fuzzy）方法，为水下机械手设计了一种智能控制方法。该控制器主要由带优化反馈的模糊 PID 算法构成，神经网络作为补偿系统，能提升控制器应对不确定性因素的能力。加拿大维多利亚大学的 Serdar 等人对缆绳、机器人本体和机械手整体系统进行了建模和控制研究。他们将缆绳视为离散多质量结构，并由黏弹性弹簧连接，考虑结构弯曲和扭转自由度，建立中继缆动力学模型；在本体和机械手耦合控制器设计中计及缆绳的运动影响，采用基于模型的单输入单输出（SISO）滑模控制算法，引入基于机器人和机械手响应的人工肢体算法预测外载荷。印度学者 Mohan 建立了自治型机器人和机械手的耦合动力学仿真模型，分析了机械手对本体的运动耦合效应。

近几年来，国内水下机械手的控制技术逐步兴起。上海交通大学的晏勇等人较早对深海 ROV 及其作业系统作了综述，分别针对水下机械手的研制思路和水下作业工具的研究状况及难点等进行了分析与评述，并给出了相关建议。

哈尔滨工程大学的姚建军等人建立了水下液压机械手非线性结构动力学和水动力学模型，并基于该模型设计了机械手自适应控制器。该控制器具有精确跟踪能力，能够处理水下扰动和系统参数变化等情况。中国科学院沈阳自动化研究所的张奇峰等人设计了深海作业七功能主从式液压机械手，解决了机械手直线工具和扭转工具的关键技术。为了达到平滑控制效果，研发人员在从动机械手上使用了带变增益的 PI 控制器，并通过试验验证了机械手设计和控制的合理性。中国科学院沈阳自动化研究所的张进等人设计了一套虚拟系统，用于全方位模拟水下 1 000 m 作业机器人和主从式液压七功能机械手的耦合运动，编写了两套作业任务，主要用于操作训练。

浙江大学的曹晓旭等人针对 4 500 m 深海液压机械手负载重、压力补偿等问题，基于 Backstepping 算法提出了一种自适应鲁棒跟踪控制技术。上海交通大学的丁汉卿等人针对 ROV 液压伺服推进器的辨识问题，提出了采用改进遗传算法进行控制模型参数辨识的思想。为解决遗传算法易早熟、难以找到精确解等问题，他们采用了一种基于均匀设计的种群初始化方法和一种改进变异方式的深度捕食策略，有效提高了变量液压推进器伺服控制模型辨识算法的全局收敛性和搜索效率。

（3）深海作业机械手外接工具

深海采油采气等工业过程主要包括 3 步，即上游勘探和开采原始油气资源，中游预处理和转储这些资源，以及下游的提炼、分配以及销售。带缆水下机器人能够在上游和中游段投入工作，其中在上游段工作最为重要。除了机械手之外，通过外接其他各类辅助装备，能使 ROV 功能得到极大丰富，在采油采矿以及维护运输管道等方面起到不可替代的作用。

外接工具是扩展深海机械手功能的强有力补充，可替代潜水员完成简单的海底操作。按照运动方式，外接工具可分为直线型、旋转型和冲击型。有些任务需要工具作复合运动，即结合直线、旋转、冲击等多种运动方式，例如采油树阀门的开闭操作等。

外接装备后，ROV在深海矿业勘探工作中能够发挥巨大的作用（表3-1）。重达数吨的钻杆系统，通过螺栓与ROV连接，可避免焊接或调整机器人的本体结构。ROV在钻探工业中已发展为深海钻探的主要工具之一。ROV机械手还可借助外接液压剪，剪切海底管道、钢缆等。

海底地质勘探是深海资源开发的必要环节。装备有多波束测控仪或侧扫声呐的ROV，能够极大地提高海床地图测绘的便捷性。低成本的ROV在深海矿物（热液喷口附近的海底块状硫化物）勘探与监控方面，应用广泛。随着材料科学的发展、外接设备的开发以及其他相关技术的进步，深海工业市场上将会出现越来越多经济上可承担的水下机器人，也将有更多企业愿意加入深海淘金大军。

表3-1详细列举了深海作业型ROV的多种功能。可以看出，外接工具是扩展功能的必要补充。ROV与外接工具的连接方式通常需要专门设计，而机械手的设计则相对统一。在确保功能多样性的前提下，如果可以统一部分工业接口，将进一步降低水下机器人的生产与设计成本，有利于促进全球深海作业型水下机器人在新时代的大发展。

表3-1 深海作业型ROV机械手与扩展部分功能列表

	辅助作业	备注
机械手	清理残渣和小型障碍物	—
	管线铺设与维修	—
	打捞沉船	—
	（采油树）阀门开关	专用线性和旋转工具

表 3-1（续）

		辅助作业	备注
外接设备		深海采矿	螺栓连接钻杆系统
		海床地图测绘	装备多波束测控仪和侧扫声呐
		海床维护	外接海床钻机
		检测深海水样	携带深海采水器
		水质、水温或透光度	安装各类传感设备
		照明与视觉监测	装备防水灯具和高分辨率摄像头
		剪切钢缆	使用液压剪

3.3.4　深海生命安全与应急救援能力

在深海环境中，不仅耐压结构的安全性直接关系到下潜人员的安全，而且载人舱内的气体环境不佳、耐压壳体漏水、电源及供电系统的绝缘性能损坏等，都可能造成严重的后果。2019 年，俄罗斯一艘工作深度为 6 000 m 的 AS-31 载人潜水器，因电气短路引发了火灾，造成 14 人身亡。可见，潜水器在深海中面临的危险无处不在。因此，各国研究人员都十分重视载人舱内的气体环境控制与参数监测、耐压壳体密封性能监测、电气绝缘状态监测等。这些监测为潜航员的安全性状态评估提供了关键信息，在遭遇险情时能及时作出处理，避免灾难性后果的发生。信息监测的原则，是尽可能提供更多的系统信息，且信息监测系统不能引入新的安全隐患。

1. 信息监测安全

（1）气体环境监测与控制

在载人潜水器的气体环境监测与控制研究方面，各国主要聚焦在制定相应的氧气浓度和供应量、二氧化碳浓度、清除能力等标准，以确保舱室气体的安全性。

我国载人潜水器的氧气和二氧化碳浓度必须严格控制在标准范围内，且应至少配备正常和应急两套独立的系统。在正常情况下，气体氧源通过控制装置自动调节舱内氧气浓度。当舱内发生燃烧等意外情况时，为了避免吸入有害气体，工作人员可通过闭式面罩进行供氧。二氧化碳则通过风机循环，并与风机内的氢氧化钙或氢氧化锂进行化学反应后被吸收。当正常氧源耗尽或控制装置发生故障时，工作人员可通过应急气体氧源或氧烛进行供氧。

"蛟龙"号的生命支持系统可为3名潜航员供氧、收集他们呼出的二氧化碳，保持舱内正常的大气压、温度、湿度，而且没有异味。正常情况下，这套生命支持系统可保证3人12小时的生命安全，应急情况下能提高到3人84小时。为此，"蛟龙"号装配了两套氧气供给系统，提高安全性。除了设备故障，深潜器最怕被破渔网、电缆缠住。为此，深潜器上的许多部件都是可拆卸的。比如，可以抛弃压载铁，还可以再抛弃电池和机械手，甚至可以只保留一个载人舱，以浮出水面。总之，人的安全是第一位的。

（2）密封监测

密封监测是指，对载人舱、耐压罐、充油箱体等舱体的密封情况进行监测。通过对舱体进行漏水检查，可在第一时间掌握其密封状态，尽早作出正确决策，避免发生更严重的事故。目前，用于水下密封舱漏水检测的传感器主要为水浸传感器、温湿度传感器、电压传感器等。

国外在潜水器漏水检测方面的研究重点，主要集中在避免误检、提高可靠性等方面。针对传统传感器检测方式会因环境变化发生误检或灵敏度不高的问题，朱明明等人设计了一种基于视觉传感器检测的水下机器人电子舱漏水检测方法。这种方法具有误警率低、检测结果可靠的特点。张伟等人提出一种智能漏水检测方法，并研制了深海载人潜水器分布式智能漏水检测系统，通过引入漏水检测点电容，很好地解决了误检和因检测系统本身故障而导致的无法检测的问题。

（3）绝缘监测

在海水腐蚀、压力等环境因素的影响下，深海载人潜水器的供电回路、外壳与海水之间的绝缘性能有可能下降，从而使电源系统的安全性降低。供电回路绝缘性能下降，轻则增加电源损耗，造成设备损坏，重则造成载体结构产生电解腐蚀，危及人员安全。因此，进行高效、准确的在线绝缘实时监测，是保证潜水器安全的一项重要工作。

国外可提供专业绝缘监测装置的厂家较多，如德国的 BENDER、法国的 Schneider、意大利 DOSSENA 等，但其产品价格昂贵。其中，德国 BENDER 公司的绝缘监测仪在潜水器上应用最为广泛，可为潜水器的交流或直流系统提供连续的绝缘监测，并可根据要求进行配置。当监测到绝缘故障时，它能输出报警信号，切断相应的供电回路，提高系统的安全性。通常情况下，一台绝缘监测仪对应一个供电回路，当需要准确排查绝缘故障点时，可逐个断开用电设备，以定位和隔离故障点。针对直流供电系统的绝缘监测，研究人员提出了电桥平衡法。这种方法主要用于直流系统绝缘在线监测与蓄电池故障预测。通过在正负电源和外壳之间建立电桥，测量电桥的不平衡电压，即可判断系统的绝缘性能。此外，研究人员还采用交流信号注入法，用于发电厂直流系统的绝缘监测。这种方法避免了因绝缘检测装置自身及系统的接线问题而产生的漏报、误报现象。研究人员又改进了直流漏电流法，不仅在变电站直流系统的绝缘监测中提高了测量精度，而且还克服了传感器零点漂移的影响，避免了下级母线接地电压导致的泄漏电流。

以上方法有各自的适用场合和局限性，不能完全满足载人潜水器的应用需求。科学家又针对深海载人潜水器在线实时绝缘监测的需求，提出了一种辅助电源法，并研制了一套在线实时绝缘监测装置，通过绝缘电流的检测即可判断系统是否处于绝缘状态。根据辅助电源法，还制定了绝缘故障分级表。按照该方法，在我国多型载人潜水器的海试和应用过程中都实现了绝缘故障的全监测，并快速定位和隔离故障，有力保障了潜水器的供电安全性。以"奋斗者"号载人潜水器为例，在一次潜次中，其系统绝缘性得到了检测。在下潜过程中，因左舷 LED 灯阵变形，其主电池绝缘电流升至 1.001 mA。于是，系统立即切断了两舷 LED 灯阵的电源，系统绝缘又恢复正常，避免了因绝缘故障造成的安全事故。

2. 应急救援技术

在海底工作时，深海载人潜水器一旦发生严重的故障，需要快速、可靠地进行自救和他救，这是保证潜水器内人员安全的关键，因此必须重视救援系统的安全性和可靠性。目前，国际上载人潜水器均采用浮力调节的方式实现潜水器在紧急状态下的快速上浮。按照调控的物理量不同，可将浮力调节方式分为体积调控型、质量调控型和混合调控型。

国际上大深度载人潜水器大多采用质量调控型调节方式。美国"阿尔文"号潜水器在电源系统故障时，可通过两块应急备用电池给自救系统供电。当发生危险时，它可抛掉两组压载，实现紧急上浮。如果浮力仍不足以使潜水器上浮，它还可将重达 1 450 磅（658 kg）的电池舱抛掉。当潜水器的机械手被缠绕时，它可抛弃机械手，摆脱缠绕带来的危险。如果所有手段都失效，"阿尔文"号还可以让具有很大正浮力的载人球从载体中脱离，使其单独上浮到水面，以确保人员的安全。法国"Nuatile"潜水器通过将压载箱内的铁丸磁化和消磁，实现抛载上浮。日本"Shinkai 6500"号潜水器利用液压系统驱动三位阀工作，实现压载的固定和抛弃。当电源断电时，其三位阀处于中位，压载则自动抛弃。同时，抛载系统本身也可通过气压式螺栓连同压载整体抛弃，进一步提高抛载的可靠性。

我国在进行大深度载人潜水器的救援系统设计时考虑了更多的冗余性，构建了正常抛载和应急抛载（机械手、采样篮、电池箱、纵倾调节介质、应急浮标等）的多重抛载与综合集成触发模式。正常抛载采用了电磁、正常液压和应急液压 3 种抛载方式相结合的冗余抛载模式，同时还设置了潜航员操作、超深自动抛载、超时自动抛载、水面遥控抛载等多种触发方式。为了验证抛载功能，在陆地上和压力筒环境下进行了各种倾斜角度和多种方式的上千次抛载试验，且保证 100% 的试验成功率。

如果采用抛弃电池箱、采样篮、机械手、纵倾调节介质等措施均失败，潜水器仍无法上浮，还可通过电爆螺栓释放应急浮标，携带一根中性浮力的缆绳到达水面，通过定位和通信装置将位置信息发送给支持母船，以方便搜救人员快速搜索并救援。

PART 4

Construction Of Deep-Sea And Equipment

第 4 章

深海智能技术与装备体系建构

Intelligent
Technology
System

深海智能技术与装备是一个涵盖广泛领域的技术和装备体系，其主要目的是满足人类对深海空间探测及资源开发的各种需求。从广义上来讲，这些技术与装备包括了一系列用于感知、认识、理解深海环境的工具和方法，以及用于进入深海、进行探测、开发资源、应用研究成果以及管理深海活动的综合装备。本书中，深海智能技术与装备主要指的是那些专门用于"深海进入、深海探测、深海开发"的高新技术和装备，特别是那些集成了现代电子、计算机、通信和自动化技术的设备。这些技术与装备的组合运用构成了深海活动的核心，使人类能够在地球上最未知、最极端的环境中进行作业，不仅拓展了科学研究的边界，也为未来的资源利用提供了可能性。

4.1 深海智能技术体系

　　作为一种高度复杂和多学科交叉的技术体系，深海技术的发展与应用涉及了海洋科学、工程技术、物理学、生物学等多个领域。这一技术体系的核心在于对深海环境进行深入的探索与研究，以及如何在极端的深海条件下进行有效的作业。

　　在深海技术的众多组成部分中，深海潜水器的研发无疑是最为关键的一环。

　　深海潜水器包括无人自主航行器（AUVs）和有人潜水器（如潜艇），它们被设计用于应对深海的高压、低温、黑暗环境。这些潜水器的设计理念和技术规格必须满足深海探索的特殊需求，例如高压力抵抗、良好的操控性、先进的导航系统以及高效的能源利用。

　　除了潜水器的研发，深海技术还包括了一系列的深海探测与作业技术。这些技术使得科学家和工程师能够对深海地质结构、生物多样性、水下生态系统以及海底资源进行详细的调查和分析。深海探测技术通常涉及声呐扫描、磁力测量、光学成像等多种手段，而作业技术则包括了海底钻探、样本采集、环境监测等。

　　随着科技的进步，深海技术也在不断取得新的突破，为人类提供了更加深入地了解地球最未知领域之一——深海世界的能力。这不仅对于科学研究具有重要的意义，也对海洋资源的勘探与开发、环境保护、未来可能的深海经济活动等产生深远的影响。

　　因此，深海技术的发展是全球科技界持续关注和投资的重点。它代表着人类对自然界最深之处的探索和征服。这一领域包括以下多种关键技术。

4.1.1　材料应用技术

在深海的探索和开发过程中，选择合适的材料对于设备的正常运作和稳定性至关重要。深海环境独特的高压特性，对深海设备的材料提出了极高的要求。耐压性能、浮力控制以及防腐能力是评估材料是否适用于深海环境的关键因素。

金属耐压材料、陶瓷耐压材料和复合耐压材料是 3 种常用的材料。其中，金属耐压材料因其优良的机械性能和耐腐蚀性，被广泛应用于深海设备中。这些金属材料能够承受极端的压力，保证设备在深海中的稳定运作。陶瓷耐压材料则以其高强度和良好的耐磨性能而受到青睐。它们能够在高压环境中保持结构的完整性，防止因压力过大而造成的损坏。复合耐压材料结合了多种材料的优点，通过特定的工艺制造而成，具有更好的综合性能，能够在复杂的深海环境中提供更为可靠的保障。

除了耐压性能外，浮力材料在深海设备中也扮演着重要的角色。这类材料能够帮助设备在水中保持所需的浮力，实现上升或下沉的精确控制，这对于深海探测器、潜水器等设备的正常运作至关重要。同时，海水中的腐蚀性物质对材料的耐蚀性提出了挑战。

因此，防腐材料的应用成了深海设备设计的一个重要考虑因素。这些防腐材料能够有效地抵御海水中的盐分、微生物以及其他腐蚀性物质的侵袭，延长设备的使用寿命，确保其在恶劣环境下的可靠性和安全性。

4.1.2　结构制造技术

在深海勘探和作业中，结构设计的重要性不言而喻。

耐压结构设计是确保设备能够在深海高压环境下正常工作的关键。这种设计能够使设备承受起深海数百甚至数千米的水柱压力，保证结构不会因为巨大的压力而发生变形或损坏。通过精心计算和科学验证，耐压结构设计能够确保设备在深海的极端条件下保持稳定，从而保障了深海作业的安全进行。同时，高压密封技术的应用对保护设备内部免受水压的侵蚀至关重要。

这项技术涉及精密的密封材料和密封方法，能够在设备与海水接触的部位形成有效的隔离层，防止海水渗透进入设备内部。这不仅保护了设备内部的敏感元件和电路，避免了因水压造成的损坏，同时也保证了设备的正常运作和长期稳定性。

模块化设计则是提高设备灵活性和维护性的有效途径。通过将设备分解为多个独立的模块，不仅便于在设计和制造过程中的标准化生产，还能在实际使用中根据需要快速更换或升级特定的模块。这种设计思路极大地提高了设备应对不同任务需求的适应性，同时也简化了维护和修理工作。当某个模块出现故障时，可以迅速定位并更换，大大减少了设备的停机时间，提高了整体的工作效率。

耐压结构设计、高压密封技术和模块化设计共同作用，确保了设备在深海高压环境中的稳定性和可靠性，同时也提高了设备的灵活性和维护性，为深海探索和开发提供了坚实的技术支持。

4.1.3　能源供应技术

深海能源供应是一个至关重要的领域，主要涉及常规能源和新型能源的供给，它们共同构成了深海技术的核心动力系统。

由于深海环境的特殊性，能源供给方式必须满足一系列严格的标准，其中最为关键的是高效安全供配电的要求。高效性意味着能源供应系统需要在极端的深海环境中稳定运行，提供持续不断的动力支持。这要求能源系统不仅要有高效的能源转换率，还要有较长的使用寿命，以及在恶劣环境下仍能保持性能的能力。安全性则是另一个不可或缺的因素。

深海作业往往面临着巨大的压力和复杂的环境条件，任何能源供应系统的故障都可能导致严重的后果，包括设备损坏、数据丢失甚至人员伤亡。因此，供配电系统必须设计得极为可靠，能够抵御各种潜在的风险，确保在任何情况下都能保持稳定和安全。在满足高效、安全供配电要求的前提下，能源供应方式包括但不限于电池和燃料电池等。

电池作为一种传统的能源供应方式，因其成熟的技术和广泛的应用而备受青睐。它们能够在不需要外部电源的情况下提供电力，非常适合于深海这种难以接触的工作环境。然而，电池的能量密度和使用寿命有限，这就需要开发新型的电池技术，以提高其性能和适应性。

燃料电池则是一种新型能源供应方式，它通过化学反应产生电能，具有更高的能量密度和更长的使用寿命。燃料电池的环境适应性强，能够在深海高压和低温的环境中稳定工作，同时产生的废物较少，对环境的影响较小。因此，燃料电池在深海技术中的应用越来越受到重视。

4.1.4　动力推进技术

在深海探索和作业领域，潜水器的动力系统是至关重要的。它不仅需要确保潜水器能够在复杂的海底环境中有效移动，还要保证其能够精准操控以完成各种任务。为了实现这些目标，研发人员设计了多种动力技术，其中包括螺旋桨推进、喷射推进、磁流体推进、复合驱动等。

螺旋桨推进是一种传统的推进方式，它通过旋转螺旋桨来产生推力，推动潜水器前进。这种推进方式简单可靠，但在复杂地形中可能会受到限制，因为螺旋桨可能会与障碍物发生碰撞。

喷射推进则是利用高压水流从潜水器的喷嘴中喷出，根据牛顿第三定律，潜水器会朝着相反方向移动。这种推进方式通常用于需要快速移动或者狭窄空间操作的场合。

磁流体推进是一种更为先进的技术，它基于电磁原理，通过在海水中产生磁场来推动含有磁性粒子的液体，从而产生推力。这种推进方式无机械接触，因此噪声低，且对环境扰动小，适合需要安静或高精度操控的环境。

复合驱动则是一种综合多种推进方式的技术，它可以根据不同的任务需求和环境条件，灵活切换或同时使用不同的推进方式。例如，在开阔水域中使用螺旋桨推进，而在接近海底进行精细操作时切换到磁流体推进。

动力技术的应用使得深海潜水器能够在海洋深处执行各种复杂的任务，

如科学研究、资源勘探、环境监测、救援作业等，极大地扩展了人类对深海世界的探索能力和操作范围。随着技术的不断进步，未来的深海潜水器将更加智能、高效。

4.1.5 导航定位技术

在现代海洋探索和深海作业中，精确地确定深海潜水器的位置和方向是至关重要的。为此开发了多种导航定位技术，以确保潜水器能够在广阔的海域中准确导航，并安全完成任务。这些技术包括惯性导航、长基线、超短基线、地形导航、重磁场导航等。

惯性导航系统是一种不依赖外部信息，通过测量潜水器本身的加速度和角速度来确定其位置和方向的技术。它使用陀螺仪和加速度计来跟踪潜水器的移动轨迹，即使在没有外部信号的环境中也能提供连续的定位信息。

长基线导航系统则是一种基于声学的导航方法。它通过部署在海底的一系列固定声呐信标，与潜水器上的接收器进行通信，从而计算出潜水器的精确位置。这种系统的优点是能够提供大范围的定位服务，非常适合于开阔水域的导航。

超短基线导航系统与长基线类似，但使用的是更短距离内的声呐信标。这种系统通常被安装在潜水器上，通过与海底或水面的固定信标进行通信来确定位置。它的优点是设备更为紧凑，安装和维护相对简单。

地形导航则是一种利用海底地形特征来辅助定位的方法。潜水器通过搭载的声呐设备扫描海底地形，并与预先绘制的海图进行比对，以此来确定自己的位置和航向。这种方法在复杂地形区域尤为有效，可以提供较高的定位精度。

重磁场导航则是利用地球的重力场和磁场特性来进行定位。潜水器装备有重力仪和磁力仪，通过测量地球重力和磁场的变化，结合已知的重力和磁场地图数据，可以推算出潜水器的精确位置。

多种导航定位技术的融合可以进一步提高定位的准确性和可靠性。在深海探险和作业中，这些技术的应用确保了潜水器能够在复杂的海洋环境中进行有效的导航，为海洋科学研究和资源开发提供了强有力的技术支持。

4.1.6 水面支持技术

在深海潜水器的研发和应用中，水面支持技术是至关重要的一环。水面技术包括但不限于动力定位、布放回收、海况预测、指挥控制、远程通信、升沉补偿等，它们共同构成了一个复杂而高效的水面操作和通信系统。

其中，动力定位技术是确保深海潜水器能够在水下精确执行任务的基础。通过精确的动力控制，潜水器能够在三维空间中进行精确的定位和移动，从而完成科研采样、拍摄记录等任务。

布放回收技术则涉及潜水器的部署与回收过程。这一技术确保潜水器能够安全地从水面舰艇或平台布放入水，并在完成任务后被顺利回收。这需要高度的机械自动化和精确的操作。

海况预测技术则是通过对海洋环境的实时监测和数据分析，预测未来一段时间内的海况变化，包括风速、浪高、流速等，这对于潜水器的安全作业至关重要。

指挥控制技术为潜水器提供了稳定的操作指令和决策支持。通过先进的控制系统，操作人员可以在水面上对潜水器进行精确的操控，确保其按照预定计划执行任务。

远程通信技术则是连接潜水器与水面支持团队的桥梁。无论是数据传输还是紧急情况下的遥控操作，都需要稳定、可靠的远程通信系统来保障信息的即时传递。

升沉补偿技术则是为了解决海面波动引起的潜水器升降问题。这项技术能够根据海浪的变化自动调整潜水器的位置，保证其在水下的稳定性和作业的连续性。

4.1.7 深海通信技术

在深海探索和研究中，潜水器与水面基地之间的通信至关重要。为了确保这一通信的顺畅和有效，采用了多种通信技术，主要包括水声通信、光学通信等。

水声通信是一种利用声波在水中传播的特性来进行通信的技术。由于声音在水中的传播速度比在空气中快，而且能够在远距离上保持较低的衰减，水声通信成为深海环境中一种非常有效的通信方式。这种技术通常使用声呐系统，通过发射和接收声波信号来实现潜水器与水面基地之间的信息交换。水声通信可以传输数据、语音甚至是视频，但传输速率可能受到水下环境因素的限制。

光学通信则是另一种在特定条件下使用的通信技术。它依赖于光波在水中的传播，通常使用激光作为光源。光学通信的优点包括数据传输速度快、带宽大，以及抗干扰能力强。然而，光学通信的局限性在于它需要清澈的水和较短的传输距离，因为光线在水中的衰减比声波要快得多。

在实际应用中，水声通信和光学通信往往结合使用，以发挥各自的优势。例如，在潜水器较浅或者水质较好的情况下，可以使用光学通信进行高速数据传输；而在潜水器深入深海或者水质较差时，则转而使用水声通信来保证通信的稳定性和可靠性。这些通信技术的发展和应用，为深海科学研究和资源开发提供了强有力的技术支持。随着技术的不断进步，未来这些通信技术还将更加完善，为人类探索海洋的未知领域提供更加坚实的通信保障。

4.1.8 环境感知技术

环境感知是指通过一系列技术手段来感知和理解特定环境，特别是在深海这样的极端环境中。这一过程涉及多个关键步骤和技术，包括传感器的使用、信息的处理方法、多源信息融合技术，以及对环境的感知和建模。

其中，传感器是环境感知的基础工具。它们能够捕捉到环境中的各种参数，如温度、压力、光线、声音等。在深海环境中，由于条件极为苛刻，需要使用专门设计的传感器来承受高压、低温和强腐蚀性的环境。这些传感器能够实时监测深海的物理、化学和生物特性，为后续的信息处理提供原始数据。

信息处理是环境感知中的关键环节，它需要对传感器收集到的数据进行分析和解释。这一步骤通常需要复杂的算法和强大的计算能力，以确保从海量数据中提取出有用的信息。信息处理不仅包括数据的清洗和分类，还包括模式识别和异常检测，以便于更好地分析深海环境的特征和动态变化。

多源信息融合是提高环境感知准确性的重要手段。由于单一传感器只能提供有限的信息视角，因此将来自不同传感器的数据进行整合，可以提供更全面和准确的环境描述。多源信息融合技术包括数据融合、特征融合、决策融合等多个层次。通过这些技术的运用，可以有效地提高我们对深海环境的理解能力。

感知与建模是深入理解深海环境的手段。通过建立数学模型和计算机模拟，可以对深海环境的行为进行预测和仿真。这些模型可以帮助科学家和工程师理解深海环境的复杂性，并为深海探索、资源开发、环境保护等活动提供决策支持。

4.1.9　自动控制技术

在深海潜水器技术领域，为了实现更为高效和智能的水下作业，自动控制类技术发挥着至关重要的作用。这一技术包括但不限于姿态及航向控制、平台组网、智能规划与决策、目标/环境的探测与自主识别、自主综合驾控和协同控制等。

其中，姿态及航向控制技术是确保潜水器能够按照预定路线和方向进行精确航行的基础。通过先进的算法和传感器，潜水器能够实时调整自身的浮力、推进力和舵效，以适应复杂的水下环境，保持或改变其姿态和航向。

平台组网技术则是指将多个潜水器通过网络连接起来，形成一个协同工作的群体。这种技术使得单个潜水器不再是孤立的单位，而是可以相互通信、共享信息，并协调行动，以提高作业效率和安全性。

智能规划与决策技术涉及潜水器的路径规划、任务分配和执行策略的选择。通过人工智能和机器学习算法，潜水器能够根据实时获取的数据和预设的任务目标，自动生成最优的作业计划，并做出快速反应。

目标/环境的探测与自主识别技术则是利用声呐、光学或其他类型的传感器来感知周围环境，包括地形地貌、障碍物以及特定目标的位置和特性。这些数据经过处理后，可以帮助潜水器自主地识别和定位感兴趣的对象。

自主综合驾控和协同控制技术则是将上述所有功能整合在一起，实现对潜水器的全面控制。这包括从简单的自动驾驶到复杂的多潜水器协作任务，都能够通过高级的控制算法来实现，确保潜水器能够在没有人为干预的情况下，安全、准确地完成各项任务。

这些自动控制类技术的集成和应用，使得深海潜水器能够在极端的海洋环境中实现自主控制和协调操作，大大提高了深海探索和作业的能力。

4.1.10　生命支持技术

在深海潜水器的设计与操作中，乘员的生命安全是至关重要的因素。为了确保这一点，一系列的生命支持技术被广泛应用，以保障潜水器内部的环境能够维持乘员的基本生存需求。其中，供氧系统是深海潜水器中不可或缺的部分。这个系统负责向潜水器内部提供足够的氧气，确保乘员在长时间的水下作业中能够正常呼吸。供氧系统通常包括氧气罐、空气循环装置以及可能的氧气生成设备。这些组件共同工作，以保持潜水器内部空气成分的平衡，确保氧气浓度在安全范围内。

状态检测与安全性评估技术对于实时监控潜水器的内部环境至关重要，包括温度、压力、湿度、有害气体浓度等关键指标的监测，以及对潜水器结构的完整性和密封性的评估。通过这些实时数据，操作人员可以对潜水器的状况有一个全面的了解，并及时采取措施应对可能出现的安全问题。

应急抛载技术是深海潜水器安全体系中的另一个重要组成部分。在遇到紧急情况时，如潜水器失去动力或遭遇严重损坏，应急抛载系统可以迅速释放潜水器内的压载物，使潜水器快速上升至水面，从而避免更严重的事故。这种技术是潜水器自救的一种手段，可以在关键时刻保护乘员的生命安全。

以上技术可为深海潜水器在极端水下环境中提供一个相对安全的生存空间，从而保障乘员的生命安全。

4.1.11　探测与作业技术

在水下探测与作业领域，一系列高度专业化的设备和技术被广泛应用，以执行各种复杂的水下任务。这些设备和技术包括但不限于以下几种。

◆**机械手：**精密的机械装置，能够在水下进行精细的操作和操控，常用于执行需要高度精确控制的任务。

◆**水密接插件：**专门设计的连接器，能够在水中保持连接的密封性，确保电气信号或数据传输不受水分影响。

◆**脐带缆：**一种强化的电缆或光缆，用于在水面与水下设备之间传输电力、数据和控制信号。

◆**水下电机：**特别设计用于水下环境的电动机，能够承受高压并在水中正常工作。

◆**液压系统：**利用液体传递动力和控制的系统，广泛应用于水下设备的驱动和操作。

◆**液压马达：**通过液体压力转换能量为机械能的装置，常用于水下推进器和操纵装置。

◆**声视觉设备：**包括声呐和水下摄像系统，用于在视线受限的水下环境中进行导航和观测。

◆**水下照明与摄像技术：**提供光源和图像捕捉能力，对于记录、观察和分析水下环境至关重要。

◆**测量测绘：**使用各种仪器和技术进行水下地形的测量和绘制，为科研和工程提供精确数据。

◆**目标探测：**利用声学、电磁或其他传感器技术探测水下特定目标的位置和特性。

◆**资源勘探：**通过地质、生物和化学方法寻找和评估水下矿产资源。

◆**资源开发：**涉及开采和提取水下矿产资源的技术和方法。

◆**水下攻防：**包括潜艇战、水雷清除和防护措施等军事应用技术。

◆**应急救援：**在水下事故或灾害情况下进行的搜救和恢复操作。

◆**对接转移：**能够在水下将人员或物资从一个载具转移到另一个载具的技术。

这些技术和设备的发展和应用，使得人类能够更深入地探索和利用海洋资源，同时也提高了在极端水下环境中的生存和作业能力。

4.2 深海智能装备体系建构

4.2.1 典型深海进入装备

深海进入智能装备涉及一系列高科技装备和专门设计的运载工具，旨在帮助人类探索并研究深海这一地球上最不为人知的领域。这些技术的运用不仅扩展了我们对海洋学的认识，还为未来的资源开发提供了可能性。

深海感知装备是深海探索不可或缺的一部分，包括多种传感器。它们被设计用来收集关于深海环境的详尽数据。例如，水温传感器能够记录水下的温度变化，这对于理解海洋热力学过程至关重要。水流传感器则能够捕捉到深海中的流动模式，这对于研究海洋动力学和水下生态系统的相互作用非常有帮助。海底地形传感器，如多波束声呐系统，能够绘制出海底的精确地形图，这对于避免潜水器碰撞到海底障碍物以及寻找特定的研究区域至关重要。生物多样性传感器则用于识别和记录深海生物的种类和数量，这对于保护海洋生物多样性和维持生态平衡具有重大意义。

典型深海进入感知装备包括如下几种。

◆**流速计（水流传感器）**

·特点：水流传感器能够捕捉到深海中的流动模式。

·优点：对于研究海洋动力学和水下生态系统的相互作用非常有帮助，可以监测海洋环流、潮汐、波浪等动态过程。

·缺点：技术复杂，需要较高的测量精度和分辨率；在湍流、多重流场环境下可能受影响。

·应用：海洋动力学研究、海洋生态系统研究。

◆**生物多样性传感器**

· 特点：生物多样性传感器用于识别和记录深海生物的种类和数量。

· 优点：提供丰富的生物分布、生态信息，对于保护海洋生物多样性和维持生态平衡具有重大意义。

· 缺点：技术复杂，需要高度专业化的数据分析能力；可能受到深海环境因素的影响，如光照、压力等。

· 应用：海洋生物学和生态学研究、生物多样性保护、深海生物资源开发。

◆ 溶解氧（DO）传感器

· 特点：用于评估水质和测量液体中的溶解氧量，对生物的生存环境至关重要。

· 优点：能够提供关于海洋生态系统健康状况的重要数据。

· 缺点：在极深的海域可能需要特殊的设计和材料来保证其正常工作。

· 应用：海洋生物学研究、环境监测和水产养殖。

◆ 压力传感器

· 特点：通过监测海底的压力变化来预测地震活动。

· 优点：能够提供关于板块运动和地震活动的宝贵数据。

· 缺点：可能会随时间漂移并失去准确性。

· 应用：地震预测和地质研究。

◆ 声学传感器（如多波束声呐系统）

· 特点：利用声波在频率、时间或强度上的差异进行深海探测。

· 优点：可用于导航定位、目标探测和海底地貌观察。

· 缺点：技术复杂，需要专业知识进行操作和数据解读。

· 应用：科学研究和海底资源勘探。

除了传感器装备，专门设计的运载工具也是深海进入技术的关键组成部分。潜水器是一种能够携带人类直接进入深海环境的工具，它通常配备强大的压力壳体，以应对深海的高压环境。深潜器则更加先进，它们能够到达更深的海域，进行更长时间的探险任务。无人潜水设备，如遥控操作的无人遥控潜水器（ROV）或无人自主航行器（AUV），为科学家提供了一种在不直接进入深海的情况下进行勘探的方式。这些设备可以通过远程控制或预设程序来执行任务，如样本采集、摄影、地形测绘等。

典型深海进入运载装备包括如下几种。

◆**载人潜水器**（Human Occupied Vehicle，HOV）

· 特点：直接由驾驶员操纵控制，能进行近距离观测或取样作业。

· 优点：直观、准确，提供立体视觉，适合微观调查和救援。

· 缺点：作业范围小，成本高，受能源限制，吊放复杂，需生命支持系统。

· 应用：大洋科学研究，水下军事救助。

◆**无人遥控潜水器**（Remotely Operated Vehicle，ROV）

· 特点：通过脐带电缆与母船连接，实时提供能源和通信控制。

· 优点：作业深度大、时间长，功能强，数据实时传输。

· 缺点：缺少立体感，运动范围受限。

· 应用：海洋科学研究，资源调查，工程，军事救援。

◆**无人自主航行器**（Autonomous Underwater Vehicle，AUV）

· 特点：自带能源，可沿预定轨迹或自主运动。

· 优点：深度大，无系缆限制，运距远，安全，操作简单，成本低。

· 缺点：功能较弱，多数数据无法实时显示，受能源限制。

· 应用：海洋科学，资源调查，军事领域。

◆**混合遥控潜水器**（Hybrid Remotely Operated Vehicle，HROV）

· 特点：结合 ROV 和 AUV 功能。

· 优点：活动范围大，兼顾远近作业，适合大范围搜索及观察。

· 缺点：作业强度较低。

· 应用：未明确提及，但可推测用于科学考察与军事。

◆**拖曳式潜水器**（Deep Towed Vehicle，DTV）

· 特点：没有推进功能，由母船拖带。

・优点：调查范围大、时间长、效率高，功能强，成本低。

・缺点：不能定点和精细作业。

・应用：海洋科学，资源调查。

◆ **滑翔潜水器（Glider）**

・特点：调整浮力利用水动力前进。

・优点：成本低，距离远，操作方便，安全。

・缺点：运载能力低，无机械作业能力。

・应用：水体剖面调查。

通过这些先进的装备和工具，人类得以进入深海这一极端环境，开展科学研究，如海洋生物学、地质学、化学等领域的研究。此外，深海资源的勘探和开发也得以实现，包括矿产资源、生物资源甚至可能是未来能源的开发。

随着技术的不断进步，深海进入技术将继续扩展人类对海洋未知领域的认识，并为我们的可持续发展提供新的机遇。

4.2.2　典型深海探测装备

深海探测智能装备涉及一系列专门设计用于深入海洋深处进行各种科学和工程任务的装备。这些装备的设计和功能旨在完成一系列关键任务，包括海洋资源的勘探、水体的详细检测、海洋地形的精确测绘、环境条件的持续监测以及深海样本的采集。

为了适应深海环境的极端条件，这些探测装备必须具备多种高级智能化能力。首先，它们需要具有深海声光电探测的能力，这意味着它们能够利用声波、光学和电子技术来探测和分析海底的地形和结构。此外，它们还需要具备导航定位能力，以确保这些设备能够在广阔的海洋中准确地定位自己的位置；组网通信能力，允许它们与水面的支持船只或其他水下设备进行数据传输和通信。

环境/水体/目标探测及识别分类能力使得这些装备能够识别和分类海洋中的不同物体，如生物、地质结构或其他人造物。高速深潜能力则是指这些设备能够迅速下潜到深海的能力，这对于紧急情况或时间敏感的任务至关重要。样品采集及原位检测能力允许它们收集海底的样本，并在不干扰样本的情况下进行现场分析。最后，进行数据处理及预警分析，以便及时发现潜在的问题或威胁。

考虑到深海在国家安全和国防方面的重要战略意义，开发一套全面的深海安全防卫装备是至关重要的。这包括能够在极端深度下操作的大深度潜艇，以及由多个传感器组成的水下传感器网络，这些网络能够提供实时的监视和情报收集。此外，还需要开发其他防御系统，如自动化的防御措施，以保护关键的海底基础设施不受潜在威胁的影响。

典型深海探测装备包括如下几种。

◆ **剖面浮标**

· 特点：可搭载多种传感器，实现海洋环境要素的剖面测量。

· 优点：通过卫星通信系统传送数据给地面岸站，控制系统超低功耗及可靠性设计。

· 缺点：定位难度较大，受海面环境影响大，数据传输可能受限。

· 应用：物理海洋学研究、环境监测、气象预报等。

◆ **自主水下滑翔机**（Autonomous Underwater Glider, AUG）

· 特点：利用改变自身浮力这一特性在水下滑翔，节省能源。

· 优点：续航时间长，能进行大范围的海洋观测。

· 缺点：速度较慢，不适合时间敏感的任务。

· 应用：环境监测、海洋数据采集等。

◆ **样本采集机器人**

· 特点：专门设计用于收集海底的样本，并进行现场分析。

· 优点：能够直接在海底进行样本采集和分析，降低样本受到干扰的可能性。

·缺点：可能需要复杂的导航和操作系统。

·应用：生物采样、地质研究、资源勘探等。

◆**异构组网系统**

·特点：由多种类型的传感器和设备组成的网络系统，提供实时监视和情报收集。

·优点：能够覆盖广阔的区域，提供连续的数据监测。

·缺点：技术复杂，需要解决水下通信和定位的难题。

·应用：国家安全、国防、环境监测等。

深海探测技术的发展不仅对于科学研究和资源开发至关重要，也对于国家的安全和防御具有重大的战略意义。随着技术的不断进步，这些装备将变得更加先进，能够更有效地执行多样化的任务，促进人类对深海世界前所未有的了解。

4.2.3 典型深海开发装备

深海开发是一个涉及多个领域的综合性工程，主要包括深海生物资源的开发和深海油气矿藏的开发两大方向。

在深海生物资源开发方面，主要任务涵盖了多个层面，包括海洋生物的仿生研究、深海生物资源的勘探与利用，以及深海生物的详细调查和记录。为了有效地进行这些任务，相关的装备不仅需要具备基本的深海探测能力，还需要通过仿生技术、分析技术等手段，进一步增强装备的功能，使其能够进行资源多样性的影响分析、基因功能的筛选、基因资源的开发利用，以及新深海生物种类的发现和研究。

在深海油气矿藏开发方面，主要任务则集中在深海油气资源的勘探与开采、天然气水合物的开发，以及深海矿产资源的勘探与开发。这一领域的相关装备，除了需要具备深海作业的基本能力外，还必须具有强大的有针对性的功能，如深海常驻作业的能力、高效的开采能力，以及对环境和安全的全面保护能力。这包括了对资源的可持续性开发策略的研究、环境影响的评估，以及对监管政策的遵守和执行。

典型深海开发装备包括如下几种。

◆ **深海生物采样器**

·特点：专门设计用于收集深海生物样本，通常与传感器和摄像设备配合使用。

·优点：能够在极端压力和温度条件下工作，确保样本的质量不受干扰。

·缺点：可能需要复杂的导航和操作系统，且成本较高。

·应用：生物多样性研究、新药物开发、生物资源利用等。

◆ **基因测序设备**

·特点：搭载于深海探测器或实验室，用于分析深海生物的遗传信息。

·优点：能够快速准确地提供基因数据，有助于生物学研究和资源开发。

·缺点：需要高度专业的操作人员和维护。

·应用：生物分类、进化研究、功能基因筛选等。

◆ **深海钻探平台**

·特点：用于深海油气和矿产资源的勘探与开采，能在恶劣海洋环境中稳定作业。

·优点：具备高效的钻探能力和精确的定位系统，能进行深层资源的开采。

·缺点：成本高昂，对环境可能产生较大影响。

·应用：油气开采、矿产勘探等。

◆ **水下作业机器人**

·特点：能自主或远程执行任务，如勘探、采样、维修和施工等。

·优点：可在人类难以到达的环境中工作，降低风险并提高效率。

·缺点：技术复杂，需要专业人员进行操作和维护。

·应用：科学研究、资源调查、设施维护等。

总体而言，深海开发的装备和技术要求非常高，不仅需要满足基本的深海作业条件，还要具备高度的专业性和适应性，以确保在这一极端环境中，能够有效地进行生物资源和油气矿藏的开发，同时兼顾生态保护和资源的可持续利用。

4.2.4 深海装备配套技术与设备

深海装备配套技术与设备由一系列高度复杂且精密的系统组成。这些技术和设备的设计、制造和运作都是为了满足潜水器在深海这一极端环境中的需求。这套系统包括多种高科技装备和精密仪器。它们相互协作，共同确保了潜水器能够在深海的高压、低温和黑暗条件下正常工作，并且能够有效地完成既定的科研、勘探或其他任务。以下是主要的配套技术、设备及其功能。

◆**传感器**：传感器是潜水器的眼睛，能够检测水下环境的各种参数，如温度、压力、水质等。这些数据对于了解海洋环境、预测天气、研究海洋生物等都具有重要的意义。

◆**导航定位设备**：导航定位设备是潜水器的指南针，能够确保潜水器在复杂的深海环境中准确地定位，避免迷失方向，同时也能精确地找到目标位置，进行科学研究或资源开发。

◆**观测设备**：观测设备是潜水器的工具，用于对海底地形、生物等进行观察和记录。这些设备通常包括高清摄像头、声呐扫描仪等，它们能够帮助科学家了解海洋的奥秘，发现新的物种，研究海洋生态。

◆**作业设备**：作业设备是潜水器的手臂，包括机械手、取样器等，用于执行特定的任务，如采集样本、修复设备等。这些设备的设计通常需要考虑到深海环境的复杂性，如高压、低温、强腐蚀等。

◆**水下密封连接器**：水下密封连接器是潜水器的保护罩，能够确保潜水器与其他设备之间的连接安全且密封，防止海水侵入，保护设备的正常运行。

◆**水面支持**：水面支持是潜水器的后盾，为潜水器提供必要的后勤保障和技术支持，包括人员培训、设备维修、数据分析等。

◆**脐带缆：**脐带缆是潜水器的生命线，连接潜水器与水面支持系统，传输电力和数据，保证潜水器的持续运行。

◆**浮力材料：**浮力材料是潜水器的质量调节器，用于调整潜水器的浮力，确保其在水中的稳定性，防止潜水器沉没或者浮出水面。

在国际舞台上，美国在深海潜水器的配套技术与设备方面占据了领先地位。除了在甲板收放设备上不占优势外，美国几乎可以提供全套的国际先进水平的深海潜水器配套技术和设备。英国、加拿大和法国紧随其后，它们都具备了强大的体系化和市场化的配套能力。而德国、挪威、日本、荷兰和丹麦则构成了第二梯队，也有着不俗的表现。

对于我国来说，虽然在中低端传感器、声学通信、浮力材料、液压源、推进器、导航定位、摄像照相、机械手、自动控制等方面已经形成了体系化的配套能力，但这些技术的供货方主要是高校和科研院所。这意味着，尽管技术上有所突破，但在标准化、产品化和产业化方面还有很大的提升空间。目前，我国还没有形成规模，缺乏具有国际竞争力的深海潜水器配套技术与设备的供应商。表 4-1 是全球水下关键技术与部件主要供货商汇总表。

总的来说，深海配套技术与设备是一个国家深海探索能力的重要体现。各国在这方面的发展情况，直接关系到其在深海探索领域的竞争力。

表 4-1　全球水下关键技术与部件主要供应商（2020 年）

序号	产品	类别	主要供货商	国别
1	SeaBat7128	传感 / 探测	丹麦 Reason	丹麦
2	WBMS 132–FLS	传感 / 探测	丹麦 Sonartronic Ltd	丹麦
3	Octopus Echoscope 实时 3D 声呐	传感 / 探测	德国 Coda	德国

表 4-1（续）

序号	产品	类别	主要供货商	国别
4	SeaBeam 3012/3020/3030/3050 多波束测深系统	传感 / 探测	德国 Elac	德国
5	CTD	传感 / 探测	德国 SST	德国
6	WaveGuide 波向测量系统	传感 / 探测	荷兰 Radac 公司	荷兰
7	CARIS （Ping-to-ChartTM） 海洋地理信息方案	传感 / 探测	加拿大 CARIS	加拿大
8	PACS	传感 / 探测	加拿大 Geo Spectrum	加拿大
9	多频数字图像声呐	传感 / 探测	加拿大 IMAGENEX	加拿大
10	CTD	传感 / 探测	加拿大 RBR	加拿大
11	OCR-504 紫外线辐射传感器	传感 / 探测	加拿大 Satlantic	加拿大
12	OCR-500 系列多通道 微型辐照度传感器	传感 / 探测	加拿大 Satlantic	加拿大
13	HyperOCR 高光谱海洋水色传感器	传感 / 探测	加拿大 Satlantic	加拿大
14	MicroSAS 水面多光谱测量仪	传感 / 探测	加拿大 Satlantic	加拿大
15	HyperSAS 海面高光谱测量仪	传感 / 探测	加拿大 Satlantic	加拿大
16	in situ FIRe（叶绿素荧光激发衰减全过程分析仪）	传感 / 探测	加拿大 Satlantic	加拿大
17	SeaFET 海洋 pH 测量仪	传感 / 探测	加拿大 Satlantic	加拿大
18	ISUS V3 硝酸盐测量仪	传感 / 探测	加拿大 Satlantic	加拿大
19	ECO-PAR™ 有效光合辐射传感器	传感 / 探测	加拿大 Satlantic 和美国 Wet Labs 共同研制	加拿大 / 美国

表 4-1（续）

序号	产品	类别	主要供货商	国别
20	BV5000 水下三维全景成像声呐系统	传感 / 探测	美国 Blueview	美国
21	4125P/4200-SP/4200-MP 侧扫声呐	传感 / 探测	美国 EdgeTech	美国
22	3200XS/3100P/2205/3300 型浅地层剖面仪	传感 / 探测	美国 EdgeTech	美国
23	2000 组合式侧扫声呐 / 浅地层剖面仪系统	传感 / 探测	美国 EdgeTech	美国
24	ADCP	传感 / 探测	美国 FSI	美国
25	2D-ACM 二维声学海流计	传感 / 探测	美国 FSI 公司	美国
26	3D-ACM 三维声学海流计	传感 / 探测	美国 FSI 公司	美国
27	MGS-6 型海洋重力仪	传感 / 探测	美国 Micro-G & LaCoste	美国
28	CleanSweep 后处理软件	传感 / 探测	美国 Oceanic Imaging	美国
29	R2SONIC 公司 SONIC 2026/2024/2022/2020 宽带超高分辨率多波束测深仪	传感 / 探测	美国 R2Sonic	美国
30	CTD	传感 / 探测	美国 SeaBird	美国
31	SBE3 温度传感器、SBE4C 电导率传感器、SBE29 应变片式压力传感器、SBE18 pH 传感器、SBE43 溶解氧传感器、SBE5 潜水泵、SBE50 数字式压力传感器等	传感 / 探测	美国 SeaBird	美国
32	SBE49 FastCAT 快速温盐深传感器	传感 / 探测	美国 SeaBird	美国
33	SBE 19plus/SBE 25plus/ SBE 911/17 Plus 温盐深剖面仪	传感 / 探测	美国 SeaBird	美国
34	ADCP	传感 / 探测	美国 TRDI	美国

表 4-1（续）

序号	产品	类别	主要供货商	国别
35	UBAT 水下生物发光检测仪	传感 / 探测	美国 Wet Labs	美国
36	HOLOCAM 潜水全息摄像头	传感 / 探测	美国 Wet Labs	美国
37	ECO-PARTM 光合作用辐射量传感器	传感 / 探测	美国 Wet Labs	美国
38	ECO BB9/ECO BB 后向散射仪	传感 / 探测	美国 Wet Labs	美国
39	ADCP	传感 / 探测	挪威 AANDERAA	挪威
40	ADCP	传感 / 探测	挪威 Nortek	挪威
41	CTD	传感 / 探测	日本 Alec	日本
42	XBT、XCTD	传感 / 探测	日本 TSK	日本
43	CTD	传感 / 探测	意大利 Idrounat	意大利
44	Minos X 表面声速仪	传感 / 探测	英国 AML	英国
45	Micro X 表面声速探头	传感 / 探测	英国 AML	英国
46	MVP 走航式多参数 剖面测量系统	传感 / 探测	英国 AML	英国
47	Dolphin 6201	传感 / 探测	英国 Marine Electronics Ltd	英国
48	NaviPac、NaviScan、 NaviEdit、NaviModel、 VaviPlot、Chesapeake 等 海底导航、测绘、画图软件	传感 / 探测	英国 Sonardyne	英国
49	Gemin720i	传感 / 探测	英国 Tritech	英国
50	SB 后处理软件	传感 / 探测	英国 Triton	英国
51	ROVINS 水下光纤罗经惯导系统	导航	法国 iXBlue	法国
52	PHINS 惯性导航系统	导航	法国 iXBlue	法国

表 4-1（续）

序号	产品	类别	主要供货商	国别
53	Phins6000 水下光纤罗经惯导系统	导航	法国 iXBlue	法国
54	OCTANS 型 光纤罗经 / 运动传感器	导航	法国 iXBlue	法国
55	Octans3000 水下光纤罗经运动传感器	导航	法国 iXBlue	法国
56	HYDRINS 高性能光纤罗经惯导系统	导航	法国 iXBlue	法国
57	Ellipse 系列超小型 MEMS 惯性导航系统	导航	法国 SBG	法国
58	Ekinox 系列高精度战术级 MEMS 惯性导航系统	导航	法国 SBG	法国
59	微机械陀螺惯性导航系统	导航	美国 Crossbow	美国
60	RL34 环形激光陀螺 惯性导航系统	导航	美国 Honeywell	美国
61	多普勒计程仪 DVL	导航	美国 TRDI	美国
62	惯性导航系统（INS）	导航	英国 sonardyne	英国
63	S2CR 型超短基线定位系统	定位	德国 EvoLogics	德国
64	超短基线（USBL）定位系统	定位	法国 iXBlue	法国
65	GAPS 型全球声学定位系统	定位	法国 iXBlue	法国
66	Posidonia6000 长程超短基线定位系统	定位	法国 OCEANO Technologies	法国
67	超短基线（USBL）定位系统	定位	美国 Edge Tech	美国
68	BATS 型超短基线声学定位系统	定位	美国 Edge Tech	美国
69	超短基线（USBL）定位系统	定位	美国 LinkQuest	美国
70	超短基线（USBL）定位系统	定位	挪威 kongsberg	挪威
71	超短基线（USBL）定位系统	定位	英国 AAE	英国

表 4-1（续）

序号	产品	类别	主要供货商	国别
72	超短基线（USBL）定位系统	定位	英国 Blueprint	英国
73	超短基线（USBL）定位系统	定位	英国 Nautronix	英国
74	Fusion 系列超短基线（USBL）定位系统	定位	英国 Sonardyne	英国
75	高强度浮力材料	浮力材料	美国 DeepWater BUOYANCY 公司	美国
76	聚氨酯合成橡胶高强度浮力材料	浮力材料	美国 FloTech	美国
77	全海深浮力材料	浮力材料	中国 中国科学院	中国
78	ARM7E 7 功能电动机械手和 ARM5E 5 电动机械手	机械手	法国 ECA	法国
79	TA 系列多功能机械手	机械手	美国 FET	美国
80	TITAN、CONAN、ORION 等系列主从伺服液压机械手	机械手	美国 Shilling	美国
81	RIGMASTER 开关型液压机械手	机械手	美国 Shilling	美国
82	轻型开关液压机械手	机械手	英国 Hydro-Lek	英国
83	脐带缆	脐带缆	美国 Rochester	美国
84	脐带缆	脐带缆	美国 Storm Products Company	美国
85	脐带缆	脐带缆	挪威 Nexans	挪威
86	脐带缆	脐带缆	英国 BPP-Cables	英国
87	脐带缆	脐带缆	英国 INTERKAB	英国
88	脐带缆	脐带缆	英国 JDR Cable Systems	英国
89	多功能水下声学应答器	声学释放	美国 Edge Tech	美国

表 4-1（续）

序号	产品	类别	主要供货商	国别
90	8242XS 深水声学释放应答器	声学释放	美国 Edge Tech	美国
91	A 型架	收放	英国 CALEY	英国
92	RIB 型吊艇架	收放	英国 CALEY	英国
93	水密接插件	水密	德国 GISMA	德国
94	水密接插件	水密	德国 SIEMENS	德国
95	水密接插件	水密	美国 Birns	美国
96	水密接插件	水密	美国 Impulse	美国
97	水密接插件	水密	美国 Seacon	美国
98	水密接插件	水密	美国 Subconn	美国
99	水密接插件	水密	美国 Teledyne ODI	美国
100	水密接插件	水密	英国 Ocean Design's	英国

4.3 深海进入智能装备体系

4.3.1 深海感知装备

（1）深海声学传感探测技术及装备

探索和利用深海的欲望促使我们开发了多种技术。其中，声学传感技术是实现潜水器中远程观测、感知和通信的重要手段。理论上，深海环境能够显著增强声学感知和信号传输的范围。例如，美国的深海海啸预警系统 DART Ⅱ 将传感器部署至 6 000 m 的深度，充分利用了深海的观测和通信优势。

此外，深海环境的可靠声路径、海底反射、汇聚区传播等特点，成为国际水声学研究的热点。美国、北约等已经开展了许多相关的研究试验。近年来，美国国防高级研究计划局（DARPA）在扩展潜水器的声学感知能力方面，进行了研究。通用动力公司和蓝鳍机器人公司合作研发的 SHARK 航行器就是这一研究的成果之一。其测试样机能够在超过 4 000 m 的工作深度下，使用主动探测声呐和被动接收阵进行探测。美国还利用 REMUS 6000 作为载体，进行了深海拖曳声呐基阵探测的试验。

我国研究机构也高度重视深海中低频宽带声信息的获取、处理和应用研究。中国科学院声学研究所就研制了一款能够充分利用深海声传播规律的深海声学感知型潜水器，这款潜水器能够满足大视角、远程观测与通信、机动航行与悬浮、深海环境适应等多重要求。

（2）深海光学传感探测技术及装备

深海光学传感探测技术是基于光在水体中的传输特性和规律，以及水体物质相互作用的机制，用于实现深海目标识别和水下通信。这项技术包括水下光学传感技术、光纤水听技术、水下激光通信技术、水下光学成像技术等多种技术。

美国 MBARI 海洋研究所是应用拉曼光谱技术于深海探测的先驱，其在天然气水合物探测、热液探测、碳循环研究等方面取得了显著成果。随后，德国和法国也开展了相关研究。在中国，"十一五"规划期间，中国海洋大学在国家"863"专项的支持下研发了拉曼光谱探测系统，而中国船舶重工集团公司第七一七研究所、武汉理工大学、武汉大学等单位也在光电探测领域开展了部分研究。

新型军用潜艇大多采用了光纤水听器阵列技术。英国在 1998 年开始研究水听声呐，并在 2000 年与美国联合研发了成像系统，实现了 8 km 和 96 个探头的水下传感探测。中国在这一领域的研究起步较晚，主要由哈尔滨工业大学、南开大学、中国船舶重工集团公司第七一五研究所、武汉理工大学等单位进行实际研究。虽然已经研发出了 4 元光纤水听传感阵列、PGC 光纤水听声呐传感系统等，但总体技术水平仍有待提高。

水下激光通信技术以激光为载体，通过脉冲信号和数字编码进行载波调制和解码，实现水下数据的无线传输。美国、澳大利亚、日本等国家在这一领域的研究较早，近年来发展迅速，相继突破了水下激光高速率数据传输技术，为相关应用奠定了基础。中国在这一领域的研究刚刚起步，主要由清华大学、中国科学院自动化研究所、哈尔滨工业大学、中国科学院上海光学精密机械研究所、浙江大学等单位进行研究。

水下光学成像技术则是利用水下照明和摄像设备获取目标的图像信息，可以应用于深海勘探、环境监测等领域。这项技术起源于 1856 年的英国，目前挪威和美国在相关研究和应用方面处于全球领先地位，如其研发的 OE14-408E 系列水下摄像机和 MultiSeaCam1060 水下摄像头等装备均具备优异的技术性能。中国主要由哈尔滨工程大学、浙江大学、中国科学院西安光学精密机械研究所等单位进行研究，但仍处于技术研发和试验阶段，尚未有成熟的产品，相关设备主要依靠采购。

（3）深海电磁学传感探测技术及装备

深海电磁学传感探测技术是一种先进的科学方法。它利用电磁学的原理来探测和研究深海环境中的电磁场。这种技术的核心在于，通过精确测量深海场源产生的电磁场值，科学家能够对这些数据进行分析，进而通过复杂的反演算法，揭示出海底以下的电性分布情况。这一过程涉及到对大量收集到的电磁数据进行数学处理，以生成地下结构的详细图像，从而帮助科学家更好地理解海洋地质结构和海底资源分布。

在全球范围内，美国和英国在深海电磁学传感探测技术的研究与应用方面处于领先地位。这两个国家的科研团队不仅在理论研究上取得了显著成果，而且在技术的实际应用上也取得了突破，已经将这项技术产业化，为石油、天然气勘探、海洋科学研究等领域的相关企业提供了重要的技术支持和服务。

相比之下，中国在深海电磁学传感探测技术领域的研究起步较晚，目前在这一领域的研究进展相对落后。尽管中国的研究机构和高等教育机构已经开始关注并开展相关研究，但总体上，从事这一领域研究的单位不多，研究成果也较为有限。中国地质大学是这支研发队伍中的积极分子。该校研发了一套海洋大地电磁采集站，这标志着中国在深海电磁学传感探测技术方面迈出了重要的一步。然而，要实现从研究成果到产品化的转变，中国还需要在技术创新、产业化推进、市场应用等方面做出更多努力。

（4）深海热学传感探测技术及装备

深海热学传感探测技术是一种先进的科学手段，通过利用热敏元件来感知和测量深海沉积物的各种参数。这些参数对于理解海区地球动力过程、海底热液活动、大陆边缘沉积盆地的演化、油气水化合物资源的评价等研究具有极为重要的意义，为这些领域的研究提供了宝贵的基础数据。

在全球范围内，许多研究机构都在致力于深海热学传感探测技术的研究与开发。美国 WHIO 海洋研究所、MBARI 研究所、华盛顿大学、明尼苏达大学等机构在这一领域进行了大量的研究工作。它们采用了热电偶传感器，如 Hobo 和 Vemco。这些传感器在东太平洋热液区成功获取了高达 400℃的热液喷口的原位测量数据。此外，它们还使用了铁合金封装的 J 型热电偶传感器来测量深海热液喷口的温度。这一技术的成功应用为深海热液区的原位温度测量提供了重要支持。

在中国，浙江大学、中国科学院海洋研究所、原国家海洋局第二海洋研究所等单位也在积极开展相关研究。浙江大学在深海热液区原位温度的长时序探测方面取得了一系列研究成果，为深入理解深海热液区的热环境提供了宝贵的数据支持。2014 年，中国自主研制的"蛟龙"号载人潜水器搭载了由国家深海基地管理中心和浙江大学研发的温度梯度仪，成功完成了海试，并获取了海底温度的原位测量数据。这一成果标志着中国在深海热学传感探测技术领域取得了重要突破，为未来深海科学研究和资源开发奠定了基础。

4.3.2 深海运载装备

国际上的各类潜水器主要由美国、日本、欧洲、俄罗斯等海洋技术发达国家（地区）首先发明和发展起来。这些国家（地区）在数量、高技术含量、作业深度、作业功能、作业效率等方面不断提高和改进。美国保持绝对领先优势，而其他发达国家也在不断发展。虽然我国在深海技术与装备领域取得了突破性进展，但仍需进一步提升国际影响力和市场竞争力。

美国、日本等发达国家正在形成一个完整的深海潜水器谱系，从先进的水面支持母船，到可下潜 1 000 m 至 11 000 m 的载人、无人等不同类型深海潜水器，以及探测、作业技术与装备的综合体系。这种综合体能够适应多种任务需求，包括水下调查、搜索、采样、维修、施工等。

当前国际深海技术及装备领域呈现出"一超多强、中国崛起"的格局。美国保持着绝对的领先优势，其强大的海洋科技实力奠定了第二次世界大战以来的世界海洋科技"一超多强"的格局。截至目前，美国在深海技术与装备实力方面仍稳居"一超"位置。无论是在海洋核心技术、科技产出、高水平平台、科技合作网络方面，还是在技术市场布局等方面，美国都保持着霸主地位。

除了美国，还有多个国家处于"一超多强"的强国地位，包括俄罗斯、英国、德国、法国、挪威、加拿大、澳大利亚和日本。其中，俄罗斯在深海技术与装备领域的发展趋势明显加快，特别是在深海核动力和核武器等局部领域，已经对美国的"一超"位置构成挑战。

我国在大深度载人潜水器方向取得了突破性进展，并且在创新能力方面已跻身国际前列。我国在深海技术与装备领域的 PCT 专利和高被引论文数已居世界第二位。然而，我国的国际影响力和市场竞争力仍处于相对较低的水平。

总体来看，我国在深海技术与装备领域仍处于进入全球海洋科技竞争格局中的第二梯队的关键阶段。但是，各种指标呈现持续增长态势，我国已经成为世界深海技术及装备网络中的重要力量。

（1）大深度载人潜水器的发展与应用

在现代海洋科技领域中，大深度载人潜水器扮演着至关重要的角色。这类潜水器不仅是美国海军为了全面认知和理解全球海洋环境而研发的产物，而且它们的存在对于确保美国在海洋军事上保持绝对优势地位具有不可或缺的意义。大深度载人潜水器以其卓越的技术标准、高技术含量以及复杂的系统构成，站在了深海装备领域的最前沿。它们的研制和应用直接反映了一个国家在深海科技水平和综合实力方面的成就。

目前，全球仅有少数国家具备大深度载人潜水器的研制和应用能力，这些国家包括美国、俄罗斯、法国、日本、中国和葡萄牙。这些海洋国家已经形成了完整的产业链条，涵盖了从潜水器的设计、加工、装配、测试到产品出厂等各个环节。在技术发展方面，它们正朝着双球壳载人舱、非球型载人舱、非金属载人舱、全通透载人舱、多客位设计、有翼线型设计、高端旅游探险、公众科学公益、军用对接转移等多个方向稳步前进。

在全球范围内，目前已有超过 160 艘各类型的载人潜水器活跃在世界各地。这些潜水器提供了总计 1 624 个载人座位的能力。在这些潜水器中，能够在深度大于 1 000 m 的环境下工作的载人潜水器共有 16 艘，如表 4-2 所示，它们为人类提供了 44 个宝贵的载人座位。这些大深度载人潜水器的存在，不仅为科学研究、旅游探险、政府和军事任务、商业和个人使用提供了强有力的支持，也展示了各国在深海探索和利用方面的先进能力和远大志向。

表 4-2　现役作业深度 1 000 m 以上载人潜水器（2019 年）

序号	名称	业主	深度/m	建成年份	载员	船级	国别
1	Deepsea Challenger	WHOI	11 000	2011	1	—	美国
2	TRITON 36000/ DSV Limiting Factor	维斯科沃	11 000	2018	2	ABS	美国
3	蛟龙	COMRA	7 000	2009	3	CCS	中国
4	Shinkai 6500	JAMSTEC	6 500	1989	3	NK	日本
5	Mir1	俄科学院	6 000	1987	3	GL	俄罗斯
6	Mir2	俄科学院	6 000	1987	3	GL	俄罗斯
7	Rus	俄海军	6 000	2001	3	—	俄罗斯
8	Consul	俄海军	6 000	2011	3	—	俄罗斯
9	Nautile	IFREMER	6 000	1985	3	BV	法国
10	Alvin	美国海军	4 500	1964	3	NavSea	美国
11	深海勇士	中国科学院	4 500	2017	3	CCS	中国
12	PISCES IV	HURL	2 000	1971	3	ABS	美国
13	PISCES V	HURL	2 000	1973	3	ABS	美国
14	TRITON 3000	MV ALUCIA	1 000	2011	3	ABS	美国
15	Deep Rover DR2	MV ALUCIA	1 000	1994	2	ABS	美国
16	LULA 1000	FRN	1 000	2011	3	GL	葡萄牙

美国在全球大深度载人潜水器的研发和应用方面保持着无可争议的领

先地位。早在 20 世纪 60 年代，美国海军就已经成功研发了多款深潜设备，包括能够下潜至 11 000 m 深度的 Trieste 号、4 500 m 深度的"阿尔文"号以及 1 000 m 深度的 NR1 核动力潜艇。这些潜水器的研发标志着美国在深海探索领域的技术突破，使得高频次的深海探测和作业成为可能。至今，美国拥有全球 44% 的大深度载人潜水器，并承担了世界上所有的全海深载人深潜任务。特别值得一提的是，"阿尔文"号载人潜水器以其超过 5 000 次的下潜纪录和丰富的任务经验，成为全球最活跃的深潜设备。它已将超过 15 000 人次的科学家和工程技术人员送抵深海和洋底，进行直接的观察和勘察活动。这些活动范围覆盖了广泛的海底地形，包括大陆坡、2 000 m 至 4 000 m 深的海山、火山口和洋脊。通过这些深潜活动，美国取得了大量在地质、沉积物、生物、地球化学和地球物理方面的重大发现。尤其是，美国利用其潜水器执行了一系列重大任务，如氢弹搜寻打捞、海底热液、深海生物考察，以及对"泰坦尼克"号沉船的搜索和研究等。

俄罗斯也不甘落后，目前运行着 4 艘大深度载人潜水器，其技术和能力紧随美国之后。苏联在 20 世纪 80 年代成功研发了 Mir1 号和 Mir2 号潜水器（它们能够下潜至 6 000 m 深度），以及 1 000 m 深度的 AS 系列核动力潜艇。Mir1 号和 Mir2 号在国际上享有很高的声誉，它们的作业范围遍及世界各大海洋，已经执行了超过 1 000 次的深海任务。这些任务包括对海底硫化物矿床、深海生物、浮游生物、大洋中脊水温场的调查，以及失事核潜艇的水下核辐射检测、"泰坦尼克"号的水下拍摄等。俄罗斯利用其先进的潜水器技术，在 2007 年执行了"北极－2007"深海海洋科学考察任务，并在海底插上了俄罗斯国旗。此外，普京总统在 2009 年、2015 年和 2019 年 3 次亲自乘坐潜水器下潜。这些活动集中展示了俄罗斯在载人潜水器技术方面的雄厚实力。

日本和法国各自拥有一艘大深度载人潜水器。它们在大深度载人深潜技术和装备领域也位居国际前列。日本的 Shinkai 6500 潜水器曾创造 6 527 m 的同类作业型潜水器下潜深度世界纪录，并保持了 23 年之久（从 1989 年到 2012 年）。到目前为止，Shinkai 6500 已经完成了超过 1 400 次的深海任务，涵盖了板块俯冲区、洋中脊、深海生物、深海基因、深海热液、物质循环过程等多个科学考察领域。法国的"鹦鹉螺"号潜水器也已经执行了超过 1 000 次的深海任务，这些任务包括多金属结核、深海海沟、深海生态系统的科学考察，以及一些军事任务。

中国的深海探索技术在过去 20 年里经历了飞速的发展和突破。2002 年，中国成功研制了能够下潜至 7 000 m 深度的"蛟龙"号载人潜水器。这一重大突破不仅标志着中国在深海技术领域的重要进展，而且"蛟龙"号还创下了作业型载人潜水器下潜深度 7 062 m 的世界纪录。2017 年，中国再次取得了重要的里程碑式的成绩，成功研制了 4 500 m 级的"深海勇士"号载人潜水器。这艘潜水器的国产化率达到了 95%，显示出中国在深海技术研发方面的自主创新能力和高度自给自足的能力。2020 年，中国深海探索的篇章又翻开了新的一页，完成了全海深（11 000 m 级）载人潜水器"奋

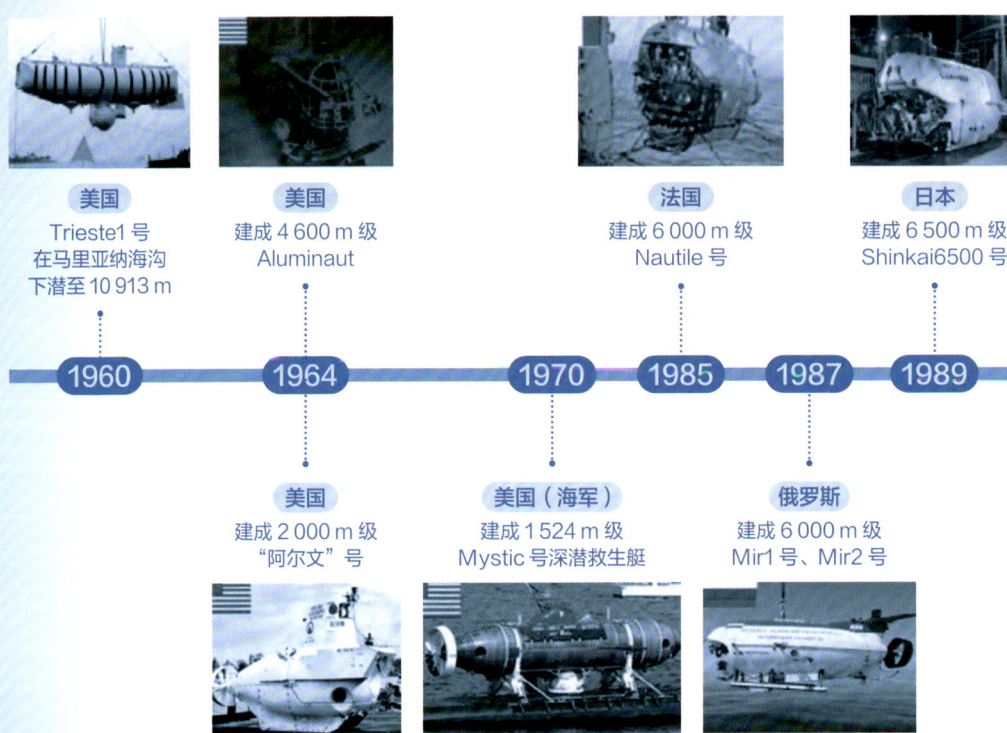

图 4-1　主要深海 HOV 发展历程

斗者"号的研制。这标志着中国在深海探索技术上达到了新的高度，具备了探索世界最深处的能力。

在实际的应用中，"蛟龙"号已经执行了158次深海任务，"深海勇士"号完成了267次深海任务，"奋斗者"号也已经执行了17次下潜海试任务。这些实际作业经验不仅证明了中国潜水器的可靠性，也表明中国在深海科学考察、环境调查、资源勘查、水下救助打捞、水下考古等多个领域的应用能力日趋成熟。

中国在深海探索技术领域的跨越式发展，不仅展现了国家科技实力的增强，也为全球深海科学研究和资源开发提供了有力的技术支持。随着这些先进的载人潜水器不断投入使用，中国在执行大深度海底作业的能力上已经初步形成了一个完整的体系，为未来深海探索的新篇章奠定了坚实的基础。

图 4-1 为主要深海 HOV 发展历程。

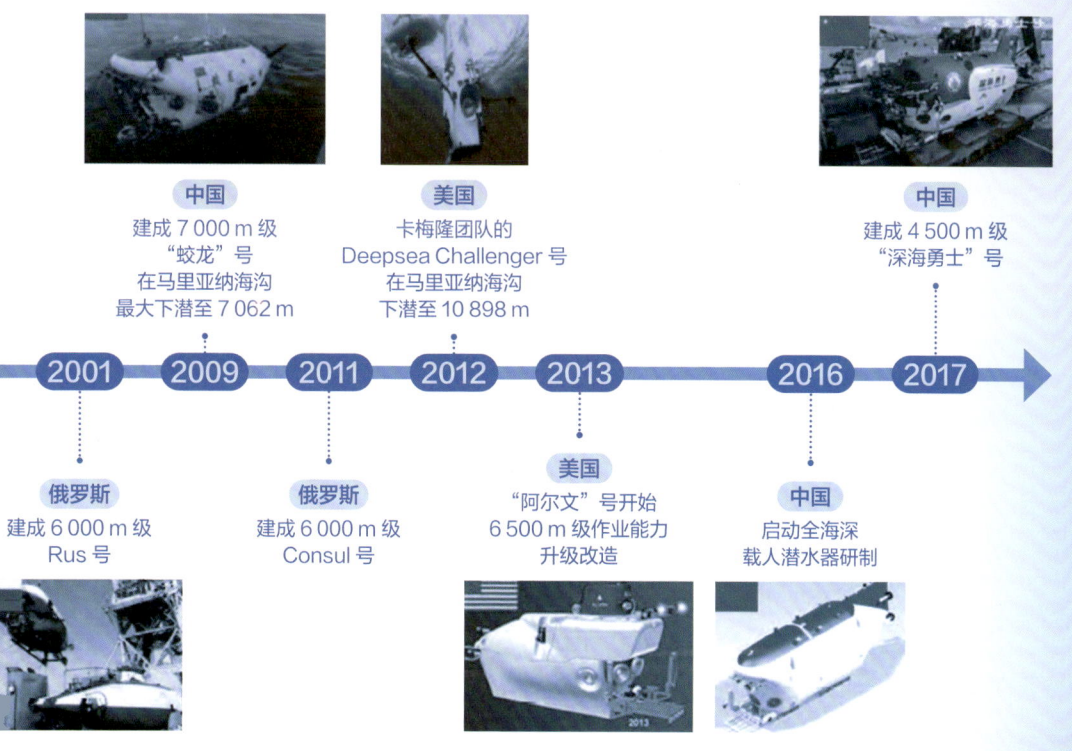

（2）无人遥控潜水器的发展与应用

在无人潜水器领域，无人遥控潜水器（ROV）数量最多，应用范围最广，类型最多样，功能最强大。追溯到1953年，世界上第一台名为"Poodle"的遥控式潜水器问世，开启了ROV的历史篇章。经过近70年的不断发展和完善，ROV已经逐步发展成为一个成熟的产业。在国际舞台上，众多企业成为ROV研制的主体力量。据不完全统计，全球大约有300家公司涉足ROV的研制、生产和销售业务，累计生产了大约6 000台ROV。在这些ROV中，约有600台是作业型的，其中大部分被用于海洋油气的勘探和开发工程，特别是在4 000 m以浅的海域中作业的。而那些作业深度超过4 000 m的ROV，则主要用于深海科学考察和资源调查。

ROV的优势在于其强大的作业适应性、高功率、灵活的功能扩展以及长作业时间。发达国家已经拥有了从先进的水面支持母船，到可以下潜3 000 ~ 11 000 m的深海ROV系列装备。这些装备能够完成水下观测、搜索、取样、施工、维修、应急救援等一系列任务。ROV的广泛应用不仅帮助人类取得了许多深海前沿的重大科学发现，而且还使得深海油气资源的开发成本逐渐降低。ROV已经成为人类探索深海空间的重要基础性装备。

美国在ROV技术的发展和应用上始终保持着领先地位，其他国家如英国、加拿大、日本、法国、荷兰和瑞典等的ROV技术也处于国际前列。美国的ROV研发水平始终走在国际的最前沿，其研发并运行着全世界深海科考使用最为成功的ROV"Jason"号，基于该台ROV获得的深海前沿科考成就斐然。美国Oceaneering公司是国际上最大的ROV运营公司，研制运行近300套ROV系统，支撑着美国在全球的水下工程业务。由美国FET公司（Forum Energy Technology）研制和运行的"Triton""Perry™"和"Sub-Atlantic™"系列无人遥控潜水器（ROV），是全世界最全的用于观察、测绘和深水建设的ROV系列。"Perry™"产品能够在恶劣环境中可靠运行，以其无与伦比的产品质量、卓越的技术以及丰富的经验闻名全球。美国PSS公司（Perry Slingsby Systems）生产的"TRITON"系列ROV是全世界配套最完备、应用最广泛的潜水器，其生产数量已经超过 450 台套，工程化、实用性非常强，是国际市场上的主流产品。美国 Sonsub 公司的"创新者（Innovator®）"系列 ROV 历经持续的革命性的操作和控制特性改进，可有效应对复杂海底作业任务，因在全世界承接高难度业务而享誉世界。美国 Schilling Robotics 生产的 ROV 技术先进，可靠性、可维性、人性化非常好，属于现代 ROV 产品。这 5 家公司占据了全球 ROV 市场的领先地位，具有相当强的市场竞争力。

英国的 SMD 公司（Soil Machine Dynamics Ltd）是目前全球 ROV 的顶级制造商之一，其生产的"VENOM""Quantum"系列的可靠性、实用性极高，国际市场份额较大。总部设在英国伦敦的 Subsea7 公司是世界水下工程技术界的巨头，拥有超过 150 台无人遥控潜水器（ROV）。英国另一家实力雄厚的海洋油气工程服务公司 Technip FMC PLC，亦拥有实力超群的 ROV 队伍。

荷兰 Fugro 公司是世界上重要的 ROV 研制和运营商，拥有"Seaup"（"MK2""MK3"）、"Sealion"（"MK1""MK2 and 3000"）、"Seal"、"Serpent"、"G3"/"G4"、"SeaEye"、"PSSL"等从观察到工作级，从轻载到重载的体系化装备和专业运维团队。"FCV"是其最新研制的 ROV 型号，可承接各类复杂的海底工程业务。

加拿大 International Submarine Engineering（ISE）是一家老牌 ROV 制造商，主攻海洋调查类产品，在国际 ROV 市场竞争力走弱，目前转型进军海洋油气工程市场。

日本的无人遥控潜水器技术水平在全世界占据重要地位。日本 JAMSTEC（海洋科学与技术中心）研制 / 运行的"Kaiko""Dolphin 3K""Hyper-Dolphin"等 ROV，在数量和能力方面，均居于世界前列。该机构曾经拥有全世界唯一一台全海深 ROV——"Kaiko"（"海沟"号）。该 ROV 于 1995 年 3 月下潜至马里亚纳海沟的底部 10 911 m 处，是至今为止 ROV 潜水最深世界纪录的保持者。2003 年 5 月 29 日，"Kaiko"因脐带缆破断而丢失。

法国、瑞典在 ROV 领域也具有较好的实力。法国 Ifremer 公司与德国、英国的相关机构合作，设计、制造并共同拥有的"Victor 6000"ROV 技术先进，其最大下潜深度为 6 000 m，在深海科学考察中获得众多成果。瑞典 Seaeye 公司生产的"Falcon"ROV 是中小型 ROV 的标杆产品。

研制 ROV 需要高度综合的技术基础和发达的工业配套。由于深海高技术运载器的研发受到发达国家的技术封锁和禁运，中国在 ROV 研发和应用水平上长期处于相对落后的状态。

1983 年，中国首次成功研制了作业型 ROV 样机"HR01"号，标志着中国开始涉足 ROV 技术的研发领域。随后，中国大洋协会于 2001 年下达任务，开始研制深海观测和取样型无人遥控潜水器——"海龙"号 ROV。该 ROV 后来被配置在中国的科考船"大洋一号"上。

中国真正大深度 ROV 系统的自主开发始于 2009 年。当时，我国首套 4500 m 深海无人遥控潜水器——"海马"号 ROV 系统自主研制成功。该系

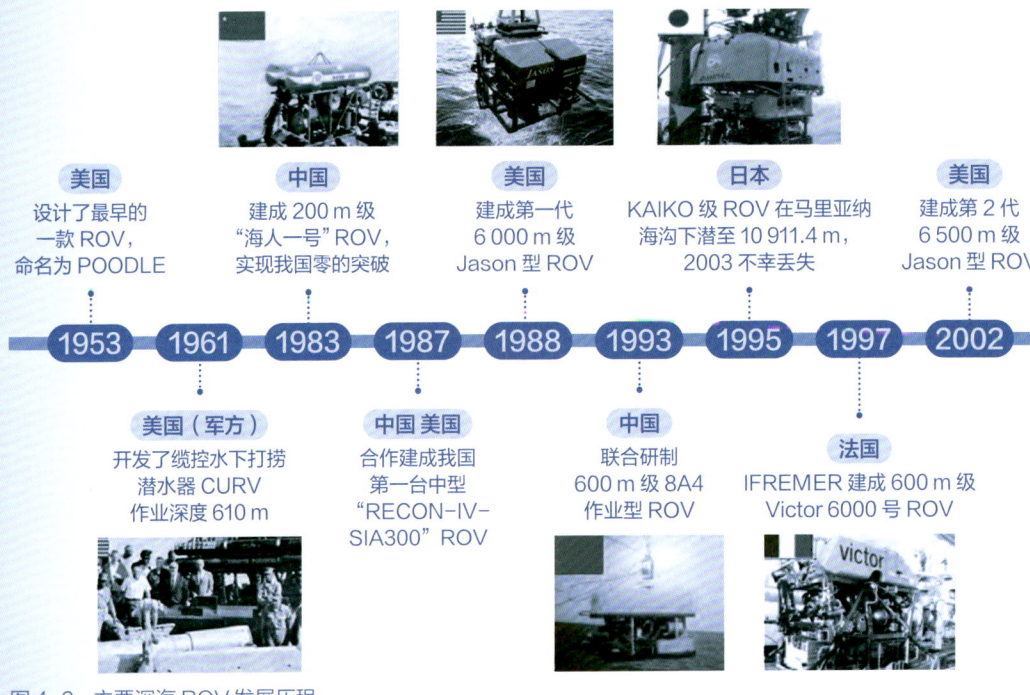

图 4-2　主要深海 ROV 发展历程

统的国产化率达到了 93%，并装备在"海洋六号"科考船上。截至目前，"海马"号 ROV 系统已经执行了一系列科考任务，包括天然气水合物、大洋矿产资源、水合物环境评价调查等。该系统能够完成高强度的深海作业，如海底钻探、海山岩石切割取样、生物样品采集、深海探测设备布放回收、海洋环境参数监测、探测设备的深海打捞等。

值得一提的是，2015 年，调查人员使用"海马"号 ROV 在南海北部陆坡进行天然气水合物资源调查时，发现了与证实天然气水合物存在相关的"冷泉"生态系统，并将其命名为"海马冷泉"。这一发现标志着中国已经基本掌握了大深度 ROV 的关键研发技术，具备了自主设计、制造的能力。不过，"海马"号 ROV 的实际应用刚刚起步，尚未形成自主品牌和产业，目前中国的大深度作业型 ROV 系统仍以进口为主。中国在 ROV 领域仍有很大的发展空间，未来有望进一步提升技术水平和自主研发能力。

图 4-2 为主要深海 ROV 发展历程，表 4-3 为 2019 年统计的全球先进无人遥控潜水器。

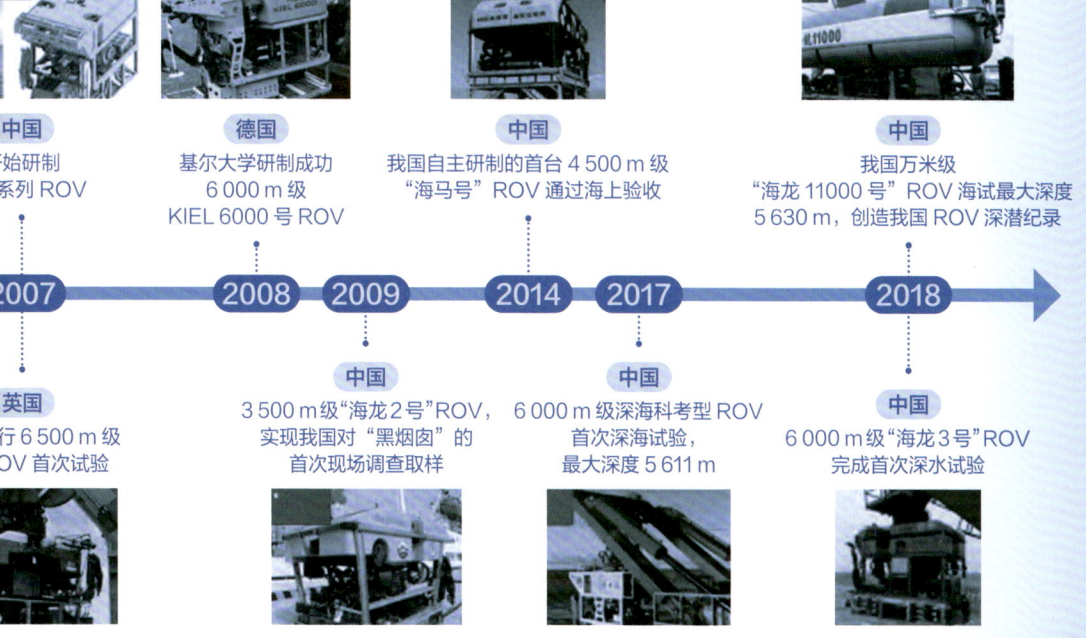

表 4-3　全球先进无人遥控潜水器（2019 年）

序号	品名	最大下潜深度/m	主要用途	研发/运行机构	国别	备注
1	Jason	6 500	深海科考	美国 WHOI	美国	世界深海科考使用最为成功的 ROV。
2	Jason 2/Medea	6 000	深海科考	美国 WHOI	美国	
3	Tiburon	4 000	深海科考	美国 MBARI	美国	
4	Ventana	1 850	深海科考	美国 MBARI（ISE）	美国	
5	Spectrum 系列	3 000	深水油气工程	美国 Oceaneering	美国	国际上最大的 ROV 运行公司，研制运行近 300 套 ROV 系统，支撑其全球水下工程业务。
6	HD、UHD 系列	3 000	深水油气工程	美国 Schilling Robotics	美国	产品技术先进，可靠性、可维性、人性化非常好，属现代 ROV 产品。
7	Innovator 系列	3 000	深水油气工程	美国 Sonsub	美国	以其 LEVIATHAN 号潜水器优异性能。
8	Perry™ 系列、Sub-Atlantic™ 系列	4 000	深水油气工程	美国 FET（Forum Energy Technology）	美国	
9	Triton 系列	4 000	深水油气工程	美国 PSS（Perry Slingsby Systems）	美国	Triton 就已生成 450 多台套，工程化，实用性强，很有竞争力，国际市场主流产品。
10	VENOM、Quantum 系列	4 000	深水油气工程	英国 Soil Machine Dynamics Ltd	英国	可靠性、实用性极高，是目前 ROV 顶级制造商之一，国际市场份额较大。已被中国中车公司收购。
11	i-Tech	3 000	深水油气工程	英国 Subsea 7	英国	拥有超过 150 台 ROV。
12	Rov	4 000	深水油气工程	英国 Technip FMC PLC	英国	
13	ROPOS	5 000	深海科考	加拿大海洋科学研究所（ISE）	英国	

表 4-3（续）

序号	品名	最大下潜深度/m	主要用途	研发/运行机构	国别	备注
14	HYSUB系列	4 000	海洋观测	加拿大International Submarine Engineering（ISE）	加拿大	老牌ROV制造商，主攻海洋调查类产品，在国际ROV市场竞争力走弱，正努力转型抢占海洋油气工程市场。
15	Kaiko	11 000	深海科考	日本JAMSTEC	日本	全世界下潜深度最大的ROV。
16	Dolphin 3K	3 300	深海科考	日本JAMSTEC	日本	
17	Hyper-Dolphin	3 000	深海科考	日本JAMSTEC	日本	
18	Victor	6 000	深海科考	法国IFREMER	法国	
19	FCV系列	4 000	深水油气工程	荷兰Fugro Subsea Technologies Pte Ltd（FST）	荷兰	成熟ROV制造和操作商，产品工程化、实用化程度高，自用为主。
20	Falcon	300	海洋观测	瑞典Seaeye公司	瑞典	中小型ROV的标杆产品。
21	海马	4 500	深海科考/资源勘探	中国上海交通大学	中国	已研制1台，执行深海科考、水合物调查等任务。
22	海龙	4 000	深海科考/资源勘探	中国上海交通大学	中国	已研制两台，参与大洋矿产资源勘探。

（3）无人自主航行器的发展与应用

无人自主航行器（AUV）的起源可以追溯到华盛顿大学应用物理实验室。1957年，该实验室设计并制造了全世界第一艘AUV。然而，在接下来的30年内，与无人遥控潜水器（ROV）的研发速度相比，AUV的研发进展和应用范围较为缓慢。直到20世纪90年代，以AUV为主的无人自主航行器开始进入一个蓬勃发展的阶段。截至目前，全世界研制并运行的AUV（包括Glider和少量的ARV）的数量达到了数百台量级。目前，AUV主要应用于以下 3 个领域。

·海洋油气工程：AUV 在这个领域的应用包括海底管线及水下结构的巡检和监控，海洋常规油气田以及可再生能源场地的调查，钻井平台的转移和危险作业的监控等。

·海洋科学研究：AUV 以其高效、低成本的优势，能够执行大面积、大深度、长周期、多尺度的海洋环境调查。这些调查的目标涵盖了物理海洋学、海洋物理学、生物学、地球化学、气候气象等多个领域。

·水下攻防：在军事领域，AUV 被用于获取海洋环境信息，搜寻、侦察、检测、识别和监视水下目标，建立水下通信和导航网络节点，进行水下运输，参与信息战，执行反潜和反水雷任务，以及进行定点攻击等。

目前，AUV 的绝大部分用户为军方，全世界超过 20 支海军装备了各类AUV。科研机构自主研发了一些高性能 AUV，专门用于海洋科学研究，同时也有一些机构研发了数台 AUV 用于深海矿产资源的勘查。

随着海洋油气工业向深海挺进，为了节约海底作业成本、提高操作安全性、减少检查作业对环境的影响，并减少海上人员的数量，国际大型海洋油气公司和海洋油气工程承包商对 AUV 的使用力度正在逐步扩大。尽管如此，总体使用量仍然维持在每年数十台的量级。根据 Westwood Energy《2018—2022 世界自主水下运载工具市场预测》报告，2018 年全世界商用AUV 约 15 台，2020 年约 20 台，2022 年增长到约 30 台。

美国始终处于 AUV 技术的领先地位，拥有包括海军、研究所、专业化公司和高等院校在内的十几家单位开展 AUV 的研发和产业化工作。美国的 MIT 和 WHOI 研究所是美国乃至全球水下机器人技术的摇篮。美国的"REMUS"系列 AUV 和"Bluefin"系列 AUV 是全球海军和科技界的首选产品。

"Bluefin"系列是全球知名的 AUV，其"Bluefin-21"被用于搜寻MH370 失事客机，因其功能和性能表现优秀而广受市场欢迎。"Bluefin"

系列的制造商是美国 Bluefin Robotics 公司。该公司由 MIT 的工程师 James Bellingham 博士和 Frank van Mierlo 于 1997 年创立。Bellingham 博士是麻省理工学院水下机器人实验室的负责人。Bluefin Robotics 是世界上第一家独立的 AUV 公司，其初创员工后来陆续创办了其他 12 家公司。可以说，Bluefin Robotics 是美国水下无人系统商业化人才的摇篮。

"Remus" AUV 是人类历史上第一个用于战斗部署的无人潜水器，其制造商美国 Hydroid 公司。该公司由美国 WHOI 研究所的研究团队于 2001 年创立，在业界是"可靠"的代名词，为美军及其盟友提供过世界上经过实战检验得最多的 AUV，目前已经发展成为世界上最大的和最值得信赖的 AUV 供应商。

美国波音公司研发的"Echo Voyager"是目前全球最大的超大型无人潜航器（XLUVV），可执行海底大面积监视、辐射探测、水样采集、油气勘探、声呐探测等任务。在不配备水面舰艇的情况下，它可以在水下航行数月，执行长达 12 000 km 的潜航任务。其长约 10 m 的舰载空间可以携带各种装备，如探测器、货物与武器等，具有极高的泛用性。基于 Echo Voyager 平台，波音公司已经承接了美军超大型无人潜航器的研制任务。

挪威在全球 AUV 领域占据着领先的地位，这得益于其世界级知名的"HUGIN"系列。该系列由 Kongsberg Maritime 公司制造，包括了不同级别的产品，如 3 000 m、4 500 m 和 6 000 m 深度等级的 AUV。其中，"HUGIN Superior"型号被公认为全球最先进的大型 AUV 之一。这款先进的 AUV 集成了众多尖端技术，包括著名的 Kongsberg EM2040 MKII 型多波束声呐、侧扫声呐、磁强计、激光扫描器、海底剖面仪、高分辨率相机、浊度传感器、气体检测器以及其他多种环境监测传感器。它能够以 2.5 kn 的速度进行作业，获取 SAS（合成孔径声呐）图像、真实孔径数据以及水深信息，覆盖宽度可达 1 000 m，每小时能够完成约 4.5 km^2 的海底区域调查，提供高达 5 cm×5 cm 的精细分辨率。得益于最新的 Micro Navigation 导航系统，"HUGIN Superior"的导航定位能力无与伦比，误差仅占行程距离的

0.04%，能够在无须支持船的情况下独立运行。

Kongsberg Maritime 公司在 2008 年收购了 Hydroid 公司之后，成为了全球水下无人潜水器制造领域的"巨无霸"。"HUGIN" AUV 已经成为全球商用大型 AUV 的标杆，累计完成了超过 100 万 km 的水下调查任务，获得了超过 96% 的高好评率。借助 Kongsberg 在海事、能源和军事领域的强大影响力，"HUGIN"系列已成为世界各国能源公司的首选品牌。

在加拿大，International Submarine Engineering 公司研制并运营了一系列 AUV，包括"ARCS""Dolphin""Theseus""Arctic Explorer" AUV、"Semi-Submersible" AUVs 和"Aurora"等，总数约 30 台。这些 AUV 的优势在于，它们能在冰层下进行作业。特别是"Arctic Explorer" AUV，它在北极连续进行了超过 10 天的冰下作业，航程达到 1 000 km，并实现了在冰下充电和数据传输的壮举。"Theseus"在 2016 年之前一直保持着世界上最大 AUV 的记录，长达 12 m，是唯一实际承担过水下任务的超大型 AUV，曾在 2.5 m 厚、600 m 水深的冰层下协助铺设了 220 km 的海底电缆，并创下了超过 60 小时的 AUV 冰下作业纪录。而"Aurora"则设计了一个大型主动控制主翼来实现深度控制，速度可达到 12 kn，在速度方面占有优势。

由英国国家海洋中心研制的"Dolphin 6000"能够达到 6 000 m 的深度，自持力达到 70 小时，最大航程超过 1 000 km。这样的功能和性能使其成为全球领先的大型 AUV 之一。"Dolphin 6000"主要用于深海科学考察，而非作为市场化产品销售。

在俄罗斯的 AUV 领域中，最引人注目的是普京公开展示的战略武器——类 AUV 的"Poseidon"核动力鱼雷。这款 AUV 可以在 1 000 m 的水下深度作业，理论上能够无限期自主航行。它隶属于俄罗斯国防部深海研究总局，已经成为全球海洋军事力量格局的战略搅局者，代表了 AUV 向军事化发展的重大趋势。

在中国，中国科学院沈阳自动化研究所以及天津大学被公认为国内无人自主航行器研发的领军机构，尤其是在"潜龙"系列和"探索"系列 AUV

的研发上表现突出。

"潜龙"系列 AUV 是我国深海资源勘查的重要工具。这一系列产品的成功研发，标志着我国在深海技术领域的一大突破。该系列主要包括 6 000 m 级的"潜龙一号"，4 500 m 级的"潜龙二号"以及"潜龙三号"3 个型号。这些潜水器能够深入海底，对深海矿产资源进行精确探测和研究，为我国的海洋资源开发提供了强有力的技术支持。

而"探索"系列 AUV 则主要服务于海洋科学研究领域。这一系列包括"探索 100""探索 1000"和"探索 4500"3 款不同的潜水器。特别是"探索 4500"，作为一款 4500 m 级的深海 AUV，它在深海科学调查中扮演着重要角色，尤其是在冷泉区的科学调查工作中提供了宝贵的数据和信息。这些数据和信息，对于我们研究和理解深海生态系统、地质构造以及其他相关科学问题具有极高的参考价值。

在水下滑翔机的研发上，我国也已经成功研制出技术领先、性能卓越的"海燕"和"海翼"系列水下滑翔机。这些高精度、长航程的水下无人潜航器，为深海科学研究和资源勘探提供了强有力的技术支持。

2002 年，天津大学率先开启了第一代 Glider 的研发工作。这是一个标志性的起点。经过 3 年的不懈努力，2005 年，天津大学成功研制出了基于温差能驱动的 Glider 原理样机，并在实际水域中进行了试验，验证了其设计的可行性和稳定性。同年，中国科学院沈阳自动化研究所也开发出 Glider 原理样机，并在湖上完成了试验。这标志着我国在水下滑翔机技术上的双重突破。

2017 年 3 月，由中国科学院沈阳自动化研究所研发的"海翼 -7000"深海滑翔机，在马里亚纳海沟执行了深达 6 329 m 的下潜观测任务，打破了当时国际上 Glider 的工作深度纪录，展现了我国在深海探测技术上的领先地位。2018 年 4 月，由青岛海洋科学与技术国家实验室海洋观测与探测联合实验室（天津大学部分）推出的"海燕 -10000"深海 Glider，在马里亚纳海沟创造了新的世界纪录，首次下潜至 8 213 m 深度，再次刷新了深海

Glider 工作深度的世界纪录，再一次证明了我国在这一领域的技术领先性。

2020 年，我国的"海燕 –X"又将世界深海水下滑翔机的最大下潜深度提升到了惊人的 10 619 m。

通过这些连续的技术突破和纪录刷新，我国在水下滑翔机领域的研究和

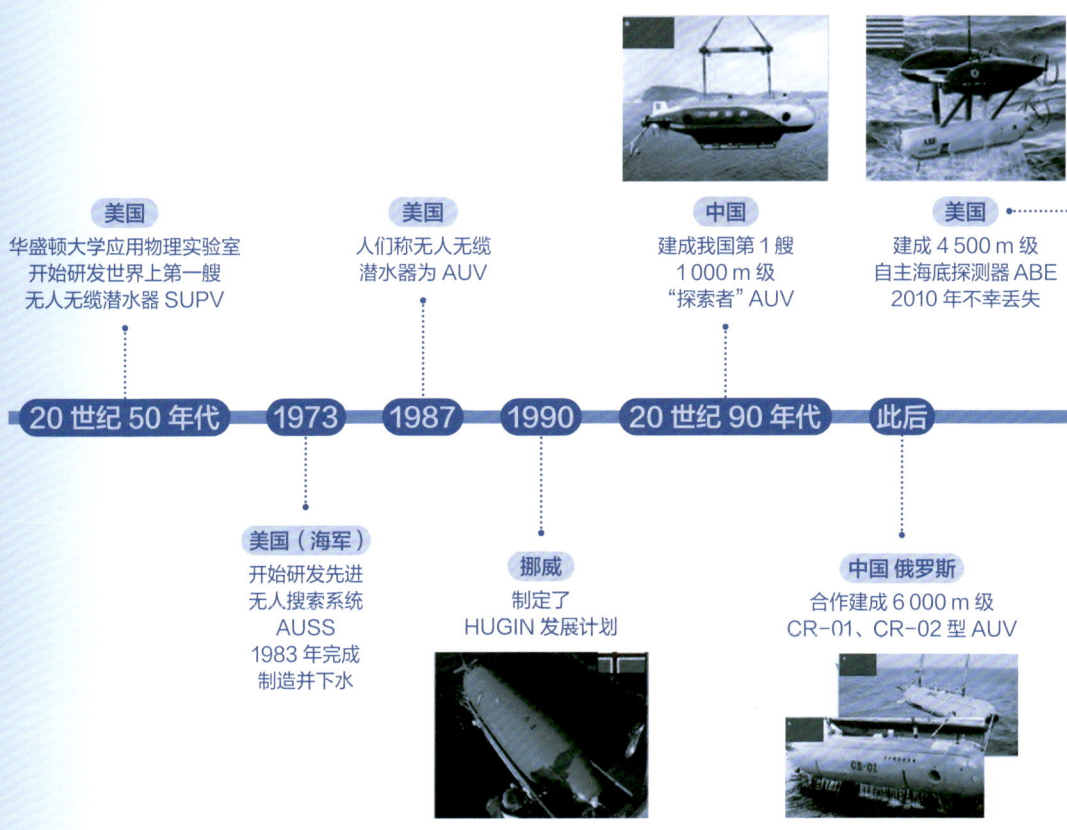

美国
华盛顿大学应用物理实验室开始研发世界上第一艘无人无缆潜水器 SUPV

美国
人们称无人无缆潜水器为 AUV

中国
建成我国第 1 艘
1 000 m 级
"探索者" AUV

美国
建成 4 500 m 级
自主海底探测器 ABE
2010 年不幸丢失

20 世纪 50 年代 — 1973 — 1987 — 1990 — 20 世纪 90 年代 — 此后

美国（海军）
开始研发先进
无人搜索系统
AUSS
1983 年完成
制造并下水

挪威
制定了
HUGIN 发展计划

中国 俄罗斯
合作建成 6 000 m 级
CR-01、CR-02 型 AUV

图 4-3　主要深海 AUV 发展历程

应用已经达到了世界领先水平，为未来深海科学研究和资源开发奠定了坚实的基础。

图 4-3 为主要深海 AUV 发展历程，表 4-4 为统计的 2019 年全球先进无人自主航行器，表 4-5 为全球部分 AUV 研究机构及研究项目。

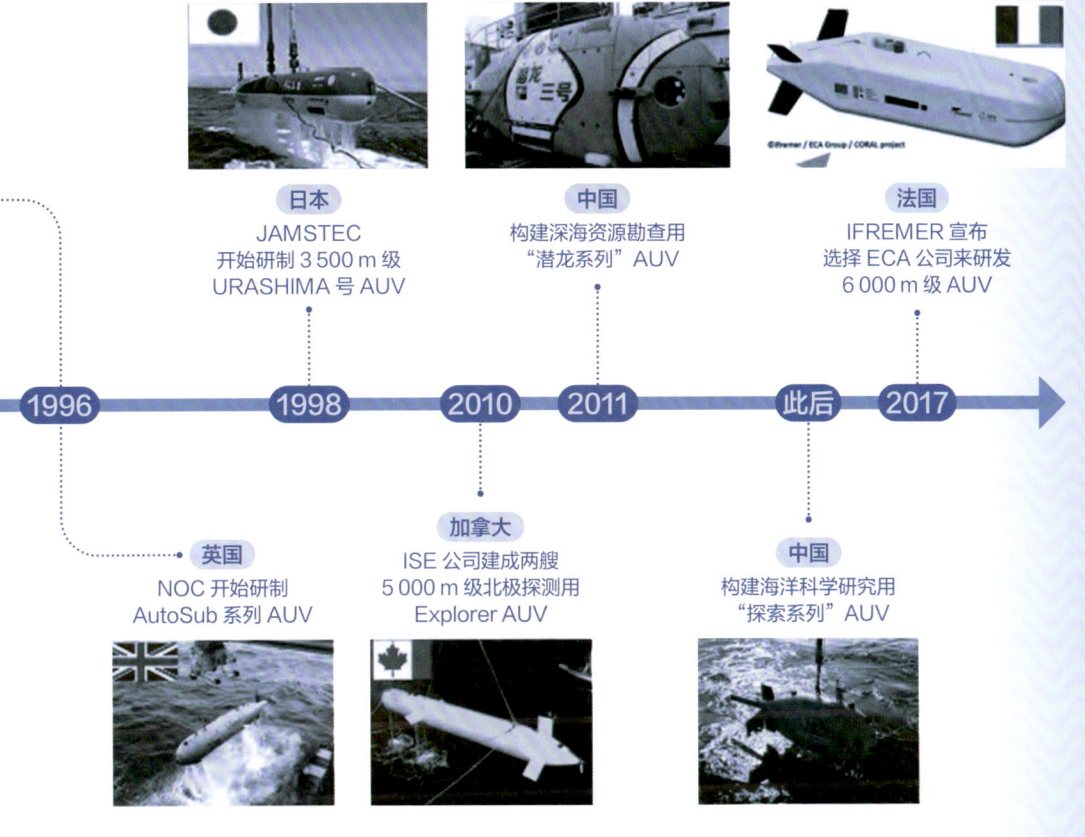

日本
JAMSTEC
开始研制 3 500 m 级
URASHIMA 号 AUV

中国
构建深海资源勘查用
"潜龙系列" AUV

法国
IFREMER 宣布
选择 ECA 公司来研发
6 000 m 级 AUV

1996 — 1998 — 2010 — 2011 — 此后 — 2017

英国
NOC 开始研制
AutoSub 系列 AUV

加拿大
ISE 公司建成两艘
5 000 m 级北极探测用
Explorer AUV

中国
构建海洋科学研究用
"探索系列" AUV

表 4-4　全球先进无人自主航行器（2019 年）

序号	名称	最大下潜深度/m	主要用途	研制单位	国别	备注
1	Nerus	11 000	科学考察	美国 WHOI	美国	
2	AUSS	6 000	科学考察	美国海军空间和海战（SPAWAR）系统中心	美国	
3	SAUVIM	6 000	科学考察	美国夏威夷大学	美国	
4	Deepglider	6 000	科学考察	美国华盛顿大学	美国	Glider
5	ABE	6 000	深海海底观察	美国 WHOI	美国	
6	REMUS	6 000	科学考察和军事用途	美国Hydroid 公司	美国	高度模块化的系统，代表了自主式水下探测器的最高水平，具备自动回坞功能。世界上最大的和最值得信赖的 UUV。
7	Sentry	5 000	科学考察	美国 WHOI	美国	
8	bluefin	4 500	科学考察和军事用途	美国蓝鳍金枪鱼机器人技术公司（bluefin）	美国	AUV，多种无人系统。
9	CARIBOU	4 500	深海海底观察	美国 MIT	美国	
10	CETUS	4 000	科学考察	美国 MIT	美国	
11	XP-21	3 600	军事用途	美国通用动力公司 / 雷声公司	美国	
12	Echo Voyager	3 350	军事用途	美国波音公司	美国	超大型无人潜航器（XLUVV，15.5 m 长），海底大面积监视、辐射探测、水样采集、油气勘探和声呐探测。
13	ANTHOS	3 000	科学考察	美国 MIT	美国	
14	Spray	1 500	科学考察和军事用途	美国Scripps & WHOI	美国	Glider

表 4-4（续）

序号	名称	最大下潜深度/m	主要用途	研制单位	国别	备注
15	Slocum	1 000	科学考察和军事用途	美国 Teledyne Webb & WHOI	美国	Glider 历经 221 天成功完成不间断横渡大西洋任务。最大续航 330 天，总航程达到 6506.8 km。
16	蓝色海洋监测 AUV			美国 Autonomous Undersea Systems Institute, AUSI	美国	
17	HUGIN 6000	6 000	海底调查	挪威 Konsberg	挪威	军民融合基因 [90 年代初，挪威国家石油公司（Statoil）和挪威国防研究所（FFI）共同启动了 HUGIN 项目]，HUGIN AUV 已经成为全世界商用大型 AUV 的标杆。Hugin Superior 是目前市面上最新的大型 AUV，也是最先进的大型 AUV。
18	ARCS、Dolphin，Theseus，Explorer，Semi Submersible AUVs，Aurora			加拿大 International Submarine Engineering	加拿大	Theseus 曾为世界上最大的 AUV（12 m），这台巨型 AUV 由加拿大国防部拥有。Aurora 设计了一个大的主动控制主翼来实现深度控制，其速度能达到 12 kn。
19	ALIVE	3 500	科学考察	法国 Cybemextix 公司	法国	
20	ALIVE（AUV），SWIM MER（AUV/ROV）			法国海外部门	法国	
21	Autosub 6000	6 000	科学考察	英国南安普顿海洋研究中心（SOC）研制	英国	自持力达到 70 小时，最大航程超过 1000 km，世界上数一数二的大型 AUV。
22	AUDOS			英国 Aberdeen University 海洋实验室	英国	

表 4-4（续）

序号	名称	最大下潜深度/m	主要用途	研制单位	国别	备注
23	Kaiko Rox	11 000	深海考察	日本科学技术中心（JAMSTEC）	日本	
24	R2D4	4 000	深海及热带海区矿藏的探察	日本东京大学	日本	
25	Venus, Cable finder, Aqua Explorer2, Aqua Explorer1000.			日本 KDD 海洋实验室	日本	
26	Poseidon	1 000	战略威慑	俄罗斯深海研究总局	俄罗斯	核动力核鱼雷，理论上可以无限期自主航行。
27	SAUV			俄罗斯科学院海洋技术问题研究所	俄罗斯	
28	海燕	8 200	科学考察	中国科学院沈阳自动化研究所	中国	Glider
29	海翼	7 000	科学考察	中国科学院沈阳自动化研究所	中国	Glider
30	潜龙一号	6 000	深海资源勘查	中国科学院沈阳自动化研究所	中国	深海科学考察
31	探索 4500	4 500	科学考察	中国科学院沈阳自动化研究所	中国	深海科学考察
32	潜龙二号	4 500	深海资源勘查	中国科学院沈阳自动化研究所	中国	深海资源勘查
33	潜龙三号	4 500	深海资源勘查	中国科学院沈阳自动化研究所	中国	深海资源勘查
34	DeePC	4 000	科学考察	德国 STN 公司	德国	
35	OKPL-6000	6 000	深海探测	韩国大宇重工	韩国	

表 4-5　全球 AUV 研究机构及研究项目（部分）

序号	研究机构	项目名称	国别
1	MIT – Cambridge, MA, 美国 AUV Lab at MIT Sea Grant	Small, high performance vehicles, Non acoustic sensors, Docking, Adaptive sampling, Coastal modeling, Object mapping, Under-ice, Autonomous ocean sampling	美国
2	MIT – Cambridge, MA, 美国 Project ORCA	Submersible for the annual AUVSI competition	美国
3	Autonomous Undersea Systems Institute（AUSI）– New Hampshire, 美国 Marine Systems Engineering Lab	Environmental monitoring, Generic behaviors, Control	美国
4	Bluefin Robotics Corp. – Cambridge, 美国 Bluefin Robotics	AUV	美国
5	C & C Technologies – Lafayette, 美国 C & C Technologies	Autonomous underwater vehicles survey services	美国
6	Cornell University–Ithaca, 美国 Cornell University AUV Team	Submersible for the annual AUVSI competition	美国
7	Duke University–Durham, 美国 Duke Robotics	Submersible for the annual AUVSI competition	美国
8	Florida Atlantic University–Florida, 美国 Advanced Marine Systems Laboratory		美国
9	Florida Institute of Technology（FIT）– Florida, 美国 Underwater Technologies Laboratory	Investigation–, Surveyor–, Harvester–, Analyzer–, & Crawler–AUV	美国
10	Harbour Branch Oceonographic Institution–Florida, 美国 Ocean Engineering & Production	AUV	美国
11	Hydroid–E. Falmouth, MA, 美国 Hydroid	A small, light weight, commercial AUV	美国
12	KISS Institute for Practical Robotics（KIPR）– Reston, VA, 美国 KIPR		美国

表 4-5（续）

序号	研究机构	项目名称	国别
13	MIT—Cambridge, MA, 美国 AUV Lab at MIT Sea Grant	Small, high performance vehicles, Non acoustic sensors, Docking, Adaptive sampling, Coastal modeling, Object mapping, Under–ice, Autonomous ocean sampling	美国
14	MIT—Cambridge, MA, 美国 Project ORCA	Submersible for the annual AUVSI competition	美国
15	Monterey Bay Aquarium Research Institute（MBARI）–Monterey, California, 美国 Underwater Robotics		美国
16	Naval Oceanographic Office–John C. Stennis Space Center, Mississippi, 美国 AUV Program	AUV	美国
17	Naval Postgraduate School–Monterey, California, 美国 Center for AUV Research	Shallow waters applications	美国
18	Princeton University–Princeton, 美国 Dynamical Control Systems Laboratory	Coordinated control（multiple AUVs）, Glider coordination and control	美国
19	Sias/Patterson Inc.–Gloucester Point, Virginia, 美国 Sias/Patterson Inc.	AUV	美国
20	Stanford Univeristy–Stanford, California, 美国 Aerospace Robotics Laboratory（ARL）	Dynamics, Control, High–level command–interface, Autonomy	美国
21	Texas AMU University–Texas, 美国 Autonomous Underwater Vehicle Lab.		美国
22	Univeristy of Louisiana–Lafayette, Louisiana, 美国 ACIM Center	AUV for U/W exploration	美国

表 4-5（续）

序号	研究机构	项目名称	国别
23	University of Florida-Florida, 美国 Machine Intelligence Laboratory	Autonomous Underwater Vehicle for competitions	美国
24	University of Hawaii-Honolulu, Hawaii, 美国 Autonomous Systems Lab.	Navigation, Search, Recognition	美国
25	University of South Florida-St. Petersburg, Florida, 美国 Center for Ocean Technology	Sensors（optical, chemical, accustical）Seafloor classification	美国
26	University of Washington-Seattle, WA, 美国 Seaglider Fabrication Centre（SFC）	Ocean glider vehicles for industrial and scientific	美国
27	Virginia Tech-Blacksburg, VA, 美国 Autonomous Systems and Controls Laboratory	Small autonomous submersibles	美国
28	Woods Hole Oceanographic Institution（WHOI）-Woods Hole, MA, 美国 Deep Submergence Lab.	Long-term seafloor monitoring, all kinds of marine operations	美国
29	International Submarine Engineering Research（ISER）-Vancouver, 加拿大 ISER	Cable laying, Autonomy, Communications	加拿大
30	Memorial Univeristy of Newfoundland-St. John's, 加拿大 OERC	Self-Contained Off-the-shelf Underwater Testbed	加拿大
31	National Research Council（NRC）of Canada-St. John's, 加拿大 Institute for Marine Dynamics	Self-Contained Off-the-shelf Underwater Testbed	加拿大
32	Simon Fraser University-Burnaby, BC, 加拿大 Underwater Research Lab.	Underwater acoustics, Light- seeking AUVs, Autonomous sampling	加拿大

表 4-5（续）

序号	研究机构	项目名称	国别
33	Universitédu Québec-Ecole de technologie supérieure-Québec, 加拿大 S.O.N.I.A.	Open frame autonomous vehicles, Competitions	加拿大
34	Hyland Underwater Vehicles-Ontario, 加拿大 Hyland Underwater Vehicles	A simple, small, proof-of-concept AUV	加拿大
35	Aberdeen University-Aberdeen, 英国 Ocean Lab.	Autonomous landers, Acoustics	英国
36	Cranfield University-Cranfield, 英国 Offshore-TechCentre	Underwater imaging, AUVs	英国
37	Heriot-Watt University-Edinburgh, Scotland, 英国 Ocean Systems Lab.	ROV, Vision, Sonar, Manipulation, Simulation, Acoustic, electromagnetic and optical communication, Positioning, Navigation, Sampling	英国
38	Southampton Oceanography Centre-Southampton, 英国 Ocean Technology Devision	Autonomous sampling, Longrange missions	英国
39	University of Plymouth-Plymouth, 英国 MIDAS	Underwater imaging, AUVs	英国
40	University of Southampton-Highfield, Southampton, 英国 Image, Speech and Intelligent Systems research group		英国
41	CSIRO-Brisbane, 澳大利亚 Robotics & Automation	Vision, Visual servoing, Large scale real-world systems, Flying and divingvehicles	澳大利亚
42	Defence Science and Technology Department（DSTO）-Melbourne, 澳大利亚 Maritime Platforms Division	Underwater warefare	澳大利亚

表 4-5（续）

序号	研究机构	项目名称	国别
43	University of Sydney – 澳大利亚 Australian Centre for Field Robotics	Position and attitude estimation, Control	澳大利亚
44	University of Western Australia–Perth, Western 澳大利亚 Mobile Robot Laboratory	AUV for underwater competitions, Vision, Sonar, Simulation	澳大利亚
45	澳大利亚 n National University–Canberra, 澳大利亚 System Engineering	Individual and swarm style AUVs	澳大利亚
46	KDD–Tokyo, 日本 Marine Lab.	Vision, Cable tracking, Communications	日本
47	Tokai University–Shimizu, Shizuoka, 日本 Kato（Underwater Robotics）Lab.	Control, Docking, Cable inspection	日本
48	University of Tokyo –Tokyo, 日本 Ura Lab	Autonomy, Learning, Long–range operations, Gliding vehicles	日本
49	Cybernetics–Marseille, 法国 Offshore Department	Autonomous Underwater Vehicles for intervention and survey, Hybrid AUV/ROV	法国
50	ECA–Toulon, 法国 Civil Robotics	Large scale autonomous underwater vehicles	法国
51	French Institute of Research and Exploitation of the Sea（IFREMER）–法国 Data Processing Systems	Control and navigation, Control architectures	法国
52	Alfred–Wegner Institute（AWI）–Bremerhaven, 德国 Deepsea research	Autonomous landers	德国
53	STN–Atlas Elektronik – 德国 DeepC	Marine engineering, Power management	德国
54	俄罗斯 n Academy of Sciences, Far East Branch – 俄罗斯 Institute of Marine Technology Problem	Autonomous unmanned underwater vehicles Solar power vehicles	俄罗斯

表 4-5（续）

序号	研究机构	项目名称	国别
55	MARIDAN–Hørsholm, 丹麦 ATLAS MARIDAN ApS	Design and manufacturing of autonomous underwater vehicles	丹麦
56	Technical University of 丹麦 – Lyngby, 丹麦 Dept. of Automation	Sonar for U/W inspection	丹麦
57	Hafmynd ltd.–Reykjavik, 冰岛 GAVIA system	AUV	冰岛
58	NUI AS（Norwegian Underwater Intervention）–Bergen, 挪威 NUI AS	Route and area surveys, Search, Logging	挪威
59	Instituto Superior Técnico（IST）–Lisboa, 葡萄牙 DSOR	Installations, Long range missions, Exploration, Control	葡萄牙
60	University of Porto–Porto, 葡萄牙 LSTS	Autonomous and remote vehicles, Control	葡萄牙
61	JAMSTEC–Yokosuka, 日本 Marine Technology Department	Long distance inertial navigation	日本
62	Uppsala University–Uppsala, 瑞典 AUV Group	Planning, Mission management	瑞典
63	CNR–IAN–Genova, 意大利 Robo Lab.	Control, Navigation, Localization, Manipulation	意大利

4.4　深海探测智能装备体系

4.4.1　深海目标探测与识别装备

在 2014 年 4 月 14 日，一场受全球关注的搜救行动正在进行——寻找自 3 月 8 日起失踪的马来西亚航空 MH370 航班。在这场跨国搜救行动中，国际社会动员了一切可用资源，包括高科技的无人自主航行器。其中，"蓝鳍金枪鱼 -21"是一种先进的无人自主航行器，被派遣执行深海搜寻任务，希望能够为解开 MH370 航班失踪之谜提供线索。

这不仅是一次大规模的国际搜救行动，也成为深海探测技术发展历程中的一个标志性时刻。随着"蓝鳍金枪鱼 -21"的使用，深海目标探测与识别的智能装备步入了公众视野，引起了广泛关注。这种智能装备的运用，不仅展示了现代科技在深海探索领域的强大能力，也突显出深海目标探测与识别装备对于深海探索的重要性。

深海是地球上最后的未知领域之一，其广阔的空间和极端的环境条件对探测技术提出了极高的要求。在这样的背景下，"蓝鳍金枪鱼 -21"的投入使用，也促使人们意识到深海探测技术的发展对于未来海洋科学研究、资源开发乃至国家安全等的潜在影响。

（1）Argo 浮标

Argo 浮标是一种经过 Argo 组织认证的特殊设备，被称为自持式剖面探测漂流浮标。在获得 Argo 组织的正式认证之前，这些浮标通常被称为"自持式剖面浮标"。Argo 浮标的开发与 Argo 计划的目标——深入了解和监测全球海洋的变化——紧密相连。

Argo 浮标是 20 世纪 90 年代的高技术产物，起源于美国斯克里普斯海洋研究所研制的 SOLO 浮标。1998 年，西方科学家提出了一个宏伟的计划，他们打算在全球的大洋中，每隔 300 km 放置一个由卫星跟踪的剖面漂流浮标，总计达到 3 000 个。这些浮标共同构成了庞大的 Argo 全球海洋观测网。科学家希望能够通过这种方式，快速、准确且大范围地收集到全球海洋上层（从海表到 2 000 m 深）的海水温度、盐度等关键数据，从而提高气候预报的准确性，并有效地预防和应对气候灾害对人类的潜在威胁。

Argo 浮标的主要任务包括下沉到指定深度、在水下漂流、上浮以及采集并发送数据。在整个过程中，浮标会测量并记录盐度、温度和深度这 3 个关键参数，即 CTD 数据，并将这些数据保存在其内置的存储卡中。无论是在下沉、漂流还是上浮的过程中，都可以进行这些数据的测量。当浮标完成一次上浮任务后，它会在海面上将存储的数据发送到卫星。同时，浮标还会从卫星获取定位信息，并将这些信息传回地面接收系统。

自 2000 年 Argo 计划正式启动以来，美国 WEBB 公司先后研发了 ALACE、PALACE 和 APEX 型浮标。此外，法国 IFREMER 研究所也研制了 MARVOR 型浮标，并与加拿大合作开发了 PROVOR 浮标。

近年来，随着技术的飞速发展，多个国家都研制出了各种不同类型的剖面浮标。例如，日本 JAMSTEC 和 TSK 公司的 NINJA 型浮标、法国 NKE 公司的 ARVOR 型浮标、美国海鸟公司的 NAVIS 型浮标、斯克里普斯海洋研究所 MRV 系统公司的 SOLO-II 型浮标，以及加拿大 METOCCEAN 公司的 NOVA 型浮标都已进入正式批量生产阶段。其中，PALACE、APEX、PROVOR 和 SOLO 这四种 Argo 浮标应用最为广泛，它们的最大工作水深已经达到了 6 000 m。

中国在 2002 年正式加入了 Argo 计划。国内研发自持式剖面浮标的单位主要有国家海洋技术中心、青岛海洋科学与技术试点国家实验室、山东大学（青岛校区）、中国海洋大学、天津大学、中船重工 710 研究所等。特别值得一提的是，位于天津的国家海洋技术中心研制的 2 000 m 级自持式剖面浮标技术已经相当成熟，并实现了近 100% 的国产化率。而青岛海山海洋装备有限公司，作为中船重工 710 研究所的全资子公司，其自主研发的 HM2000型 Argo 浮标是目前国内唯一获得国际 Argo 组织认可的国产化浮标，并在 Argo 计划中得到了广泛应用。

在"问海计划"的支持下，过去 5 年里，我国在 4 000 m 深海自持式剖面浮标（简称 Deep Argo）的研制方面取得了重要突破。

2021 年，HM4000 型深海剖面浮标成功在西北太平洋布放。这是国内首次实现 4 000 m 级深海剖面浮标的批量海上观测应用运行，受到了 Deep Argo 计划组织的高度重视。由剖面浮标获取的数据已成为了解海洋气候状态的主要信息来源，涵盖了海气相互作用、海洋环流、年际变化、厄尔尼诺现象、中尺度涡旋、水团性质及其变化等多个领域的信息。这些数据已在物理海洋学的各个领域得到广泛应用。剖面浮标的优势在于其体积小、质量轻、成本低且使用方便，特别适合于固定区域的剖面测量。然而，它也存在一些局限性，如缺乏水平位移修正能力，容易随波逐流，因此无法对特定海域进行长期连续的剖面监测。

（2）探测用 AUV

无人自主航行器（AUV）已经成为当前深海探索和调查的重要工具。它们在海洋科学研究、资源勘查、环境监测等领域发挥着至关重要的作用。

在国际上，美国伍兹霍尔海洋研究所设计的 REMUS 系列 AUV 是一个典型的例子。这些航行器由海德罗伊德公司制造，装备了多普勒剖面仪、GPS、CTD、水下摄像机等多种先进的传感器，能够执行水下情报收集、监视、侦察、水下目标搜索和识别等多样化任务。REMUS 系列 AUV 还具备 VIP 航行界面，使操作者能够同时控制多个 REMUS 航行器协同工作，提高作业效率。这些航行器的速度范围从 1 kn 到 5 kn 不等，下潜深度从数百米延伸到数千米。

另一款引人注目的 AUV 是美国 Bluefin Robotics 公司研发的"蓝鳍金枪鱼 -21" AUV。它重达 750 kg，最大下潜深度 4 500 m，在 3 kn 航速下可持续工作 25 小时。"蓝鳍金枪鱼 -21"高度模块化的设计允许它携带多种传感器和有效载荷，而且其大容量电源保证了即使在最大水深下也能进行长时间的工作。

此外，"蓝鳍金枪鱼-21"还可以在各种应急船舶上操作使用，其模块化设计使它可在现场快速更换有效载荷段和电池模块，各个子系统都易于接触。这不仅加快了周转时间，还允许在现场进行维修，从而加速了作业进度。这款 AUV 主要用于海底测绘、环境监测、海洋科学考察、海洋调查等领域。

随着深海探测需求的不断增长和相关技术的不断进步，AUV 产品已经发展出多款能够潜至 6 000 m 深度的型号。例如，美国 Woods Hole 海洋研究所研制的"海神"号（Nereus）深潜器，专门用于深海探索，曾在 2009 年 5 月 31 日下潜约 11 000 m。此外，法国 ECA 公司研发的 Alistar AUV、挪威 Konsberg 公司研发的 HUGIN 6000 等深海潜水器在民用和海洋科学考察领域也处于领先地位。英国、加拿大、日本、俄罗斯等国家也分别研制了多款 6000 m 级别的 AUV（图 4-4）。

在潜水器的总体设计、控制、导航、规划等技术方面，中国科学院沈阳自动化研究所，上海交通大学，中国船舶重工集团公司第七〇二研究所、七一〇研究所和七一五研究所，中国科学院声学研究所，上海海洋大学，天津大学，浙江大学，西北工业大学，大连理工大学，哈尔滨工程大学等多家单位已经逐步从科研走向应用研究。以"蛟龙"号和"彩虹鱼"为代表的中国深海潜航器技术已经跻身国际前列。其中，"海马"号水下 ROV 主要为深海作业服务，而"潜龙二号"潜航器和哈尔滨工程大学研制的"智水-3号"则主要为深海探测型水下航行器。国内 6000 m 级别的 AUV 主要有中国科学院沈阳自动化研究所、哈尔滨工程大学等单位研制的 CR 系列、"潜龙"系列、"智水"系列等。目前，这些 AUV 正处于工程样机应用测试阶段（图 4-5）。

图 4-4　部分国外 AUV 装备

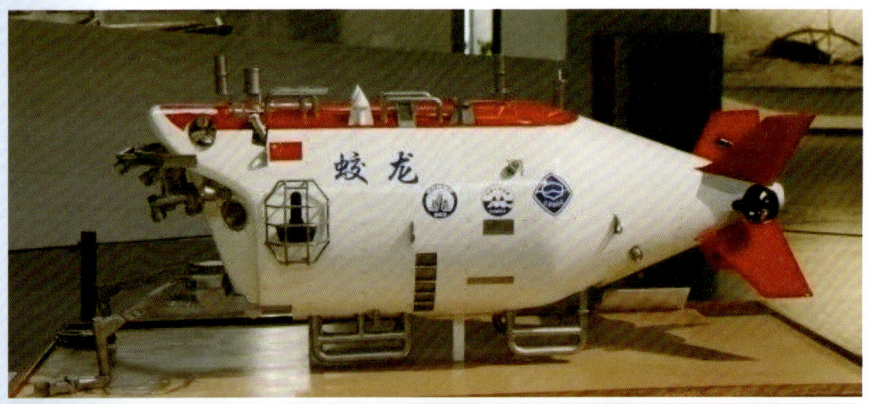

图4-5 部分国内AUV装备，分别为：蛟龙（上）、彩虹鱼（中）、潜龙（下）。

（3）探测用 AUG

AUG（Autonomous Underwater Glider）作为深海探测的前沿技术，近年来受到了广泛的关注和研究（图4-6）。

美国华盛顿大学的研究团队在这一领域取得了显著的进展。由他们研制的 AUG Deepglider 是一款专门被设计用于深海环境的研究工具。这款 6 000 m 级别的 Deepglider 拥有令人印象深刻的技术参数，它的最大工作深度可达 6 000 m，航程更是达到了惊人的 10 000 km。该设备主要用于海洋物理、化学以及生物学的各项研究，为科学家提供了宝贵的数据和观测结果。目前，这一项目正处于工程样机设计阶段，并正在进行样机的应用测试，以验证其性能和可靠性，标志着这一技术迈出了重要的一步。

在国内，AUG 技术同样得到了快速发展。尽管与美国华盛顿大学的 Deepglider 相比，我国研制的 AUG 的工作深度主要集中在千米级别，但已

图4-6　自主水下滑翔机

经取得了显著的成果。天津大学的"海燕"号 AUG（图 4-7）是其中的佼佼者，其最大工作深度为 1 500 m。中国科学院沈阳自动化研究所研发的"海翼"号 AUG（图 4-7）可以达到 1 000 m 的工作深度。此外，中国船舶重工集团公司第七一〇研究所的 AUG 也展示了出色的性能，最大工作深度为 1 200 m，航程约 1 000 km。这些设备都已经完成了一系列海上长航程试验验证，证明了其稳定性和可靠性。目前，这些 AUG 样机正处于技术定型和应用测试阶段，引领着国内深海探测技术的不断进步和创新。

图 4-7 国内部分 AUG 装备：海翼（上）、海燕（下）。

4.4.2　深海样本采集与检测装备

在深水海底的恶劣环境中，无缆水下机器人已经成为精准采集与探测海底资源的重要设备。这种机器人能够实现定点投放、水下长期漫游爬行、海底矿藏触探、自行上浮等功能。其中，深海小型化的爬行机器人以其小巧灵活的构型和高效的海底探测作业能力，成为深海智能装备新概念研制的方向之一。

美国 SeaBotix 公司的 LBV 系列多功能水下爬行器（图 4-8）是典型的水下爬行器之一。它实现了爬行形式与螺旋桨推进方式的相互转换，下潜深度范围从 150 m 到 950 m，主要应用于深海沉积物生物耗氧量的测量。LBV可以携带多种设备，如水下摄像机、三种机械手、360 度扫描声呐、多波束前视声呐、混水影像盒、超声波测厚仪、水下声学定位、爬行器底座等，具备水下观察、水下采集、水下检测等能力。通过控制手柄，工作人员可以轻松控制 LBV 在水下的运动，并将水下影像直接传回水面的 LCD 显示屏。

图 4-8　LBV200-4

德国不莱梅雅各布大学海洋实验室（Jacobs University OceanLab）研制的多功能深海履带式爬行机器人 Wally，根据应用的场合不同可以分为 iWally、TRAMER 和 VIATOR。这些机器人实现了深海爬行机器人的多功能性，拓展了海底观测网作业区域，延长了移动机器人作业时间，使得海底监测时长进一步延长到一年。它们具有区域时空探测和生态系统探测能力，也可应用于天然气渗漏检测、海底成像等多项任务中。

在国内，中南大学研制出了采用橡胶履带的富钴结壳采矿机器人模型样机，可用于深海沉积物生物耗氧量的测量。中国科学院光电技术研究所研制的水下高辐射环境中核电站状态监测和故障排除机器人，由多个系统组成，包括水下爬行机、电视摄像系统、图像压缩存储系统、机械手、清扫机、水下吸泵和操控器。这些系统可以根据异物类型方便更换，可以在水深 22 m、呈弱酸性、γ 辐射剂量率小于 103 rad/h 的环境中工作，可前、后、左、右运动。该设备目前应用于大亚湾核电站。不过，国内此类智能装备的下潜深度和工作时长还有待提高。

4.4.3 深海异构潜水器组网装备

随着科技的进步和研究的深入，现代海洋科学的研究已经从大尺度、慢速变化的过程转向对中小尺度、快速变化过程的观察。这种转变意味着我们需要更加细致和实时地观察和分析海洋环境的变化。区域环境的动态变化对于特殊气候的形成、灾害条件的产生、生物习性的变迁、实时战区警戒等方面都有着极其重要的影响。因此，为了满足这种区域性、多变性和实时性的环境观测要求，我们需要具备宽覆盖、人机交互和快速变化跟踪的能力。为此，我们可以利用不同类型、不同能力的潜水器构成移动观测网络。

经过近 4 年的努力，我国在 2021 年成功实现了大规模多类型无人无缆潜水器的组网作业。这个项目涵盖了多个方面，包括"探索 100"自主式潜水器，"海翼 1000"与"海燕 1000"水下滑翔机，以及"海鳐""蓝鲸"与"黑珍珠"波浪滑翔机的定型、改装，并制造了 50 台套平台系统。这些系统的工作环境跨越了 100 至 1 000 m 的水深，使我国的深海移动组网技术从理论仿真研究进入了成规模试验，乃至应用示范阶段。

从 2020 年到 2021 年，该项目累计完成了近 4 个月的海上试验，参与组网观测与探测应用的潜水器平台的种类和数量规模创下了世界新纪录。此外，组网系统中的水声通信机、水声传感器等重要水下装备也实现了从试验样机到成熟产品的转变，进一步夯实了我国高端海洋装备自主产业化能力的基础。

4.4.4 深海生物资源勘探装备

在探索和采集深海生物资源信息的过程中，装备需要具备长时间自主作业的能力。为了实现这一目标，研究者致力于开发低功耗的节能智能装备，以便完成长时间的自主航行任务。美国 MBARI 成功研制了一款名为 Benthic Rover（图 4-9）的深海履带式爬行机器人。这款机器人能够在海底进行自主作业，而无须与其他深海设备发生物理接触。它自带电池，并能够以低功率的工作方式，完成长时间的海底探测任务。

在过去 8 年里，Benthic Rover Ⅱ 一直在距离加州中部海岸 225 km 远的 Station M 站点连续使用。在该站点，它负责收集关于深海海底生物如何循环利用从上层海域不断沉降下来的碳的数据。这些碳以有机物的形式存在，包括死去的植物和动物，以及排泄物。

这个由钛制成的漫游器的工作流程是按年度周期进行的。每个周期开始时，它从水面支撑船的甲板上入水，然后自由下降到 4 000 m 的深度，最大可达到 6 000 m。到达深海后，它首先使用海流计检测水流方向，然后移动到一个未受干扰的海底区域开始作业。它通过照射蓝光使其中的叶绿素发出荧光来，来测量该地区新沉降的浮游植物和植物碎片的数量。此外，它还记录了水温和氧气浓度，并测量了生活在淤泥中的生物体的耗氧量。为了测量这些，它将两个透明的呼吸计放置在泥浆上，保持 48 小时后再提起。完成一系列测试后，漫游器向前移动 10 m，重新进行所有测试。这样的作业模式会持续一整年，其间由车载电池供电。

由于 Benthic Rover 无法直接向岸边传输信号，需要依靠自主水面机器人 Wave Glider 每年 4 次前往 Station M。Benthic Rover 通过水下声学释放器来传输其位置和运行状态，由 Wave Glider 接收后通过卫星将信息转发到岸基接收站。一年作业期满后，Benthic Rover 被拖回海面，下载记录的数据，更换电池并进行必要的维护，然后被再次送回海床继续工作。

图 4-9　Benthic Rover

在国内，上海交通大学等单位也开展了相关研究，研制出一种利用形状记忆合金相变原理驱动的仿管水母潜水器。该潜水器实现了低能耗、深潜耐压、长航时等功能特点。通过使用智能合金材料作为致动器，结合柔性功能结构设计，它实现了高效率的喷水推进单元。这种设计无须运动转换机构，且在深水应用时无须水压补偿，大大节省了推进能量，减小了体积和质量。采用多个喷水推进驱动单元和仿生构型方式，实现了多致动器组的协同推进，使得潜水器机动灵活。

4.4.5　高速水下观测装备

传统的 AUV 通常采用流线型的回转体设计，这种设计在理想条件下能够减少水动力阻力，提高航行效率。然而，当这些 AUV 在复杂地形的海底地区执行任务时，其自身的构造特点往往会带来一定的局限性。由于回转体的形状和尺寸，它们在较高的航行速度下难以有效避开各种障碍物，如岩石、海沟等，这无疑会对作业的连续性和安全性造成影响。因此，为了确保作业的顺利进行，传统 AUV 的作业速度一般都维持在一个较低的水平，典型的巡航速度约为 2.9 kn，而最大航行速度则在 5 ~ 6 kn。

为了克服传统 AUV 在复杂海底环境中的这些缺陷，在高速 AUV 的设计中不仅配备了机翼，还专门设计了尾翼和舵面，以更精确地操控其运动姿态。这种设计使得高速 AUV 在水下的运动方式比传统 AUV 更为节能，同时具备更好的爬升性能。当高速 AUV 在复杂地形的海底进行高速作业时，它可以更加灵活地规避障碍物，这一运动特性为它在复杂海底地形中的高速作业提供了坚实的保障。因此，高速 AUV 更适合于执行海底地区的长距离探测任务，以及在复杂地形中完成高速作业的任务。

水下滑翔机是近 20 年来发展起来的一种特殊类型的 AUV。它与传统 AUV 的主要区别在于其没有推进器，而是通过浮力调节装置和机翼来实现前进。这种独特的结构设计使得水下滑翔机能够在耗能极小的情况下实现长距离航行。尽管水下滑翔机的航程较远，但它们的普遍缺点是航速较低，这意味着完成某一区域的作业任务需要较长的时间。此外，对于某些新型能源的水下滑翔机，例如美国 Webb 实验室研制的 Slocum Thermal Glider，其作业范围受到温度的限制。Slocum Thermal Glider 利用温差变化来控制潜水器的姿态，将温差能转换为动能，从而实现长时间的作业任务，其续航时间可达 5 年，航程可达 3 000 km。

由中国科学院沈阳自动化研究所牵头研制的"升力型高速 AUV"，是一种基于升力原理的新型深海高速潜水器。它突破了大正浮力升力体潜水器的优化设计、宽航速自主航行控制、非接触式高转矩密度转矩转换推进、高速海底地貌测绘等多项关键技术，实现了在深海高速大负载情况下的高精度航行及探测作业能力。2021 年，"升力型高速 AUV" 完成了海上验收试验，验证了其在最大工作深度、最大航行速度、最大潜浮速度、宽航速航行控制、大正浮力 / 大负载下航行控制等功能和性能指标。具有高航速、大负载、强环境适应能力的"升力型高速 AUV"，在未来海洋应急搜救和科学考察等领域中展现出了广阔的应用前景。

4.4.6　生物采集耐压装备

采集深水生生物时，设备需具备深水高耐压性。深海作业耐压能力，是影响潜水器下潜深度的关键因素之一，也是深海智能装备发展中的一个重要概念和能力。目前，各国发展的深海载人潜水器耐压舱结构普遍采用单层球壳设计，主要使用的材料为高强钢和钛合金两种。"深海挑战者"号（Deepsea Challenger）（图 4-10）是由电影导演詹姆斯·卡梅隆与澳大利亚工程师团队共同打造的，是目前全球下潜最深的潜水器，下潜深度约为11 000 m，其驾驶舱可容纳一人。该潜水器上安装有多个摄像头，可以全程3D 摄像，还配有专业设备收集小型海底生物，以供地面的科研人员研究。

此前，深海载人潜水器耐压舱的技术突破主要在材料和加工精度两个方面。以"深海挑战者"号为例，其耐压壳体为钢制壳体，内径 1.1 m，厚 0.066 m。在宾州州立大学实验室开展的两次测试中，该结构均顺利通过了 114 MPa 全海深压力测试。从测试安装的 22 个应变片的实验数据分析来看，该结构能承受 $114 \times 1.4 = 159.6$ MPa 的压力，而不发生屈曲。简单的计算结果表明，该球壳环向的压应力已达 1 000 MPa。除了材料特性，结构的加工精度也会影响结构的抗压 / 抗屈曲能力。

2012 年 3 月 26 日，詹姆斯·卡梅隆乘坐"深海挑战者"号抵达太平洋下约 11 000 m 深处的马里亚纳海沟，成为世界上第一个独自驾驶单人潜水器到达这一地球已知最深处的人。在下潜 2 小时 36 分钟后，"深海挑战者"号终于降落在马里亚纳海沟的"挑战者深渊"，在水下 10 898 m（35 756 英尺）

处的海床着陆。卡梅隆成为自 1960 年以来第一位潜入这个世界最深渊的人，并且是首位单独完成这一壮举的探险家。

2013 年 3 月 27 日，卡梅隆宣布将其价值 1 000 万美元的"深海挑战者"号潜水器捐献给一家非营利性的研究机构——马萨诸塞州的伍兹霍尔海洋研究所（Woods Hole Oceanographic Institution），以帮助其开展进一步的海洋研究。

图 4-10　深海挑战者

现今的深潜器球壳加工精度的要求都非常高。以日本"深海 6500"制造工艺的精度为例，其球壳的真球度（即实测的曲率半径和标准曲率半径的比）已将近 1.004。日本"深海 6500"号（SHINKAI 6500）（图 4-11）载人潜水器是由日本海洋－地球科技研究所（Japan Agency for Marine-Earth Science and Technology，JAMSTEC）研发和运营的深海载人潜水器，于 1989 年建造完成并进行了一系列载人潜水试验，是目前日本下潜深度最大、作业能力最强的载人深潜器。"SHINKAI 6500"号的水下作业时间长达8小时，曾下潜到6 527 m深的海底，创造了载人潜水器的深潜纪录。自1991年开始服役以来，"SHINKAI 6500"号深潜器在太平洋、大西洋和印度洋，开展海底地形、地质和海洋生物的调研工作，下潜次数超过了1 300次。

2012年3月，JAMSTEC对"SHINKAI 6500"号进行了一次最大规模的升级改造。

"SHINKAI 6500"号载人球体内径为2.0 m，可以同时容纳两名潜航员和一位科学家作业。其载人球体内部安装了各种仪器，这使得工作人员的活动空间更加狭小。这个73.5 mm厚的球体由强度大、质轻的钛合金材料制作而成。在6 500 m深的海底，海水压力为681个大气压。这意味着载人球体的抗压能力必须足够强大，否则有一点的弯曲也会使球体崩溃。这个球体在制造过程中要尽量逼近标准球形。

现有的耐压壳体的安全系数较低，过高的应力水平会使疲劳寿命大幅降低。现今，在材料强度和加工精度方面，提升空间都已很小，只有研发新型耐压舱结构，摆脱对材料强度和加工精度的依赖，才是发展新一代深潜器的出路。从力学原理来看，设计耐压壳的关键力学问题在于弹性失稳和塑性屈服。从弹性失稳角度来看，由三维空间微桁架结构组成的点阵材料夹层结构，具有高比刚度、高比强度、多功能性等特点，能有效提高耐压舱结构抗屈曲能力。而基于层间充压的分层分压舱的结构设计，则可以将深海超高压力分解，由内外壳体比较均匀地分担，显著降低壳体的应力水平，提高耐压舱塑性屈服安全系数，从而有效增加疲劳寿命。

中国科学院力学研究所提出通过分层结构、分压设计、点阵桁架、材料匹配等方案，来实现高性能新概念潜水器耐压壳的总体设计。利用分层点阵结构具有的高比强度、高比刚度、高耐压性等特点，完成深潜器的轻量化设计；通过层间充压等方案，将深海超高压力分解，实现压力均匀分配，实现潜深7 000 m的深水作业装置。这种基于层间充压的分层分压舱潜水器具有广阔的发展前景。

图 4-11　SHINKAI 6500 结构图

4.4.7　深海生物功能基因检测装备

深海，这个地球上最神秘、最未知的领域，蕴藏着独特的生物资源。这些生物资源不仅丰富了我们对生命的理解，也为我们提供了丰富的活性产物。然而，由于深海环境的特殊性，对深海生物的研究仍然面临着巨大的挑战。

首先，深海探测装备的不足是一个重要的限制因素。尽管国内外已经开发了一些深海生物采样装备，特别是微生物原位保压取样装置，为深海微生物的研究开辟了新的可能性。但是，保压取样器的容量小、保温性能低等因素，使得深海特有功能基因的研究无法深入进行。这些功能基因是深海生物适应极端环境的关键，也是丰富的活性产物的来源。

其次，目前深海生物学研究的难点在于深海生物功能基因无法准确快速地进行鉴定。从深海到科考船，生物样品经历了温度和压力的剧烈变化，导致大部分生物样品出现严重的形态和生理变化。为了准确反映深海生物在原位的状态，发掘大量深海生物的功能基因，原位生物采样与探测技术的研发势在必行。

目前，国内外对深海生物的研究主要处于利用高通量测序获取基因组的阶段。然而，这种方法产生的大量数据无法解读，形成了数据"堰塞湖"现象。虽然，国内外的一些实验室已经开始开展深海微生物原位样品固定的实验，研发了原位采样和核酸固定装置，但这些原位样品对于研究深海生物功能基因远远不够，还存在着样品无法复原的缺点。

2020年，由中国科学院深海科学与工程研究所组织，中国科学院大连化学物理研究所、中国科学院半导体研究所、中国科学院南海海洋研究所、浙江大学等多家单位自主研发的多序列原位核酸收集装置、深海原位紫外拉曼化合物探测装置、深海蓝绿激光厘米量级生物三维成像装置、深海显微成像装置、深海原位微生物计数和荧光检测等5型国产设备，搭载"凤凰"深海着陆器已经完成了8次下潜，顺利通过"深海生物功能基因原位检测与传感系统研制"项目的海试。

4.5 深海开发智能装备体系

4.5.1 深海常驻装备

2007 年，Chevron 能源技术公司针对深海油气开发的需求，首次公布了其常驻作业系统（Resident Intervention Systems）的发展规划，并制定了一份详尽的长期发展路线图。这一规划的核心是，逐步增强无人自主航行器（AUV）在深海油气开采领域的应用能力。在 2007 至 2009 年这两年中，Chevron 投入大量资源，研发了一种先进的悬停型 AUV，名为 Prototype Autonomous Inspection Vehicle（PAIV）。通过一系列的水池试验后，该公司成功验证了 AUV 在水下进行自主作业的可行性。在 PAIV 的研发过程中，AUV 的技术得到了迅速的提升，这让 Chevron 将后续研究的重点转向了进一步提高 AUV 的能力上。

到了 2010 年，Chevron 组织了一次近海试验，展示了商业化 AUV 管线跟踪软件的能力。在这次试验中，AUV 成功演示了其自主跟踪海底管线的技术能力。2011 年，Chevron 的研究团队专注于 AUV 三维声呐建模技术研究，并通过实验验证了基于机械扫描声呐和多波束测距声呐对直立和倾斜结构建模的能力。2012 年，该公司继续支持高速无线水下通信技术的发展，并成功验证了无线传输和电池充电的可能性。

2014 年，全球四大石油化工企业之一的 Total 宣布，将与 Chevron 联合开发一款新的 3 000 m 深度的 AUV，专门用于海底石油管线检测。它们发布了一段基于海底基站常驻作业的 AUV 演示视频，并宣称在未来 6 至 7 年内，将能够使用 AUV 进行水下安装作业。

与此同时，Battelle 和 Ocean Works 两家公司也在联合研发水下对接和充电基站。2011 年，它们利用 Bluefin-12 AUV 在波士顿港进行了自主对接、充电和数据传输的试验，目前这项技术仍在不断完善中。Bluefin-12（图 4-12）是一种轻巧型的水下潜航器，长 4.83 m，直径 32 cm，最大下潜深度为 200 m。Bluefin-12 以操作简便、续航能力强和载荷能力大而著称。它采用模块化体系结构，简化了现场维护工作，并显著减少了停机时间。它可以在 30 分钟内恢复运作，重新配置并重新部署，可以从不同类型的船只上投放下水和回收。Bluefin-12 支持操作员首选的传感器和有效载荷的集成，提供了超过 4 000 cm³ 的有效载荷空间，并提供了 Bluefin Robotics 标准接口来增加有效载荷。此外，还可以选择为 UUV 配备集成测量套件，包括 Sonardyne Solstice 多孔径侧面扫描声呐、前视声呐（FLS）、可移动数据存储模块、高清机器视觉摄像头、摄像头光、浊度和荧光计传感器以及 Sea-Bird Scientific ECO Puck 光学传感器，还可以安装自动目标识别系统。Bluefin-12 配备有专用的惯性导航系统、多普勒速度记录仪、Wi-Fi、铱和声学通信，以及集成的环境传感器套件。UUV 可以提供准确的导航和地理参考数据。潜航器上的 FLS 提供独立的地形跟踪和避免碰撞功能。水下潜航器还配备地面故障检测、泄漏检测等安全系统，以及独立供电的紧急操作系统。Bluefin-12 由安装在后部的万向节管式推进器推动。推进器由 4 个功

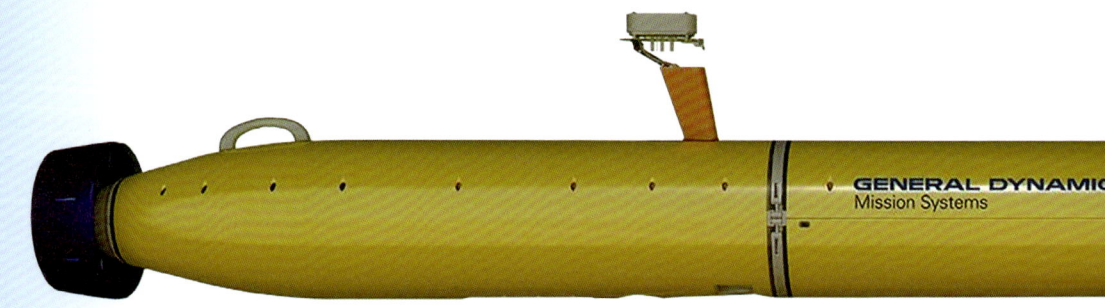

图 4-12　Bluefin-12

率为 1.9 kW/h 的可充电锂离子电池供电。该推进系统可提供 6 kn 的最佳持续运输速度和 5 kn 的调查速度。该潜航器在 2 kn 速度下，可达到 36 h 的最佳耐久性。同时，它的电池可进行更换和快速取出后充电。每个拆下的电池可以在 6 小时内完成充电。

在我国，中国科学院沈阳自动化研究所、清华大学等机构提出了一种自主与半自主兼容的控制体系结构。这种基于智能 / 赛博技术的体系结构能够实现"人在回路"的深水常驻机器人（Resident AUV，RAUV）平台的远程监控和半自主控制。RAUV 平台能够与海底基站自主对接和补给，从而突破常规 AUV 单次作业模式的限制，实现"作业—对接—补给—再作业"的常驻循环作业模式。这一深水常驻机器人平台解决了水下无线高速通信、智能前端数据处理、水面控制平台数据呈现、智能监控等一系列核心技术问题。

4.5.2　深水高机动运行装备

针对深海资源勘探的复杂性和挑战，水下机器人需要具备灵活多变的结构以及高机动运行能力。这种灵活性和机动性使得水下机器人能够高效地在复杂的深海环境中执行任务。

为了提高水下机器人在各方向的灵活性，瑞典 SSE 公司设计了一款具

有 6 自由度的水下机器人。这款机器人采用了更多的推进器，其中包括了在垂直方向上的 4 个推进器和在水平方向上的 4 个推进器。这些推进器均以矢量固定的方式布置，使机器人能够在任意方向上进行运动和悬停。

中国科学院沈阳自动化研究所研制的"潜龙二号"则采取了不同的设计思路。为了适应地形起伏的海域，"潜龙二号"没有采用传统的圆柱体外形，而是采用了扁形外形。这种扁形设计可以使潜水器在前进方向和垂直方向上的迎流面积减小，从而在两个方向上都具有较小的水阻，在垂直面具有较好的机动性能，提高可操作性。此外，"潜龙二号"的推进器是安装在舵板上的。其前后水平舵板配备了 4 个推进器，舵板可以在 ±90°之间转动。通过舵板的转动，可实现前进方向和垂直方向的推进，特殊情况下还可以倒退。

然而，固定的外形结构决定了推进器的布局设计，也限制了潜水器自身的运动性能。因此，Argo 浮标和水下滑翔机的出现，为高机动运行的潜水器提供了新的设计思路，即通过外形体积的变化来提高机动性。

美国 WHOI 整合了开架式 ROV 和流线型 AUV 的功能，研制了 HYBRID 潜水器，这款潜水器具备了变形的概念。青岛海洋地质研究所则研制了多向、低水阻、矢量高效推进的海底及水中高机动运动的变形潜水器。这款潜水器突破了水下低水阻变形及控制技术、高效矢量推进及控制技术、基于水下目标识别与地形重建的目标驱动控制技术。

这些技术的突破，为水合物气泡羽流立体追踪、海底水合物或硫化物赋存区底质着陆式精细识别与探测跟踪等典型应用奠定了坚实的基础。

4.5.3　深水漫游装备

近年来，随着技术的不断进步，深海多位点着陆器与漫游者混合型潜水器的研制和应用，为深海底部的探测作业带来了颠覆性的变革。这种混合型潜水器不仅具备着陆器长时间定点探测作业的能力，还能在必要时释放漫游者潜水器，进行更为精细的探测和作业。

具体来说，这种混合型潜水器可以从其着陆器框架内释放漫游者潜水器，使其在邻近区域开展精细探测和作业。同时，着陆器本身也可以携带漫游者潜水器在海底移动，从而在单个作业周期内完成多位点的探测。这种方式大大提高了深海探测的效率，同时也降低了成本。

国内外公开文献及信息显示，德国莱布尼茨海洋科学研究所（简称GEOMAR）正在开展类似的研究项目——MANSIO-VIATOR。这个项目是由德国16所空间和海洋领域科研单位联合发起的研究计划ROBEX（Robotic Exploration of Extreme Environments）的一部分。MANSIO-VIATOR项目的目标是，研制一套用于6 000 m海底的小范围、高分辨率探测定点着陆器和爬行式潜水器联合作业装备。

在这个项目中，定点式着陆器MANSIO为漫游者潜水器VIATOR下潜布放和回收的载体，通过与水下网络连接的复合缆为VIATOR提供能源，并获取VIATOR的观测数据。VIATOR则采用固定式履带行走机构，可以携带传感器对着陆器附近区域环境进行精细探测。2016年4月，MANSIO-VIATOR在波罗的海西南部完成了10 m距离的自主回坞试验。

在我国，随着"蛟龙"号载人潜水器7000 m级海上试验的成功，我国启动了针对深度大于6 000 m深海区"海斗深渊"科学与技术的研究。在此前提下，我国研制了包括深渊着陆器在内的多套深渊探测作业装备。中国科学院深海科学与工程研究所在耐超高压密封技术、着陆器控制及探测技术方面提出了新的研究思路，成功研制了我国首套7 000 m、11 000 m级深渊着陆器，搭载多型国产材料、能源及传感设备完成了海上试验，取得了多项国际领先科考成果，为我国深海科考进入万米时代做出了重要贡献。在5年时间里，着陆器已累计完成184次下潜作业，其中26次超过万米，获得了丰硕的科考成果，其中多项成果为国际首次。

4.5.4　深海油气钻采开发装备

深海油气开发装备技术，包括深水水下油气生产系统装备技术、深水浮式油气生产开发装备技术、深水水下钻井装备技术等，是实现突破深水水下关键技术的重要手段。通过自主设计建造新型深水油气开发装备及其关键配套设备，可以加快南海油气资源的开发进程。

一般来说，水深超过 300 m 的海域的油气资源被定义为深水油气。深水是全球油气资源的重要接替区。全球超过 70 % 的油气资源蕴藏在海洋之中，其中 40 % 来自深水。我国石油对外依存度超过 70 %，天然气对外依存度超过 40 %，因此提高我国能源安全和加强资源保障力度非常重要。

2021 年 9 月，中国海洋石油集团有限公司宣布，由我国自主设计和建造的智能深水钻井平台"深蓝探索"，在南海珠江口盆地成功开钻。该平台的最大作业水深为 1 000 m，最大钻井深度为 9 144 m，集成了传统锚泊型钻井平台和现代动力定位型平台的性能优点，成为全球首艘获得挪威船级社（DNV）智能认证的钻井平台。

"深蓝探索"平台是为南海深水油气勘探开发量身定制的新型半潜式钻井平台，适应我国南海水文和气候环境，可在南海中深水海区、高温高压地层、超深埋藏地层进行油气勘探开发。该平台搭载了自主研制的"智能运维系统"，可实时采集生产运维数据，具备"感知、分析、决策"智能一体化功能。此外，该平台配备了智能防喷器系统，在极端情况下可自动剪切关闭，确保平台运行的安全性和可靠性。与传统的单井口模式相比，该平台可实现主、辅井口同时作业，综合作业效率提高了 35%，增强了我国在中深水海域的油气勘探开发能力。

同时，"深蓝探索"采用了国内自主研发的世界最高强度等级锚链和相关锚泊设备，提高了应对恶劣海况和超强台风的能力，可在全球海域作业，尤其适用于南海海域的油气勘探开发作业。

作为海洋大国，我国海洋油气资源丰富，仅南海石油资源量就约 248 亿吨，天然气约 42 万亿立方米，其中约一半的资源蕴藏在深海海域。由于总体勘探程度相对较低，海洋油气资源开发特别是南海油气资源的开发，是我国长期、大幅增产的重要方向。通过不断提升深海油气开发装备技术，我国将能够更好地利用南海丰富的油气资源，满足国内能源需求，提高能源安全水平。

4.5.5 深海采矿装备

随着科技的不断进步，深海采矿装备技术也得到了迅速发展，如海底采矿和集矿装备技术、海底矿产扬矿系统装备技术、深海采矿水面支持母船装备技术等。研究人员正努力深入研究深海矿物资源的开采技术，力图突破深海采矿船的自主设计关键技术，以期安全、环保且经济地获取深海矿产资源。

近年来，欧盟在深海矿产资源开发方面取得了显著进展，设立了BlueMining、BlueNodules、VAMOS 等多个项目。自 2017 年以来，荷兰、比利时等国家多次成功进行深海采矿装备海试与环境评估，相关深海矿产资源开发技术、装备逐渐完善。通过大量的海上试验，国外已经建立起了较为完善的深海矿产资源开发技术方案，掌握了关键技术研发和核心装备研制能力，如海底矿石开采装备安全行走和高效采集、长距离泵管输送流动保障、水下动力输送、全系统协同控制、水下综合导航定位、重载装备海上布放回收等技术（表 4-6）。

表 4-6　国外深海矿产资源开发装备发展现状

年份	国家 / 单位名称	水深 /m	试验内容
2017	日本 / 石油天然气金属矿物资源机构（JOGMEC）	1 600	采矿车采集和水力提升试验
2017	比利时 / 德米集团（DEME）	4 571	采矿车行走海试，环境评估
2017	加拿大 / 鹦鹉螺矿业公司（Nautilus Minerals）	—	采矿车带水试验
2017	欧盟 / 可行性替代采矿作业系统项目（VAMOS）	—	采矿车定位导航及感知试验
2019	荷兰 / 皇家 IHC 公司（Royal IHC）	300	采矿车行走试验

我国在深海矿产资源开发方面也取得了一定的成果。我们选择了管道提升式开采方案，主要针对深海多金属结核开展研究，同时兼顾富钴结壳、多金属硫化物；主要开发装备包括深海采矿重载作业装备、矿石输送装备、水面支持装备。矿石采掘装备是海底矿床开采的核心装备之一，主要用于将矿床剥离基岩或沉积物，兼具切割和掘进的功能。

2016 年 7 月，长沙矿山研究院有限公司研制的深海富钴结壳采矿头在南海完成了富钴结壳采掘试验，验证了螺旋滚筒采矿头采掘富钴结壳矿体的可行性。2018 年，长沙矿山研究院有限公司研制的富钴结壳规模取样器完成了富钴结壳规模取样器海上试验。同年，中国科学院深海科学与工程研究所在我国南海海域完成了富钴结壳规模采样车试验，验证了布放回收、海底矿石破碎等功能。

此外，深海采矿重载作业装备均需配备水下导航定位系统，支持完成装备在海底的作业。哈尔滨工程大学、中国科学院声学研究所、中国船舶集团有限公司第七一五研究所等多家单位在声学定位技术领域进行了广泛研究。2004 年，我国成功研制出第一套基于差分全球定位系统的水下定位导航系统；在国家"十五"规划时期，成功研制出"长程超短基线定位系统"；在国家"863"计划重点项目的支持下，成功研制深海高精度水下综合定位系统；在 2018 年"鲲龙 500"采矿车的海试中，采矿车在 500 m 水深处的定位精度达到 0.72 m。

PART 5

New
Concepts
of

And
Equipment

Deep-Sea Intelligent Technology

5.1 深海智能关键技术重要方向

5.1.1 水面无人艇/水面自主航行平台技术

水面无人艇(Unmanned surface vehicle，USV)可根据任务需求，搭载各种不同的功能模块，自主或半自主地完成一系列任务，具有一定的智能性，并可在水面高速航行。它是一个复杂的系统，涉及船舶设计、通信传输、环境感知、数据融合、运动控制、人机交互、人工智能等多个专业领域，研究内容包括导航与定位、控制与决策、感知与融合、能源与动力、船体与载荷、通信与数据等众多方向，以实现自主航行、智能避障、目标识别、多模通信等多种功能。利用远程通信技术实现USV与岸上控制中心的信息交互，达到远程操控USV的目的。

水面无人艇具有高航速、大续航力、经济性好、隐身性、浅吃水、小体积、易批量生产、布置方便等突出优势，在军用、民用领域均有十分广阔的应用前景。在军事领域，它可在远程预警、长期海域监视、反潜战、隐蔽侦察、重要军港或设施的警戒巡逻等作战方面发挥重要作用，降低载人兵力风险，执行常规水面舰艇不能或难以完成的任务，在未来建设智能化军队，打赢智能化战争以及反恐斗争中具有独特的地位，发挥着不可替代的作用。在民用领域，它可用在包括海洋测绘与科学调查、环境监测、水文调查、气象预报、海上巡逻、反恐、搜救、应急响应等在内的方向上。此外，未来商业级、消费级水面无人艇的市场前景也十分广阔。

5.1.2 水下多功能沉浮平台技术

水下多功能沉浮平台是一种能在大水深范围内进行长时间无人自主性

测量、通信及其他多种工作的设备。在进行水面、水下自主沉浮运动的过程中，该平台可进行海洋噪声剖面、温深剖面测量，并通过卫星通信将监测信息发送至地面接收系统，可在空间、时间上统计出海洋噪声分布的特性，是一种建立全方位、实时、高效海洋环境噪声、温深剖面监测系统的有效实现手段。水下多功能沉浮平台还可以执行定制类任务，并基于任务目的进行功能设计。它以船形浮体为载体，安装有动力系统、控制系统、通信系统和任务载荷，通过控制端发布命令进行远程控制。我国在水下多功能沉浮平台方面尚未开展深入研究，在长期部署、隐蔽作业、平台自主决策等诸多方面存在短板，急需开展技术攻关。

水下多功能沉浮平台是一种高度灵活的海洋工程设备，具备许多特点和用途。比如，能够长期部署和进行上浮、下沉、定深悬浮的远程控制，能执行信息感知、载荷搭载与释放等多种任务；在恶劣环境下，能在重要海域执行信息感知任务，维护我国海洋权益。此外，它还在海洋测量、应急水下信息中继、水下组网等诸多领域，具有重要意义。如在一些特定的重要海域应用，尤其是不便于人员留守及不具备其他测量手段的情况下，可利用水下多功能平台建立水下监测站；可根据需要，在重要海域布置多个水下多功能平台，搭载水下通信中继站，形成水下声遥控网络；可用于定点海区的动力环境参数、生物资源、海底矿产资源的调查与监测；可用于特定海区、特定深度剖面的作业任务等。同时，它还可以应用于相关的海洋科研及其他领域中。

5.1.3　水下滑翔机技术

水下滑翔机是一项将对海洋观测技术产生颠覆性影响的深水海洋高技术。它将传统海洋观测技术与新一代信息技术相结合，显著提升海洋立体观测能力，实现海洋信息的智能感知，是国际海洋观测技术领域的研究和发展热点。我国基于当前水下滑翔机技术基础，针对广域、长时和精细化的海洋调查需求，开展能源与驱动、控制与通信、耐压与结构、防腐与附着、环境感知与智能运行、长时间工作可靠性与安全性等技术优化研究，进一步突破平台系统的增能和降耗核心技术，研制具有自主知识产权的超长续航水下滑翔机。

水下滑翔机作为一种新型的海洋环境观测设备，可反复使用，可以每天24小时连续工作数月，航行范围可以达数千千米，能节省大量出海费用，具有效费比高、机动性强、易于布放回收等特点。作为一种海洋移动自主观测平台，水下滑翔机可以搭载不同的科学载荷为海洋科学研究提供大量、高时空分辨率的观测数据，对海洋科学研究具有重要的影响，并产生极大的社会效益和经济效益。目前，国内已经有相关单位通过使用"海翼"水下滑翔机观测到的数据，开展关键技术研究。

经过20多年的发展，水下滑翔机技术已日渐成熟，基于滑翔机的海洋观测应用也越来越广泛，全球几乎所有的大型海洋观测系统都使用过或正在使用水下滑翔机作为观测的重要手段。许多欧美国家和地区已经提出了用滑翔机覆盖全球海洋的宏大计划，水下滑翔机的应用将因此继续扩大。我国正在积极探索和大力开展相关研究，水下滑翔机也将为我国周边海域的观测做出更多的贡献。预计未来10～15年，水下滑翔机将伴随着我国全水深实时观测技术、深海环境模拟预报技术、全球海洋环境噪声预报技术、中尺度海洋现象的环境保障技术、多源海洋数据融合与无缝集成技术、海洋"互联网+"关键技术、深远海海洋观测信息流技术等海洋技术不断发展，并得到更加广泛的应用，为海洋智慧化、透明化提供有效观测手段。

作为一项海洋高技术装备，水下滑翔机具有成本低、航行可控、实时性强、噪声低等特点，有着很强的民用和军用需求。水下滑翔机主要用于海洋科学调查、海洋资源勘探和海洋安全保障这3个方面，可测量海水温度、盐度、密度、海流、pH值、含氧量、叶绿素等海洋水文环境信息，还可测量海洋背景噪声、声信号传播规律等海洋声环境信息，是海洋预报、资源勘探、水下探测、安全航行、海上活动等的关键。水下滑翔机技术的成熟和推广应用，对我国海洋经济发展和海洋国防安全都具有重要的意义，还有助于带动相关传感器技术和海洋技术产业的发展。

5.1.4 水下无缆剖面定点观测系统技术

水下无缆剖面定点观测系统利用水下无缆剖面定点监测仪，在水面、水下自主沉浮运动过程中，进行海洋噪声剖面、温深剖面测量，并通过卫星通信将监测信息发送至地面接收系统，可在空间、时间上统计出海洋噪声分布特性，是一种建立全方位、实时、高效海洋环境噪声、温深剖面监测系统的有效实现手段。它能够在浮出水面时，根据获得的卫星定位信息，与预定位置进行比较，如若超出限定值，则在下一次下潜过程中自动进行控位操作，以使无缆剖面仪向预定区域航行修正，从而实现不依靠缆绳系留，自主地固定在特定海域，进行长期、连续、定点垂直剖面观测。

水下无缆剖面定点观测系统技术能够进行固定海域自主监测或多台组网连续监测，是全方位、实时获取海洋环境信息和海洋情报信息的重要手段，对保护海洋资源、维护国家海洋利益具有重要意义。它不仅可应用于海洋环境参数获取、海洋环境监测等商业化活动中，同时具备军事用途，可获取敏感海域水下目标的特性，丰富我军海洋情报信息。

5.1.5 水生生物传感技术

水生生物传感器是一种能够检测和分析水生生物体内或周围的生物化学或生理变化的装置。它结合了生物反应与物理或化学传感器的原理，能够将水生生物信息转换为可测量的信号，从而实现对水生生物体状态的监测。为了适应不同的海洋科学研究和应用需求，水生生物传感器技术将朝着小型化和便携化方向发展，使得操作更加简便和灵活。海洋水生生物传感器可以在海洋生物资源评估与检测、海洋突发污染事故预警监测等领域发挥作用。此外，在军事和国防领域，海洋水生生物传感器技术对海洋、海岛军事基地的供水安全亦具有重要的战略意义，能有效应对恐怖投毒风险，保障水质安全。

我国海洋水生生物传感器技术起步较晚，理论研究相对落后，在海洋生物传感技术前沿领域尚没有重要布局。尽管通过国际合作等方式，逐渐建立了海洋生物传感器研究团队及体系，在理论研究、技术装备等前沿领域急需进一步投入人力物力，以推动海洋生物传感器技术等相关学科的应用发展。

目前基于海洋菌类、藻类、贝类、鱼类、浮游生物等行为反应的生物传感监测技术主要可用于突发性水质污染（突发性污染事故、溢油事故、赤潮预警、生态灾害等）的预警监测、入海断面水质环境风险防控监测、海洋渔场养殖水域的水质监测、极地水质调查，海洋科研及军事安全保障领域等。

5.1.6 海洋工程结构材料技术

海洋装备结构材料正朝着轻质量、高强度、耐腐蚀、易焊接及结构功能一体化的方向发展，其中钛合金、碳纤维等新兴结构材料正逐步向着低成本方向发展。增材制造（3D打印）技术在提高战备期间零部件保障的敏捷性方面，显示出巨大优势。

① 海洋装备用高强度、易焊接钢来设计制备

前沿技术：氧化物冶金技术；免预热焊接用钢成分设计技术；新一代TMCP技术；心部变形渗透技术；焊接接头安全服役集成评价技术。

② 海洋装备用低成本、高性能的钛合金及焊接技术

前沿技术：钛合金成分设计、验证及评价技术；钛合金铸造过程中熔体纯净度及成分控制关键技术；钛合金铸造过程中组织凝固及铸件表面粗糙度控制关键技术；钛合金短流程加工技术；高效可靠的大型钛合金部件的先进焊接技术；高性能钛合金材料的稳定化生产技术；超大规格钛合金板材和管材的加工技术；超大规格钛合金部件的成型制造技术。

③ 海洋碳纤维增强复合材料及其大型结构制备

前沿技术：基于基因组技术的超常服役环境下碳纤维复合材料创新研究。以承受高水压及复杂海洋环境的高性能碳纤维复合材料为研究对象，聚集于碳纤维复合材料界面，开展碳纤维复合材料微观结构组成、界面性质与失效

行为的关系研究，揭示碳纤维复合材料界面演化与破坏的环境效应特征，发展界面力学特征与损伤演化的微观/细观/宏观力学实验表征原理和方法；形成一个机制、模型和预测优先，实验验证在后的碳纤维复合材料创新研发方法。

④ **海洋结构功能一体化材料设计制备**

前沿技术：轻量化低密度钢材料设计与制备技术；降噪阻尼钢合金设计与制备技术；电磁屏蔽材料设计与制备技术；双金属复合材料设计与制备技术。

5.1.7 海洋信息功能材料技术

海洋信息功能材料总体上朝着高集成度、高精度、高灵敏度、低功耗的方向发展。海洋长效防污、防腐、减阻、降噪功能一体化涂层材料向着多功能集约化、绿色环保化、智能化、低成本、低能耗的方向发展。在追求耐高压、耐低温、耐盐碱的同时，海洋信息装备结构设计趋向于微小型化、集成化和低功耗发展，功能则趋于向高精度、高灵敏、数字化、网络化和智能化方向发展。

其主要技术热点如下。

① **透明陶瓷材料**

具有高耐压强度、高模量、高化学稳定性，已经成为深海观察、照明和视频拍摄的光学窗口材料。由于该材料还可以作为激光介质、透波与透磁等性能，因此未来可以作为深海信息通信、探测等装备的耐压结构体以及光学窗口材料，集结构与功能一体化。

② **海洋仿生微纳结构与表界面性能智能调控**

从分子层面设计无毒/低毒、广谱、高效的防污、防腐材料，基于仿生微结构调控、多功能分子设计与智能响应以及海洋环境下涂层加速评价等关键技术体系，构建功能一体化、智能型海洋防污、防腐、减阻、降噪涂层并进行全生命周期防护控制成为业界共识。

③ 浮力材料

具备高强度、低密度、低吸水率等优异的性能，因此广泛应用在海洋等领域，其中最重要的应用是装配在深海装备上，为其提供浮力和保证设备的平衡。浮力材料是未来海洋功能材料应用方向之一。

④ 开展面向深海、远海、极地海洋的平板式钠镍电池

与管式钠镍电池相比，平板式钠镍电池具有更高的功率密度，单电池之间的串并联也更为方便。在新型高电导率电解质取得突破的基础上，钠镍电池的工作温度将进一步降低，可降至 180 ℃以下甚至室温。

⑤ 海洋超高比能电池材料和技术

低温锂离子电池（聚酰亚胺电极 / 乙酸乙酯电解质），-70 ℃下保持常温 70% 的比容量；锂 / 氟化碳电池，比能量达到 940 Wh/kg；全固态锂离子电池，最大工作水深超 10 000 m；锂－氧全电池，比能量超 1 000 Wh/kg。

⑥ 高精度低功耗智能化海洋信息传感探测材料和技术

海洋原位辐射探测使用低本底、高能量分辨闪烁材料及器件应用技术；可实现多维度成像、低频及远程探测；兼具耐高静水压、耐低温及高性能新型压电材料，高磁电耦合的灵敏元材料、结构设计及封装技术，高强度高耐候性功能电介质材料及温度－压力多参数集成海洋传感器设计与集成技术。

5.2 深海进入智能装备新概念

深海是海洋中充满神秘和未知的区域。它不仅是全球油气、矿物以及生物资源的最主要集结区，也是"智慧海洋"概念的核心区域。海洋装备泛指所有在海洋空间中运行或服务的各类装备，典型的海洋装备包括舰船、潜艇、飞机、水下机器人等。随着人工智能与海洋装备的深度融合，评价海洋装备力量的关键词转向智能化、无人化海洋装备的技术水准、规模和任务能力等新概念。

智能化装备是海洋技术应对当今世界需求的重要手段。智慧海洋工程走向深海，在现代化的海洋装备和海洋活动中深度融合先进的信息技术和智能技术，不断推进深海海域的透明化，使新概念深海智能装备在海洋科研探索、海洋生物、环境保护、海洋资源开发和利用、海洋军事等多个方面的研究应用具有重要意义。

5.2.1 基于流体升力的高速自治潜水器

基于流体升力原理而研制的高速自治潜水器（以下简称高速 AUV），具备环境感知、动态路径规划、智能自主控制等先进功能。其有效载荷包括 INS、DVL、GPS、CTD、声通机、无线通信机等。在相同尺度和负载情况下，与常规 AUV 相比，它大幅度提高了航速和航程，且机动性更优。

（1）研究现状

传统 AUV 的艇身通常设计为流线型的回转体。然而，在地形复杂的海底环境中作业时，由于其构造特点，在较高航行速度下，它难以避开各种障碍物，从而阻碍作业的进行。因此，传统 AUV 的作业速度一般维持在一个较低的范围，巡航速度约 2.9 kn（1.5 m/s），最大航行速度为 5 ~ 6 kn。为克服传统 AUV 的缺陷，高速 AUV 不仅配备了机翼，还设计了尾翼和舵面来操控其运动姿态。这样的设计，可使高速 AUV 在水下运动时比传统 AUV 更节能，而且具有更好的爬升性能。当其在高速下进行复杂地形的海底作业时，可以更加灵活地避开障碍物。这一运动特性为高速 AUV 在复杂海底地形中以较高航速进行作业提供了有力保障。因此，高速 AUV 更适合执行海底地区的长距离探测任务，以及在复杂地形中完成高速作业。

水下滑翔机是近 20 年发展起来的一种特殊 AUV 与常规 AUV 不同，水下滑翔机通常没有推进器，而是配置了两类特殊的部件——浮力调节装置与机翼。这种结构设计能显著节约能源。但本质上讲，水下滑翔机在水中的重力仍然是通过浮力部件来配平的，而浮力调节装置仅用来产生微小的浮力调节量，与机翼产生的升力相结合，形成推动滑翔机前进的动力。

尽管水下滑翔机具有较大的航程，但也普遍存在一些缺点，比如航速低，完成某一区域作业任务的时间长。对某些使用新能源的水下滑翔机来说，其作业范围还受到温度的限制。例如 Slocum Thermal Glider，它利用温差变化，通过使相变材料特性变化来控制潜水器的姿态，将温差能转换为动能，从而完成任务。

高速 AUV 的航行原理决定了其具有不需要携带浮力材料或者仅携带体积较小的浮力部件进行航行的能力，甚至能完成在负浮力状态下的航行。与传统潜水器相比，这一特点使其在搭载相同有效载荷的情况下，具有更小的体积和阻力，并且航速愈高，高速 AUV 在减少阻力方面的优势愈明显。

（2）关键技术

高速自治潜水器配置了机翼，在**机动方式**上，不是依靠浮力而是通过潜水器在航行中获取的流体升力来平衡其在水中的剩余质量。这种设计使它不需要安装庞大的浮力部件，体积远小于、轻于水型的潜水器。高速 AUV 能够在速度、成本、机动性等方面体现其优势，将成为现代潜水器的一个发展方向。

在智能感知方面，高速 AUV 具有温、盐、深等水温参数测量能力，可实时采集、记录、存储其外部的深度、航向、航迹数据和内部的状态数据（如航行姿态、设备运行状态、能源消耗等），以及探测数据（实时海洋环境参数）。

在决策控制方面，它具有"动态路径规划"和"预编程"两种功能，可根据任务进行选取；具有自主航行能力，可实现三维坐标下路径跟随控制功能；具有水面遥控航行功能；具有水下组合导航功能。

在水声通信与定位方面，通过长基线定位系统，它可实现区域定位和水下航行状态实时监控功能；具有水面卫星定位功能。

在结构方面，高速 AUV 需要匹配合适的机翼，才能够为其提供足够的升力，从而在设计航速下保持平直航行状态。同时，机翼在航行过程中产生的抬头或者低头力矩需要尾翼进行配平。

高速自治潜水器基于流体升力原理来研制，实现了多个技术创新。

① 借鉴飞行器设计与潜水器设计方法，采用机翼流体升力代替浮力材料配平潜水器的水下质量，提供一套基于流体升力的高速自治潜水器总体设计及研制方案，大幅提高航程或航速指标。

② 基于高速 AUV 的特点建立其水下运动的数学模型，分别研究这种 AUV 纵向、横向运动的动力稳定性、短周期稳定性，给出各种运动稳定性之间的关系和各种稳定性判断依据，理论分析其纵向运动特性。

③ 针对潜水器巡航状态、垂直面机动状态、水平面机动状态等，分别研究基于智能的滑模变结构控制、自适应控制、鲁棒控制的分析方法，给出相应控制律的设计方法并进行仿真试验验证。

④ 利用潜水器运动过程中获取的实时海洋环境信息，研究基于人工势场法、极限学习机等先进网络模型、隐马尔科夫决策模型等智能技术的动态路径规划方法，给出 1000 m 级高速自治潜水器水下运动的智能动态路径规划。

5.2.2 基于分层分压结构的高性能新概念潜水器

设计、制造一个轻量化、大容积、高可靠性的深海潜水器耐压壳原理样机，需要考虑一些具体指标，比如设计潜深约 7 000 m；本体结构内径不小于 1.5 m，本体结构有效容积不小于 3.5 m³；对比同尺寸结构，临界压力幅值至少提高 30%；对比同临界压力，抗屈曲结构内径至少增加 30%。此外，还可以基于翼身融合、柔性水翼驱动技术研制新型载人潜水器。

（1）研究现状

现今各国发展的深海载人潜水器耐压舱结构普遍采用单层球壳设计，主要使用高强钢和钛合金两种材料。美国的"深海挑战者"号，是目前全球下潜最深的潜水器，其下潜深度达到了 10 908 m。在深海载人潜水器耐压舱的发展历程中，材料选择和加工精度是两个关键的突破点。现今的深潜器球壳加工精度的要求都非常高，以日本"深海 6500"制造工艺的精度为例，球壳的真球度（即实测的曲率半径和标准曲率半径的比）已近 1.004。另外，现有的耐压壳体安全系数较低，过高的应力水平会使疲劳寿命大幅降低。现今，在材料强度和加工精度方面，提升空间都已很小。只有研发出新型的耐压舱结构，摆脱对材料强度和加工精度的依赖，才是新一代深潜器发展的途径。

在力学设计方面，耐压壳的关键力学问题涉及弹性失稳和塑性屈服。从弹性失稳角度来看，由三维空间微桁架结构组成的点阵材料夹层结构具有高比刚度、高比强度、多功能性等特点，能有效提高耐压舱结构抗屈曲能力。而基于层间充压的分层分压舱的结构设计，则可以将深海超高压力分解，由内外壳体比较均匀地分担，显著降低壳体的应力水平，提高耐压舱塑性屈服安全系数，从而有效增加疲劳寿命。因此，基于层间充压的分层分压舱具有广阔的发展前景。

在驱动方面，深潜器需要经历下潜、海底作业、上浮 3 个工作过程。由于大深度潜水器受质量、体积的限制，所带能源有限且通常没有外部能源供给，一般采用无动力潜浮方式，这就使得现有的载人潜水器的水下作业时间较短，7000 m 级的潜水器只有 4 小时的有效作业时间。另一方面，深潜器水下作业工况复杂，传统方式需要大量推进器进行协同工作，例如著名的 Deepsea Challenger 号潜水器共设置 6 个水平和 6 个垂向共 12 个推进器，运动操作较为复杂且仍有必要对阻力和推进效率进行进一步优化，现有螺旋桨推进方式的效率已接近极限。

（2）关键技术

基于分层、分压结构设计的新型潜水器，在机动方式上，采用基于柔性水翼高效推进和快速潜浮技术。通过建立深潜高压条件下柔性推进流固耦合仿真方法，揭示主被动激励下柔性壁面耦合动响应机制，突破柔性水翼水动布局设计方法，获得流固耦合推进与操纵规律，并形成水动力推进与操纵控制模型。通过调整柔性水翼攻角，可以使其成为大尺度舵面，利用水翼升力获得较大的潜浮速度。

水下柔性水翼仿生推进是一种新型推进和操纵一体化方式，其攻角沿展向可调，是提高效率的重要途径。采用柔性水翼的潜水器，基于柔性水翼和翼身融合技术，可以高效推进并提高操纵性能。此外，柔性水翼可以通过调整攻角，设定为大尺度舵面，利用水翼升力获得较大的潜浮速度。

在感认知智能方面：通过研究先进原位传感技术与传感器优化布置技术，可以获取一个服役周期的应变历程，实现新概念潜水器服役寿命的精确预报。同时，研究基于位移传感原理的在线安全预警技术，以及基于激光测振原理的结构动力学无损检测与损伤识别技术，实现潜水器早期失效的识别与预警。

在决策控制智能方面：进行系统参数检测和运动操作控制软件的研制和开发。研究开发超声波远程遥控系统，基于可编程逻辑器件进行控制编程，控制动力输出和执行动作，实现遥控操作潜水器。研制和开发相应软件，通过集成压力传感器和加速度计等，实时采集系统的运动姿态和速度等，监控环境压力，调整深潜器的运动状态。通过实验室测试完成系统软件的调试，并通过合适的野外环境试验验证系统的稳定性和可靠性。

在结构特点方面：基于分层、分压结构的新型潜水器采用耐压壳结构设计。通过分层结构、分压设计、点阵桁架、材料匹配等方案，实现高性能新概念潜水器耐压壳总体设计。利用分层点阵结构具有高比强度、高比刚度、高耐压性等特点，完成深潜器的轻量化设计。通过层间充压等方案，将深海超高压力分解，实现压力均匀分配。并对大尺寸分层分压点阵耐压壳结构制备工艺与性能进行评估，突破大尺寸分层壳体高精度制造技术、分层壳体连接技术、深海密封技术、设计制备与表征评估技术，形成全尺寸分层耐压点阵夹芯壳体结构可靠的工程化制备工艺。

在技术创新方面：基于分层分压结构的高性能新概念潜水器主要表现在以下几个方面。

① 深潜器采用分层分压耐压壳和分层点阵结构，具有高比强度、高比刚度、高耐压性等特点，能显著提高深海服役环境下潜水器结构的弹塑性、稳定性，给出稳定性极限边界。

② 对深海环境材料与结构的服役安全的可靠性进行评估，提高了潜水器的安全性能。

③ 揭示基于柔性水翼的流固耦合特征与推进机制，完成基于柔性水翼的快速潜浮和高效操控新概念潜水器的总体结构设计。

5.2.3　基于目标驱动和矢量无轴推进的可变形潜水器

研制多向、低水阻、矢量高效推进的海底及水中高机动运动的变形潜水器，突破潜水器水下低水阻变形及控制技术、高效矢量推进及控制技术、基于水下目标识别与地形重建的目标驱动控制技术，为水合物气泡羽流立体追踪、海底水合物或硫化物赋存区底质着陆式精细识别与探测跟踪等典型应用奠定基础，为我国海洋资源的探测和开发发挥重要作用。

（1）研究现状

为了增加水下机器人在各方向上的灵活性，瑞典 SSE 公司设计了一款 6

自由度水下机器人。这款水下机器人采用了更多的推进器，垂向4个推进器和水平4个推进器均采用矢量固定布置，实现了水下机器人在任意方向上的运动和悬停。美国WHOI整合了开架式ROV和流线型AUV的功能，研制了HYBRID潜水器。该潜水器具备了潜水器变形的概念。

封闭式潜水器的典型结构设计注重流线型，以减少水下阻力。例如，美国的"蓝鳍金枪鱼-21"AUV就采用了这样的设计。它只有一个低水阻的优势运动方向，并在这个方向上布置推进器。为了增加更多的优势运动方向，由中国科学院沈阳自动化研究所研制的"潜龙二号"没有采用圆柱体外形设计，而是采用了扁形的外形。如此一来，它在前进方向和垂向的迎流面积都比较小，从而降低了水阻。在推进器布置上，"潜龙二号"在前后水平舵板上各配备了4个推进器，通过舵板的转动，来实现前进和垂向方向上的推进。由此可见，固定的外形结构，决定了推进器的布局设计，也限制了潜水器自身的运动性能。

近些年，出现了外形体积变化的潜水器，其中具有代表性的是Argo浮标和水下滑翔机。Argo浮标通过体积的变化来改变浮力，实现了其在垂向方向上的低水阻、高效运动，能够达到甚至超过一年的生命周期。

水下滑翔机不仅能通过改变体积来调节浮力和浮心，还能通过调节重心和浮心的相对位置来达到姿态调节的目的，实现水下高效的滑翔运动，为海洋观测带来了一场革命。但是，滑翔机也只能在单一的优势运动方向上作锯齿状运动，无法完成多方向、低水阻的运动，也不具备坐底运动的功能。

（2）关键技术

基于目标驱动和矢量无轴推进而设计的可变形潜水器，在机动方式上，进行了高效矢量推进器和浮力驱动装置的研制。为了减小推进器的个数，提高推进效率，开展矢量无轴推进器的研制，包括电机的选型优化、桨叶结构和面型的设计、回转方式的设计，以及推进器的模型研究。在此基础上设计基于矢量无轴推进器静态、动态模型的非线性控制器与自适应控制器，以实现潜水器运动的矢量控制。

常用的油囊浮力调节装置受油水密度差值较小的影响，浮力改变效率低。因此，我国正在开展高效浮力调节装置的研制，包括浮力驱动方式的设计、直排推力机构优化设计、水密耐压方式设计等。

在感认知方面，采用立体视觉与深度学习的方法，开展海底资源勘探的典型应用研究。新型潜水器同时具备了水中和海底的运动功能，非常适合海底资源探查的需要。其典型应用是海底水合物形成的气泡羽流立体追踪和对海底水合物或硫化物赋存区底质着陆式精细识别与跟踪。

在决策控制方面，开展了水上和水下部分的控制系统设计。在水上部分，主要设计卫星通信、无线通信和水声通信的系统结构和通信协议，包括硬件设计和软件设计。水下的潜水器控制系统包括5个子系统：运动控制子系统、目标识别与三维重建子系统、存储子系统、定位导航通信子系统、电源管理子系统。其设计内容包括每个子系统的器件设备选型、电气设计和软件设计、系统联调等。

在水声通信与定位方面，进行了目标识别与目标驱动算法研究。以海底天然气水合物或热液硫化物的勘查作为应用背景，开展了基于视觉信息的水下目标识别与目标驱动算法研究。研究气泡羽流的检测、特征估计和立体跟踪的算法；研究视觉系统与运动控制系统的交互；开展对可变形潜水器基本行为模块（水平运动、变形、垂向运动、着陆、视觉探测等）的宏行为建模研究；研究到达目标区域后进行着陆式底质精细识别、分类与跟踪的算法。

在结构特点上，采用多刚体、可重构的结构设计，包括主舱、浮力驱动舱、电池舱、变形机构、矢量无轴推进器的变形潜水器。各个舱段可以进行重构，进而改变浮心和重心的位置，使潜水器外形发生改变，使其在该运动方向上的迎流阻力变小，达到多向、低水阻运动的目的。根据各舱体形成的刚体几何条件和变形机构形成的刚体间约束条件，建立多刚体动力学模型，针对潜水器实现的上浮、下潜、水平巡航、坐底4种运动模式，开展变形潜水器的模型研究。

基于目标驱动和矢量无轴推进理念来设计的可变形潜水器，实现了如下几项技术创新。

① 提出基于可变形潜水器的多刚体建模和矢量控制的运动方案，实现了潜水器在水中受力状态的主动改变，满足潜水器在水体中和海底的不同运动要求，本质上不同于传统潜水器固定不变的动力学特性，为提高潜水器运动性能奠定了基础。

② 提出基于目标三维重构和目标在线驱动的运动控制策略，根据计算机视觉的三维向量场特征动态估计算法有效识别目标，把机器学习算法用于在线调整潜水器形态和运动状态，建立潜水器运动与执行任务间的本质联系，从根本上提高了潜水器任务的智能化水平。

③ 提出一种高效矢量无轴推进器方式。该推进器的电机转子集成螺旋桨直接驱动，解决了传统水下推进器摩擦损耗和水流遮挡损耗问题，并采用对转桨结构，提高了推进器效率。通过推进器全向的矢量转动，减小了推进器的个数，实现潜水器在三维方向上的灵活运动。

5.2.4 基于涡旋运动和声呐集成的新型潜水器

基于涡旋吸附机制，结合多功能声呐集成技术，进行兼具快速、准确爬行和浮游运动能力的碟形 UUV 研制。

（1）研究现状

基于涡旋运动和声呐集成设计的新型 UUV，研究亮点在于其涡旋吸附运动机制和多功能声呐集成传感系统。

自 2003 年提出以来，涡旋吸附机制被多家欧美公司和研究机构应用于陆地爬行机器人研发。与其他类型的爬行机器人相比（如多足仿生、电磁吸附或真空吸附），基于涡旋吸附机制的爬行机器人具有运动速度快、负载能力强、阻力小、能耗低、适应性强、能够在不同接触面灵活过渡等优点。目前，美国涡旋吸附有限责任公司（Vortex Holding，LLC）已经推出基于涡旋再生气体运动（Vortex Regeneration Air Movement，VRAM）的陆地爬行机器人产品。它可通过搭载摄像机及其他探测传感器，来进行危险场合的环境调查及故障检测。

在此基础上，瑞士苏黎世联邦理工学院为这种爬行机器人增添滑翔翼，开发了爬行和飞行两种运动模式，并进行 Paraswift 样机研制，验证其运动原理。此项研究也因受到迪士尼研究机构的资助，Paraswift 样机被用于娱乐展示。

此外，意大利卡塔尼亚大学对于涡旋吸附结构优化和动力学模型辨识进行了深入的理论研究，并开发了 Alicia VTX 样机用于理论验证。

基于涡旋吸附原理的陆地爬行机器人研究进展显著，然而基于涡旋运动的 UUV 却鲜有研究。到目前为止，暂未有相关研究成果公布。

多功能声呐集成传感系统也是影响 UUV 性能的重要因素之一。考虑到典型的用于执行水下工程检测、应急搜救及施工作业的 UUV 最低限度应具有的传感功能，急需研制一套多功能声呐集成传感系统。它包括以下 3 个模块：航位推算模块、实时三维成像模块，以及通信定位模块。目前，尚未发布与声呐集成系统相关的研究报道。

（2）关键技术

基于涡旋运动和声呐集成的新型潜水器的研发，在机动方式上，应用涡旋吸附机制流体力学基础理论，进行 UUV 外形和推进器布置优化，开发 UUV 兼具爬行和浮游运动能力。具有表面吸附能力和碟状外形的 UUV，能够可靠地保持水下静止，更适合执行水下作业任务。该 UUV 依靠其吸附能力，配合螺旋桨的推进作用，推动自身沿着探测物表面快速爬行，有效定位探测目标或故障区域。同时，它还兼具浮游运动能力。

在感认知智能上，借助声呐集成传感系统，在水下成像和目标探测方面发挥作用。

在决策控制智能上，开展基于涡旋运动和声呐集成的新型 UUV 工程总体技术、碟形载体平台技术、系统建模与多推进器联合控制技术、模块化数据采集 / 处理技术研究，完成 UUV 工程样机研制。

由于该 UUV 不依赖浮力调节来实现运动切换，还需要对其爬行和浮游运动切换方式进行研究，完成爬行和浮游全向运动控制算法和切换策略。

在水声通信与定位方面，进行多功能声呐集成传感系统研制。通过对小型声学换能器阵列结构设计、声呐系统低功耗与集成化电路设计、高效三维成像算法、实时声呐图像识别技术、可靠通信与定位技术以及系统集成技术进行研究，研制了一套适用于小型水下移动平台的声呐集成传感系统，同时实现了 UUV 的航位推算、测高、三维成像、避碰、通信和定位功能，以提高 UUV 水下作业、导航及三维避障能力，较传统前视声呐具有垂直分辨与三维成像功能，较常规三维成像声呐具有宽覆盖、小尺寸、低功耗的优势，较传统 UUV 传感器套件具有低成本低复杂性的优势。

在结构上，采用高操纵性能、低阻力碟形载体外形优化设计。碟形载体平台研究内容主要包括载体外形、支撑结构、系统布置、浮力平衡、姿态调节装置等设计与实现。载体外形在很大程度上决定了系统的运动性能和操纵特性。载体布置的合理性与潜水器的外形尺寸和内部空间利用率直接相关。浮力平衡和姿态调节装置主要用于应对外界环境变化对潜水器的影响，使潜水器始终处于中性平衡状态。

基于涡旋运动和声呐集成的新型潜水器研发，其技术创新主要体现在以下几个方面。

① 研究基于涡旋的浮游和爬行运动能力，爬行和浮游运动切换不依赖于系统浮力调节，大大降低系统复杂性。

② 研究静止保持能力及全向运动能力，可以实现快速准确的运动控制，能够灵活完成避障动作，并有效补偿环境对静止保持的干扰。

③ 研究多功能声呐集成传感系统，较传统前视声呐具有垂直分辨与三维成像功能，较常规三维声呐具有宽覆盖、小尺寸、低功耗的优势。

5.2.5　深海声学感知型潜水器

充分利用深海声传播规律，以增强潜水器声感知范围及带宽为目标，开展丰满外形夹壳式多体支撑的潜水器总体布局设计，满足潜水器大视角、远程观测与通信、机动航行与悬浮、深海环境适应等能力要求；开展适于深海潜水器的轻质、低频、宽带被动声阵列研发，利用光纤、压电等多类新型声传感器组合设计，显著提高潜水器的声感知带宽和低频感知能力；按照大视角范围主动声呐通信和观测需要，设计深海发射声阵列及大时间带宽积的信号编码波形；研发低功耗、大数据量实时信息处理系统；开展丰满外形深海潜水器的控制方法研究以及低噪声浮力调节装置等研发，提高潜水器的机动航行与悬浮稳定能力。

（1）研究现状

无人潜水器已经成为人类探索深海空间的主要装备手段。美国"蓝鳍金枪鱼"系列、REMUS 系列，英国 Autosub 系列，日本 YUMEIRUKA 系列，我国"潜龙"系列等都已经被应用于深海领域，最大作业深度超过 6 000 m。

人类进入深海的目的是了解和利用深海资源。声学传感是潜水器实现中远程观测感知和通信的主要手段。理论计算表明，在深海条件下，声学感知和信号传输范围可以显著增大，包括浅层声源的传播范围和深海声源的传播范围。美国深海海啸预警系统 DART Ⅱ，传感器部署深度达 6 000 m，就是充分利用了深海有利的观测和通信条件。

深海的可靠声路径、海底弹射、汇聚区传播等也是国际水声学研究的热点，美国、北约等都组织了很多相关的研究试验工作。近年来，美国 DARPA 组织开展了潜水器扩展深海声感知能力的研究工作。通用动力公司和蓝鳍机器人公司开展 SHARK 航行器的研发。首部 SHARK 测试样机安装了小面积的主动探测声呐，其舷侧外挂两部较短的被动接收阵，工作深度超过 4 000 m。美国还以 REMUS 6000 为载体开展了深海拖曳声基阵探测的试验工作。在中国，国内研究机构也高度重视对深海中低频宽带声信息的获取、处理和应用研究。

（2）关键技术

深海声学感知型潜水器，在机动方式上，重点研究如何通过浮力调节装置和推进器及操纵面联合操控，来满足深海声学感知型潜水器深海定深悬浮观测时所要求的运动姿态高稳定性。由于潜水器工作深度范围大，具备变速机动能力，潜水器控制系统设计需满足不同深度条件下的浮力调节、多种航速条件下稳定控制等要求，因而采用了突破丰满外形深海潜水器机动和悬浮的稳定操控技术。声学感知型潜水器具有多支撑结构的丰满外形，能够实现机动航行和浮力调节定深，需要控制计算机操控多个浮力调节装置、分布式推进器、潜水器舵面等，因此要求设计优化潜水器的航行控制方法。控制系统的作动装置、分布式动力推进装置等需要满足深海动密封要求。

在动力推进系统方面，采用高效无刷电机与耐压壳体的一体化设计技术，利用耐压外壳冷却、解决非规则小空间下电机散热问题；采用无接触磁力耦合技术，解决大潜深下的动密封问题；采用螺旋桨环流理论及 CFD 数值方法，设计导管螺旋桨及多螺旋桨分布式布局方案。基于计算流体动力学方法对潜水器的阻力开展计算，可得到不同航速下的阻力值，通过配置相应的动力电池组及电机功率，即可满足相应指标要求。

在决策控制智能方面，研发潜水器机动潜浮控制系统，重点突破大深度高精度浮力调节技术和非回转体自主潜水器机动潜浮实用化控制策略。

机动潜浮控制机构相互间逻辑关系为，机动潜浮控制机构接收控制系统的指令，通过调节潜水器浮力，实现潜水器的低功耗反复上浮下潜、低功耗低噪声定深悬浮和航行攻角优化控制等功能。

研究高精度、大深度双向浮力调节技术及潜水器潜浮策略有以下两个方面。

① 高精度大深度双向浮力调节技术研究。通过浮力调节量测量技术、机构驱动技术及装置轻量化设计技术等的研究，形成高精度大深度双向浮力调节系统设计方案。

② 潜水器机动潜浮控制建模和控制策略研究。建立准确描述动态特性且计算复杂度合理的控制模型、研究潜水器机动悬浮控制策略，实现对潜水器

悬浮控制的响应速度、控制精度、能量消耗等多个控制目标综合优化。

～～～～～～～～～～～～～～～～～～～～～～～～～

在水声通信与定位方面，研究潜水器的轻质宽带大视角一体化声传感技术，对宽带光纤水听器阵列技术中的大深度灵敏度、低功耗、轻量化、可靠性，以及共形仿生等技术难题进行攻关。比如，机型深海全向声发射和声信号编码技术、突破发射系统小体积质量下宽带大功率发射技术的研究；模仿鲸头部声呐系统进行发射信号编码研究，即通过优化设计信号编码提高发射能量利用率与声探测精度，该类技术较为新颖，具备较强的先进性。研究潜水器大视角多通道、声信息实时处理技术。该技术以嵌入式 GPU 作为信号处理系统的核心，采用电路级和系统级低功耗优化策略，从声电磁角度协同优化系统设计。在其具体的研究中，将会使用多种新技术手段。

提出的技术方案将结合在水下航行器信号处理领域的多年研发基础，紧跟当前声呐信号处理系统设计技术、高速数据传输技术和嵌入式低功耗优化技术的发展趋势，完成潜水器的低频宽带轻质共形声传感方案设计。

在结构设计方面，一种具有丰满外形的夹壳式多体支撑潜水器总体结构被提出。该结构具有多耐压结构、多框架支撑，轻质外壳、耐压壳体及多层功能性模块相互集成的特点。通过潜水器丰满外形夹壳式多体，满足大视角声感知的需求，同时能够抑制流激噪声、保持航行稳定。潜水器结构框架轻质稳定可靠，易于各系统集成。在结构强度方面，开展轻量化耐压结构设计，基于参数化优化设计原理，对耐压结构的壁厚、开孔、加强筋、连接方式等开展尺寸、形状等进行优化，在满足大深度工作的安全要求的前提下降低质量。

在技术创新方面，深海声学感知型潜水器采用围绕声学感知任务载荷的深海潜水器设计理念，大幅提高了其声学探测感知能力。

① 提出了具有丰满外形的夹壳式多体支撑的深海潜水器总体布局，满足大视角的声学感知的需求，为实现大幅提高潜水器声学感知与探测能力的项目总目标奠定了载体基础。

② 突破了发射系统小体积质量下宽带大功率发射的实现技术，实现小体积质量下深海全向宽带大功率声发射技术与安装布局，实现了小型、耐高压、高灵敏度光纤水听器抗振、密排及一体化共形成列技术。

③ 基于高精度大深度双向浮力调节系统的潜水器机动悬浮技术，降低潜水器功耗，延长作业时间，提高了潜水器的隐蔽性和声学传感器的探测数据质量。

④ 建立了潜水器低功耗多通道信号大数据量现场信息处理系统，使潜水器声感知系统的信号采集、存储和实时处理的性能得到了巨大提高。

5.2.6　深海无人仿鱼推进潜水器

6 m 深海无人仿鱼推进潜水器的研制，突破了国内现有的常规潜水器的设计理念。其重点攻克技术有仿鱼摆动高效推进水动力技术、仿鱼高效推进驱动与机构设计技术、仿鱼游动 / 滑翔控制技术、深海高精度自主导航与运动测量系统技术，并具备深海无人仿鱼潜水器总体设计能力。目前，已完成湖试原理验证与海上典型状态下仿鱼推进与滑翔航行试验。

（1）研究现状

在仿生机制方面，仿生物学家对鱼类的游动机制进行了大量的研究，并创建了相应的推进理论。按照选取的主要作用力不同，目前的波动推进理论可以分为抗力理论（Resistive force theory）和反作用力理论（Reactive force theory）两大类。前者强调水的黏性力作用，后者强调推进器在无黏流体中波动时的惯性力。

反作用力理论发展迅速。其中，相对较为完善并用于实际计算的理论主要有细长体理论（Elongated body theory，EBT）、波动板理论（Wave plate theory）和作动盘理论（Actuator-disc theory）3 种。其中，关于波动推进理论，国内外都试图通过对鱼类游动过程中的旋涡和湍流等因素进行不同程度的简化和假设，将鱼类游动过程中三维、非定常的流固耦合作用过程，用流体力学理论的解析方法进行计算。但推力和推进效率等参数的计算结果与实验数据之间还存在较大差异，计算结果仅能用于仿生机器鱼设计的定性参考。

对于柔性鱼类的流场分析研究，逐渐从非自主游动向自主游动的研究方向转变。特别地，在柔性鱼体的 CFD 数值模拟中，研究人员逐渐开始考虑鱼体内部动力学和大变形柔性鱼类与流体之间的耦合作用，并取得了一定的成果。

未来，仿生推进机制的研究将主要朝着仿生变阻抗特性理论、计算流体力学与试验流体力学的方向发展。一方面，研究将结合生物力学，探讨鱼体在不同游动状态下阻抗的变化情况，以及这些变化与运动学参数之间的耦合关系。另一方面，研究将采用主动阻抗控制技术，实现机器鱼游动变形的复杂形态，并通过涡流控制技术，实现功能仿生和形态仿生的有机结合。

在仿生控制方面，目前仿生机器鱼运动控制方法可大致分为 3 类：基于运动学模型、基于动力学模型和仿神经元网络控制。

其中，基于运动学模型的方法，是通过经验观测鱼类游动时身体的形状曲线，来确定机器鱼关节的摆角，这种方式并不能完全模仿鱼类的实际游动情况，在游动控制方面存在很多问题。

基于动力学模型的方法目前尚不成熟。鱼类在水中的游动过程，涉及鱼体的运动学和复杂的水动力学，因此，现阶段仿生机器鱼的运动控制皆建立在简化的水动力学模型之上。基于 CPG（central pattern generator）的神经元网络控制的方法也被应用于仿生机器鱼的控制。

与国外相比，国内在仿生机器鱼的运动控制理论研究和技术研发方面并未落后太多。国内研究人员已通过采用不同的方法实现了机器鱼的机动控制，但在控制上游的水动力方面的基础较为薄弱，一定程度上限制了国内仿生机动控制水平的进一步提升。

仿生机器鱼控制主要包括路径规划、游动姿态控制和协作控制。在未来，建立精确的运动数学模型是研究机器鱼控制的基础。神经网络等先进控制方法的应用是机器鱼实现高机动性和高稳定性的关键，群体协作与协调控制是仿生机器鱼实用性的前提条件。

在仿生驱动方面，国外已研制出的仿生机器鱼多采用电机驱动这种传统而又成熟的驱动方式，国内也主要集中在传统驱动方式研究，但针对新型柔性驱动材料或方式，如人工肌肉、压电陶瓷、形状记忆合金等的研究仍不够深入。

国外在新型驱动技术方面处于领先。德国 Festo 公司以人工肌肉作为驱动源，研制了胸鳍摆动式仿生鱼 Aqua ray；美国东北大学船舶技术中心研制了形状记忆合金仿生驱动鱼；日本名古屋大学以压电陶瓷为驱动源，研制了微型水下移动机器人。该机器人在微小管道检查、生物医疗等领域有着广阔的应用前景。

传统的驱动装置大多采用电机驱动，但随着形状记忆合金、压电陶瓷、人工肌肉等新型智能材料的出现，电机驱动将逐渐被取代，从而减小驱动装置的质量和体积，增大有效载荷和可利用空间。

（2）关键技术

在机动方式上，基于水下仿鱼推进原理，研究人员提出了一种基于水下仿鱼推进原理设计的新概念混合型动力潜水器。该潜水器同时兼具水下滑翔能力，充分融合了仿鱼流线型低阻外形、仿鱼摆动高速高效率推进与水下滑翔低速长航程的优势。

相较于传统潜水器或水下滑翔机受螺旋桨布局限制，难以实现与滑翔模式的优势互补，仿鱼潜水器推进效率更高、续航能力更强，并且可根据不同任务要求，实现仿鱼高速游动、水下低速滑翔、仿鱼游动/滑翔组合等多种运动模式。

仿鱼摆动推进模式的推进原理突破了传统理念，依靠尾部柔性摆动来实现涡流控制，以获得反向高推进力，推进效率可达 75% ~ 90%，且在中高速范围内均具有较高的推进效率。与传统螺旋桨推进方式相比，仿鱼摆动推进模式可实现更小的转弯半径，机动能力更强，任务适应性更好。

在决策控制方面，这种潜水器以实现摆动变形规律的真实动作为目标，开展仿鱼柔性摆动驱动系统和机构一体化设计。

基于驱动系统／机构一体化设计的仿真平台，重点研究高功率密度、高效率轻质一体化多余度伺服驱动系统设计、测试与实验技术，以及多关节摆动机构优化设计技术，完成仿鱼摆动系统研制与集成试验。

仿生游动／滑翔控制技术，重点要解决仿鱼游动控制、仿鱼游动／滑翔组合高效航行等问题。开展仿鱼游动动力学建模方法研究，建立可真实反映鱼类运动特征的空间运动数学模型，并以此为基础，开展仿鱼游动先进控制方法、仿生推进模型的验证与评估技术等研究，突破仿鱼稳定与机动游动控制技术，掌握可实现高速高效长航程的仿鱼游动／滑翔组合高效航行控制技术。

仿鱼游动控制与传统水下航行控制有着本质区别。比如，控制与水动力是紧密耦合的，而采用传统控制方法难以有效实现仿生推进模式下的运动控制。因此，我们应深入研究神经网络等适应性较强的先进智能控制方法，提供合理可行的技术方案。

在水声通信与定位方面，我们将开展深海高精度自主导航与运动测量系统技术研究；针对潜水器高精度长航时自主导航定位及运动测量需求，开展基于惯性／声学组合的高精度、全海深水下自主导航与运动测量技术创新研究，突破惯性／声学多普勒一体化技术、惯性／声学多信息融合技术等关键技术。

在关键技术创新方面，深海无人仿鱼推进潜水器的创新点主要表现在这几个方面。

① 提出仿鱼游动／滑翔混合驱动型新概念无人潜水器，推进效率更高、续航能力更强，可根据不同任务要求，实现高速游动、水下低速滑翔、仿鱼游动／滑翔组合等多种运动模式。

② 仿鱼摆动高效推进技术，可实现更小的转弯半径，机动能力更强，任务适应性更好。

③ 提出了适用于仿生推进潜水器的新型控制方法。这是一种先进的高性能控制方法，能够实现仿鱼游动的稳定航行与机动控制。

5.2.7　圆盘/圆碟形旋转推进式高机动自治深潜器

基于圆盘/圆碟形旋转式推进特征以及由此特征衍生出来的高速高机动特性，采用上下两层沿外壳圆周分布的实时多点推进模式，可实现在高转动惯性下的自治潜器移动，并通过实时改变推进点的工作状态，实现自治潜器在移动中的快速转弯机动。

开展圆盘/圆碟形水下滑翔机的机制研究，建立"弱稳－弱控"理论框架和体系。完善圆盘/圆碟形水下滑翔机产业化设计技术，研究总体设计技术和控制系统设计与优化等内容。

（1）研究现状

现有水下潜器主要以螺旋桨推进器作为推进动力装置。这种装置通过在不同部位放置的多个推进器的协同控制，完成潜水器的上浮、下沉、转弯、姿态调整等各种动作。为了更大幅度地提高潜器的航行速度、改善潜器的航行机动性，应对水下探测特别是深海探测的可能风险，亟待研发一种高速、高机动的水下潜器装置。

目前，开展圆碟形水下航行器研究的机构主要有两个，即日本九州大学和我国的哈尔滨工程大学。21 世纪初，应虚系泊概念要求，水下滑翔机需要在海流中做定点观测，这对水下滑翔机的机动能力提出了很高的要求。为此，日本九州大学 Masahiko Nakamura 教授率领团队开发了圆碟形水下滑翔机 LUNA BOOMERANG，并于 2009 年进行了海试，对该水下滑翔机的定点机动能力进行了验证，并发表了相关论文。但在完成了基础研究和海试工作之后，其应用研究和产品化设计没有继续开展。

近年来，国内研究机构开展了圆盘形旋转推进式高机动自治深潜器的研发工作，取得了多项专利技术成果。一种由中国科学院海洋研究所研制的圆盘形旋转推进式自治潜器，采用上下两层沿外壳圆周分布的实时多点推进模式，可实现在高转动惯性下的自治潜器移动，及在移动中的快速转弯机动，可以做出诸如大角度爬升、俯冲、横滚及桶滚、垂直筋斗、水平转圈等高难度规避动作。其包括艇体及双动双桨推进器，艇体后部的上下方、艇体前部的左右方都设置有独立运作的双动双桨推进器，总共安装有 4 个推进器。

哈尔滨工程大学叶秀芬教授团队开展了圆碟形水下机器人研究。它以喷水方式推进，以滑块调节姿态，并完成了水池实验。但结果表明，只有频繁启动运动控制系统，才能维持稳定航行。目前，相关研究处于停滞状态。

从不同方向对圆盘 / 圆碟形水下航行器开展的研究，都得到了相同的结论：圆盘 / 圆碟形水下航行器的机动性很好，但对运动控制系统的精度要求较高，运动控制耗能很高。圆碟形水下航行器的高耗能运动控制特点，对于水下滑翔机来说是难以接受的，无法达到实用化要求。

（2）关键技术

在机动方式上，圆盘 / 圆碟形水下航行器可以采用上下两层沿外壳圆周分布的实时多点推进模式，可实现在高转动惯性下的移动，并通过实时改变推进点的工作状态，实现移动中的快速转弯机动。

虽然采用圆盘 / 圆碟形旋转推进原理增加了自动控制的难度，却提高了速度和机动性。圆盘 / 圆碟形水下航行器还可以采用微力矩控制技术。无尾翼圆盘 / 圆碟形水下航行器的结构对称，因此其运动稳定性很弱，而同时其转向阻尼和水流干扰形成的转向力矩也很小，只需要很小的控制力矩就可以实现对圆碟形水下滑翔机的运动稳定性和转向机动控制，这就是"弱稳 - 弱控"原理。

在**电源管理**上，采用基于大电流放电的牺牲阳极技术，实现深水压力下潜器能源供给。这种技术本身成熟度高，不需要大面积耐压密封，适合在深渊等条件下使用。基于海水化学电源的新型电磁推进技术，设计一种靠电磁吸力和斥力来快速响应的脉冲式推进泵，提高了能源利用效率。

在感认知智能上，采用基于视觉的实时水下快速识别与避障技术。结合多种激光结构光的障碍方位、距离测定，可实现在开启视觉避障模块时，自动识别和避让直径大于 0.5 m 的障碍物。在绕行障碍物后，通过仿真计算，使深潜器回到预定轨迹中。同时，可以搭载不同传感器进行感兴趣海区的监测以及目标探测等任务。

在决策控制上，控制系统由控制终端和水下运动控制两部分组成。其中，主控功能模块的基础操作系统主要负责航行控制、电源管理等；传感器功能模块主要负责传感器的数据采集、处理。在潜水器高速旋转的模式下，实现实时控制与定位技术。采用多电子罗盘和高速数据采集和控制算法，实现对推进泵实时旋转角度的定位和实时开启与关闭控制，从而实现水下潜器的多运动模式控制。继而通过水池实验，优化定位和控制算法以及相应的控制逻辑，实现自治潜器对预定航路点的跟踪。采用微力矩控制技术方法，通过更加深入地分析弱稳定性、微力矩作用特点及其适用范围，优化微力矩控制系统设计方案。

在水声通信与定位上，设计专门的导航系统，组合导航系统软件模块，通过数据通信软件模块、导航信息预处理软件模块、卡尔曼滤波软件模块、水下推算软件模块和通信软件模块。数据通信软件模块完成加速度和陀螺模块、GPS 模块、深度计模块，实现传感器的数据采集。导航信息预处理模块接收数据通信软件模块的传感器数据，完成传感器的异常值剔除等工作，处理后输出给航位推算软件模块。设置水下航位推算软件模块，利用惯性测量器件进行水下航位推算。卡尔曼滤波软件模块接收水下航位推算软件模块的输出，结合 GPS 的输出值进行航位修正，通过卡尔曼滤波算法完成导航数据融合估计。通信软件模块完成导航模块与外部模块的通信，将获得的估计的经度、纬度等导航数据进行输出。

在结构上，采用圆盘形上下两层外壳结构。新型单体电磁推进泵，只有定子线圈需要密封，其他都不需要密封，技术难度低、耐用。水下滑翔机外壳采用固体浮力材料导流罩结构，内部空腔镶嵌耐压结构、油囊以及其他传感器等设备。该方案可以更加充分地利用内部空间，增加航行器浮力和搭载能力。镶嵌式的安装方式，可实现高精确度控制，在试验和维护过程中，有效降低系统调试的工作量。内部采用球／环形圆柱壳耐压壳体结构，确保耐压结构的稳定性和可靠性，同时有效提高了水密空间。

在技术创新方面，圆盘／圆碟形旋转式潜水器的突破主要表现在以下几点。

① 循环水槽中首次提出使用化学能新型电磁推进深潜器的阻力、推进和自航试验，这些关键性问题的解决将为相关研究产生指引性示范作用。

② 解决圆盘形旋转推进深潜器自航 6DOF 计算的难题，探索出提高计算稳定性和收敛性的方法。

③ 基于视觉的水下快速识别与避障技术，通过仿真计算，使深潜器回到预定轨迹中。

④ 提出了"弱稳－弱控"设计理念及微力矩控制技术，丰富了水下航行器的设计理论和技术。

5.2.8 自主变形仿生柔体潜水器研制

研制自主变形仿生柔体潜水器是一项创新技术。它借鉴了深海生物的柔性透水承压结构形式，采用模拟深海生物肌肉的水凝胶构建了柔性翼，结合形状记忆合金驱动技术实现柔性翼的自主变形，将水下扑翼推进和水下滑翔两种运动模式集于一体，利用镁海水电池和锂电池联合供电，实现了水下数月甚至数年连续工作。

（1）研究现状

自主变形仿生柔体潜水器是一种全新构型的深海潜水器，涉及软体机器人、水下仿生推进、水下滑翔、深海金属海水电池等一系列关键技术。目前，国内外仍没有类似样机出现，但在单项技术方面国内已取得一定的研究成果。

软体机器人作为一种新型连续体仿生机器人，目前对它的研究仍处于起步阶段。美国的 GoQBot 软体机器人具有和毛毛虫一样的滚动弹射能力。此外，Meshworm 机器人通过在聚合管周围环绕网格状形状记忆合金，模拟蚯蚓蠕动，并能抵抗强大的冲击；日本还采用凝胶材料实现了仿生尺蠖周期性伸缩运动。国内的研究主要集中在基于形状记忆合金（Shape Memory Alloy，SMA）的软体机器人上。如中国科学技术大学的软体机器人、浙江大学的仿生蚯蚓、哈尔滨工业大学的柔性鳍单元、同济大学的仿章鱼臂柔性体机器人等。

国内外对水生生物游动机制和仿生推进技术开展了长期的研究和探索，取得了许多成果：美国的机器鱼 RoboTuna 和 RoboPike、形状记忆合金驱动仿生七鳃鳗、Nekton Research 公司的仿海龟机器人 Madeleine，国内北京航空航天大学的水下机器鱼、中国航天科工集团第三研究院的仿生鳐鱼、西北工业大学的仿生机器海龟。这些成果为仿生推进在潜水器中的应用提供了有力的技术支撑。

在水下滑翔技术方面，国内外研制了大量的采用回转体外形加固定翼的水下滑翔机。国外水下滑翔机的下潜深度可达 3 000 m，续航时间可达 5 年（如美国 Slocum Thermal Glider 采用温差能技术）。国内水下滑翔机下潜深度最大 1 500 m，续航时间超过了 40 天。翼身融合外形的飞翼水下滑翔机升阻比大、搭载能力强，已成为当前研究的热点。美国的飞翼滑翔机 Xray 的最大升阻比达 19，Zray 的最大升阻比达 35，国内西北工业大学的飞翼滑翔机升阻比已达 20。

在深海金属海水电池技术方面，国外镁海水溶解氧深海电池在水下能够长期进行低功率放电，且适应深海环境，现已应用在深海勘探、潜水器动力电源、水下传感器网络等多个领域，如法国和挪威合作研制的"CLIPPER"潜水器，采用了镁海水溶解氧动力电池，可以 4 kn 的速度航行 1 600 海里。国内也已对镁海水溶解氧电池开展了理论研究和实验测试。

（2）关键技术

在机动方式方面，将水下扑翼推进和水下滑翔两种运动模式集于一体，满足长时续航和低速机动的要求。利用电机驱动结合记忆合金技术驱动柔性翼的扑翼运动，实现扑翼运动和滑翔运动的高效结合。

在电源管理方面，采用镁海水电池和锂电池联合间歇式供电技术，结合镁海水电池的小功率连续放电，实现潜水器数月甚至数年的水下长时间连续工作。

在决策控制智能方面，采用分布式驱动器协同控制技术，分布式形状记忆合金驱动器驱动柔性水凝胶滑翔翼，实现整体翼的分段驱动，实现柔体潜水器自主变形和外形重构。对镁海水电池和锂电池间歇式联合供电的关键技术，开展间歇式供电管理控制技术。

在水声通信与定位方面，采用同步式水声定位跟踪原理，利用编解码解调方式进行水声通信定位，同时该套水声测量系统还具备海上使用功能。以现有同步式水声跟踪系统为基础，利用多个安装在柔体潜水器上的声信标进行组合定位，获得在水下的精确定位信息。在选择信标体制，降低信标功耗的同时，使信标具备休眠唤醒功能，在柔体潜水器静止时，进入休眠状态，可通过通信唤醒，也可定时自动唤醒。

在结构方面，借鉴深海生物的柔性透水承压结构形式，采用模拟深海生物肌肉的水凝胶构建了柔性翼。基于多学科设计优化方法和光滑粒子动力学方法，进行大变形潜水器外形设计，提出柔体潜水器大升阻比滑翔和高效仿生推进的优化外形。模拟深海生物的柔性透水承压结构，研制的柔体潜水器借鉴深海生物柔性透水骨骼结构形式，除了主体采用钛合金承压舱用于安装电子设备外，由碳纤维框架组成机身融合的双翼，框架内填充模拟深海生物肌肉的水凝胶，并在框架外覆盖高分子透水材料作为蒙皮，突破传统潜水器采用金属材料作为耐压壳体的承压结构形式。这是一种全新的深海新型潜水器承压构型。

在技术创新方面，自主变形仿生柔体潜水器的技术突破主要体现在以下几点。

① 柔体潜水器模仿深海生物骨骼肌肉的形式，基于透水式智能高分子材

料，结合可变形的全柔性框架和智能驱动器，可实现潜水器外形的重构。

② 滑翔与扑翼推进一体化，可实现潜水器低功耗续航和高机动性的结合，实现长时远程航行和低速机动。

③ 深海潜水器利用海洋环境能源发电，实现低功率长续航的供电模式，提升短时间内供电系统放电功率，解决镁海水电池功率体积比低的问题。

5.2.9　可变翼形的双功能深海无人潜航器

可变翼形的双功能深海无人潜航器，集成了传统水下滑翔机长续航能力、低噪声滑翔航行与探测，以及 AUV 优良的机动与搜索能力的优势。它采用可变翼形和开合式推进器技术，可根据任务模式进行外形重构：在滑翔探测时滑翔翼放出、推进器收回，可感知环境条件自适应调整翼形以提高滑翔性能；高速航行时滑翔翼收回、推进器放出，可有效减小高速航行阻力并提高航行稳定性，具有快速机动能力。

潜航器具有较强的搭载能力（30 kg），可搭载多种探测搜救仪器，声信号探测距离远，续航能力较"蓝鳍金枪鱼 -21"提高 10 倍以上。

（1）研究现状

目前，国外具有代表性的 REMUS 系列 AUV 由美国伍兹霍尔海洋研究所设计、海德罗伊德公司制造，用于水下情报收集、监视、侦察、水下目标搜索和识别等任务，可配备多普勒剖面仪、GPS、CTD、水下摄像机等多种传感器。通过 VIP 航行界面，可以同时控制多个 REMUS 协同工作。其系列产品航速从 1 kn 到 5 kn 不等，潜深从百米到千米不等。

2014 年 3 月马航 MH370 失联后，由美国 Bluefin Robotics 公司研发的"蓝鳍金枪鱼 -21"AUV 被部署用以搜寻 MH370 残骸。"蓝鳍金枪鱼 -21"重 750 kg，最大潜深 4 500 m，3 kn 航速下续航 25 小时，主要用于海底测绘、环境监测、海洋科考、海洋调查等。

20 世纪 80 年代末，美国 Henry Stommel 提出了"水下滑翔机"概念。

其过人之处是由剩余浮力驱动，具有超长续航能力，在海洋环境探测与监测领域具有良好的应用前景。前期代表性成果有 Slocum、Spray、Seaglider 等。这三型水下滑翔机重约 50 kg，负载 3.5 ~ 5 kg，航速 0.5 ~ 0.7 kn，最大潜深 200 ~ 1 500 m，顺流时最大航程可达数千千米，续航时间 20 天至数月。

国内多家单位开展了无人潜航器技术研发。20 世纪 80 年代末，中国科学院沈阳自动化研究所、中国船舶重工集团公司第七〇二研究所等研发了我国首台潜深 1 000 m 的"探索者"号 AUV。此外，2016 年，4500 m 级 AUV "潜龙二号"在西南印度洋完成了相关应用航次。哈尔滨工程大学研制了"智水"系列 AUV，其控制技术已接近国际先进水平。

自 2004 年起，中国船舶重工集团公司第七〇二研究所开展了水下滑翔机技术研发，先后研发了三型水下滑翔机，即"前哨""USE-1"和"海翔"。其中，"海翔"航程 700 km，工作深度 500 m，连续工作时间 2 个月，具有国内外同类产品最大的有效载荷（10 kg），已完成多次海试和应用示范。天津大学的"海燕"、中国科学院沈阳自动化研究所的"海翼"，也相继完成了海上测试。

（2）关键技术

在机动方式方面，可变翼形的双功能深海无人潜航器具备可收缩式滑翔翼、剩余浮力驱动与可开合型水密推进系统，既可由剩余浮力驱动，也可通过自适应式调节滑翔翼。可开合式高效水密推进技术，能实现深海环境下高效推进与自主收放。自适应滑翔技术，通过自主调整滑翔翼形，提高非线性海洋环境下运动性能。

在感认知智能方面，基于环境感知技术，潜航器实时测量不同水域密度、水温、潜航器姿态角、潜深等参数，经实时滤波，输入潜航器可变翼系统二级控制器进行动态建模，生成潜航器的位姿模型，与主中央处理器规划路径与危险触发数据库进行比对，生成可变翼调整信号。

在决策控制智能方面，开展潜航器低功耗分布式控制系统、基于惯性导航的改进的自适应滤波辅助组合导航系统、远程通信定位系统研发及系统集成技术研究。

在水声通信与定位方面，该设备搭载多种海洋监测与探测传感器，既可以对海洋环境参数及黑匣子等水下目标声信号进行大范围的探测与搜索作业；又能够根据任务需求在确定目标区域后对其进行区域性的精细化搜索。

在结构方面，采用可变翼形技术，通过伞骨式的翼形收放，改变潜航器水动力构型以实现滑翔探测与高机动搜索功能转换。大深度分布式复合耐压结构技术，具备大深度作业能力。此外，它还采用了表面复合涂层防污减阻技术。

在技术创新方面，可变翼形的双功能深海无人潜航器的技术突破主要体现在以下几个方面。

① 大范围滑翔探测与区域性高机动搜索双功能融合设计原理，充分实现其一机多用，机动灵活的特点。

② 基于可变翼形的深海无人潜航器的自适应滑翔控制技术，有效增强潜航器在滑翔探测过程中对复杂海洋环境的适应能力。

③ 可开合型一体化大深度高效水密推进技术，可在推进单元伸出或回收时带动导流罩自动启闭，解决水下航行器的低阻滑翔、高效推进系统适配问题。

④ 潜航器表面复合涂层防污减阻技术，可有效抑制海水腐蚀与海生物的污损，同时具有良好的减阻效果，可有效提升双功能潜航器的连续作业能力。

5.2.10　基于形状记忆合金致动器的长航时仿管水母机器人

开发一种利用形状记忆合金相变原理驱动的仿管水母机器人，以实现低能耗、深潜耐压、长航时等功能特点。

（1）研究现状

2012 年，由美国 Virginia Tech 大学 Shashank Priya 教授率领的研发团队，在美国海军海底作战中心（U.S. Naval Undersea Warfare Center）和美国海军研究办公室（The Office of Naval Research）提供的 500 万美元立项经费的资助下，联合普洛威顿斯学院、加州大学洛杉矶分校、斯坦福大学和德克萨斯大学达拉斯分校的科研人员，研发了一种步进电机推动的大型仿水母喷水推进机器人 Cyro。该机器人宽 1.7 m，重 77 kg，能够在水下隐蔽工作一天。项目组科研人员认为，构造大型的 UUV 在整体推进效率上具有优势。美国 CNN 电视台还以"海底间谍水母机器人"为题，对此进行了专题报道。Cyro 的实施，展现了仿生水母机器人的广阔应用前景，但是同时也暴露了单一配置的大型喷水推进机器人质量大、机动性差等缺点。

在此之前，2008 年，韩国的 Seong Won Yeom 等人利用离子聚合物金属复合物（IPMC）构造了喷水推进仿水母机器人。该机器人长 21mm，工作频率为 1 Hz 时，进给速度 2.3 mm/s，其最大工作频率能达到 16.6 Hz。2011 年，美国 Virginia Tech 研究小组开发了基于形状记忆合金（SMA）和硅胶基体的仿水母机器人。该机器人长 110 mm，厚 0.1 mm，在工作频率 0.5 Hz 下，最大进给速度达到 54 mm/s。在国内，哈尔滨工业大学于 2014 年提出了基于形状记忆合金网格（wires）的仿乌贼喷水推进机器人。该机器人长 230 mm，直径 55 mm，工作频率 0.83 Hz，最大进给速度达到了 8.76 mm/s。这些尝试推动了仿生喷水推进机制的深入研究。

（2）关键技术

在机动方式方面，利用智能合金材料作为致动器，结合柔性功能结构设计，实现高效率的喷水推进单元，无须运动转换机构，深水应用时无须水压补偿，大大节省推进能量，减小了体积和质量；采用多个喷水推进驱动单元和仿生构型方式，实现多致动器组的协同推进，机动灵活。

在决策控制智能方面，融合水声和惯性导航信息实现定位和驱动控制；通过与海底涡激摆洋流能量收集模块对接，解决能量补给问题。研究致动器驱动的喷水驱动单元的构造方法及转向机制，多喷水驱动器协同工作机制和控制方法，以及构造仿生管水母水下机器人的方法，构造小巧的具有控制模块、推进模块、电池模块、浮力模块和功能模块的模块化智能水下航行器。配合环境能量收集站和无线能量传输模块所研制的管水母机器人系统，能够长时间地在水下自主航行，承担了海洋中信息采集、分析、综合整理等任务，为相关部门尤其是国防机构提供决策依据。

在水声通信与定位方面，提出惯性导航和水声定位的融合方案。

在结构设计方面，建立水母腔体喷水推进模型，分析水母腔的腔体结构产生推进力的内在机制，设计基于形状记忆合金的喷水腔体和致动器整体结构。采用柔性网格功能结构设计，基于形状记忆合金设计屈曲网格结构，利用该屈曲结构和硅胶材料构造仿管水母钟形腔体喷水推进单元。

在技术创新方面，基于形状记忆合金致动器的长航时仿管水母机器人的技术突破主要体现在以下几个方面。

① 利用智能合金材料作为致动器，构造小型、高效的喷水推进单元，使得潜水器结构紧凑、质量轻、能耗低、驱动灵活，消除了传统深水电机方案所难以解决的结构笨重、压力补偿困难、可靠性不高等问题。

② 仿生水母机器人采用多个喷水驱动单元协同推进的控制方案，能够实现快速推进和机动转向，克服了单一驱动单元难以实现快速转向的难题。

③ 利用涡激摆振动原理设计海底洋流能收集模块，实现高效能量转换，为管水母潜水器的长航时工作提供重要能源保障，可以构成水下自持系统。

5.2.11　组合扑翼式仿生潜航器

针对深海观（监）测潜水器的发展，以及原创性潜水器的创新设计和技术研发需求，应用扑翼涡控推进水动力学原理及水下无人潜航器研制研究基础，形成具备科考和深海观（监）测能力的原创性潜水器样机，解决目前无人潜航器机动能力不足和推进效率低下的问题。

（1）研究现状

基于鱼群游动时上游鱼对下游鱼的有利影响以及鱼类游动时背鳍对尾鳍推进性能改善的现象，可用串列及并列的摆动翼模型进行研究。在上述单个振荡翼、串列振荡翼和并列振荡翼的研究中，有关高效推进的主要研究成果可以总结如下。

① 单个刚性振荡翼：耦合纵摇与升沉简谐运动的二振荡翼，在一定的斯特罗哈尔数下，推进效率可达64%。

② 单个柔性振荡翼：柔性振荡翼的推进效率较刚性振荡翼的推进效率在一定"柔性系数"下会有所提升。

③ 并列刚性振荡翼：当两并列刚性振荡翼反向摆动时，在一定横向间距及斯特罗哈尔数下，总体推进效率可提升达20%，并且其尾流场结构并没有随着翼间距的变化而明显改变，呈现出两行并列的对称涡结构。

④ 串列刚性振荡翼：当具有一定距离的两串列振荡翼做出带有一定相位差的简谐振荡时，它们的总推进效率比单个振荡翼推进效率的两倍高5%～10%，而对于两串列振荡翼中位于下游的振荡翼，其推进效率较单翼而言可提升30%。

组合扑翼式仿生潜航器的设计灵感，便来自以上串/并列振荡翼的高效水动力性能研究成果。通过扑翼扑动模式与阵列形式的优化设计，可研发基于新原理、新技术的原创性潜水器。

（2）关键技术

在机动方式方面，首先，采用高效能、低能耗仿生推进技术。当鱼群游动时，上游鱼对下游鱼的推进效能产生有利影响，且背鳍对尾鳍的推进性能会起到很大的改善作用。利用这一仿生学原理，采用串/并列组合的摆动翼作为潜航器的推进系统，可获得高效能、低能耗仿生推进构型。其次，研究高机动性仿生涡控技术。采用柔性水翼，组合扑翼式仿生潜航器将推进与操纵系统的一体化。通过新型控制策略与技术，实现高效操纵能力，其机动能力指标较常规的舵桨操纵推进潜航器可提高1倍以上。最后，研究扑翼运动与驱动系统的关系，实现精准控制。扑翼运动形式相对简单，在驱动系统传动方式设计上，可以简化传动结构，采用减速步进电机直接与扑翼相连的传动方式。该种驱动方式减少了传动结构，获得了更加简单的机械传动形式。同时，步进电机可以通过脉冲数，获得相对较高的位置控制能力，通过编码器获得精确位置，也可以减少能量在非驱动部件上的耗散，有利于提高能源的利用效率，从而达到扑翼动作频率和幅度参数的控制要求，实现对驱动电机的精确控制。

在感认知智能方面，搭载不同传感器进行感兴趣海区的监测以及目标探测等任务。

在决策控制智能方面，研制的仿生潜航器采用多工况控制系统，包括仿生潜航器高效推进扑翼模式控制系统和仿生潜航器高效机动性扑翼模式控制系统。依据组合扑翼式仿生潜航器水动力学推进原理，形成组合扑翼式仿生潜航器高效推进及操纵一体化控制策略，完成控制系统研制。

在水声通信与定位方面，潜航器可搭载 CTD、侧扫声呐等环境观（监）测与地形测绘仪器，完成环境监测和地图测绘。

在结构设计上，采用组合扑翼式仿生潜航器载体结构，研制仿生潜航器采用低阻构型设计。

在技术创新方面，组合扑翼式仿生潜航器的技术突破主要体现在以下几个方面。

① 采用高效能、低能耗仿生推进技术，采用串 / 并列组合的摆动翼作为潜航器的推进系统，从而获得高效能、低能耗仿生推进构型。

② 研究高机动性仿生涡控技术，通过新型控制策略与技术实现高效操纵能力，其机动能力指标较常规的舵桨操纵推进潜航器，可提高 1 倍以上。

5.2.12　水下直升机

围绕提高潜水器的机动性这一关键科学问题，提出研制一种机动性强、自海底到海底工作的新概念碟形潜水器——水下直升机。该潜水器可在海底完成超机动性运动，包括全周向转向、海底起降与定点降落、快速悬停等功能，即任意转向、任意着底、任意起降和任意悬停，并实现水下无线高速光通信。

（1）研究现状

AUV 技术与水下直升机关系更为密切。AUV 的典型代表是 MIT 的 AUV 实验室研发的 Odyssey 和 Bluefin，后者交由 Bluefin Robotics 公司运营，曾参与 MH370 航班的印度洋海域搜寻工作，MIT 自主海洋传感系统实验室、WHOI（Woods Hole Oceanographic Institute）、MBARI（Monterey Bay Aquarium Research Institute）等都是其合作伙伴。挪威 FFI 的 HuginAUV 与 WHOI 的 REMUSAUV 也有较广泛的应用。

水下滑翔机的典型代表是 Rutgers 大学研制的 RU-27。2009 年，该滑翔机历时 221 天，从新泽西海岸横渡大西洋，到达西班牙，现已由美国特利丹仪器公司韦伯海事研究所（Teledyne Webb Research）运营。Rutgers 大学的 Slocum 与华盛顿大学 APL 实验室的 Seaglider、Scripps 海洋研究所的 Spray 合作，在加州蒙特雷湾开展了海洋协作研究。俄罗斯科学院太平洋海洋问题研究所曾与中国科学院沈阳自动化研究所合作研制过 6 000 m AUV "CR-01" "CR-02"。日本东京大学研发了 "R2D4" 等若干型号的观测型 AUV。

在国家 "863" 等计划支持下，国内的 UUV 研究取得了长足进步，如上海交通大学与浙江大学等单位联合研制的 "海马" 号 ROV，中国科学院沈阳自动化研究所研制的 "潜龙" 系列 AUV、天津大学的 "海燕" 号水下滑翔机等，为开展潜水器的创新研究奠定了良好基础。

由于受到通用件、海洋材料、传感器等制约，国内的 UUV 研究还有巨大的提升空间。浙江大学基于海底观测等复杂水下作业的紧迫需求，提出了 "水下直升机" 的概念，即赋予潜水器高度机动、自主定位导航、高速信息交互等特性。相关研发人员已经研制出了多型样机。

（2）关键技术

在机动方式方面，采用基于自学习的超机动性控制技术。运用自抗扰控制、自学习等算法，解决超机动运动控制问题，实现动态的定位悬停控制、定点降落控制、高动态系统的稳定性控制等。采用双矢量推进与浮力调节相结合的混合推进技术，使水下直升机巡航具有最大升阻比，提高垂向机动性，实现全周向转向和最优姿态控制。

在感认知智能方面，采用水下无线光通信技术及其应用。开展低功耗小型光收发等技术研究，突破正交频分复用等关键技术，实现可靠水下无线光通信，满足水下直升机的应用示范要求。

在决策控制智能方面，采用分布式控制系统。控制与推进系统采取基于 CAN 总线的分布式控制与传感器集中控制相结合的混合结构，以控制计算机为核心，配置前后左右共 4 个推进器，并通过 CAN 总线进行分布式控制，对姿态传感器、多普勒计程仪、深度计、高度计等传感器采用集中控制，同时具有能源、导航、光通信等模块的接口，对全系统设备进行有效的管理。采用半实物仿真系统，对硬件接口、功能、故障处理进行检测和验证。潜水器采用自主的超机动控制，利用水下直升机传感器采集航行控制数据；采用自抗扰控制（Active Disturbance Rejection Control，ADRC）方法求解控制量，以提高抗干扰和自适应能力；最后将控制量进行解耦和推力分配，计算出水下直升机推进器的期望转速和浮力调节控制模块的期望调节位置，达到多自由度稳定运动控制目的。采用认知神经网络的机器学习算法，通过构建面向运动控制的离线学习和在线学习网络，加强记忆能力和深度学习能力，提高水下直升机的超机动能力。水下直升机控制系统软件运行在控制计算机的 Linux 操作系统中，采用面向对象的 C++ 语言编写，增强控制系统的实时性和快速性。整个系统采用集中处理方式，中央数据库是软件系统的核心，构建星形拓扑结构，其中每个节点都与唯一的中央数据库通信，保证节点间的相互独立，消除点对点的直接通信，从而减少相互依赖，防止因独立节点损坏而导致的整个软件系统崩溃。

在水声通信与定位方面，潜水器采用逆超短基线定位导航技术。水体声速剖面引起声波在传播过程中出现折射、反射等现象，尤其在浅海，严重影响水下直升机定位导航精度，需要研究能够适应浅海的声线跟踪与补偿等技术以提高逆超短基线水下定位精度。深海情况因声波基本不与海底发生相互作用，声线跟踪与补偿故而相对容易；而浅海情况则复杂很多，研究利用复杂宽带编码信号进行多途信道估计以抑制其不良作用。借鉴 RAKE 接收、时间反转等原理提高逆超短基线的水声信道适应能力，开展声头与应答器的设计与实现、系统集成与试验验证等研究，突破复杂宽带编码的多普勒补偿与快速相关等关键技术，实现快速高精度定位导航。采用基于卫星导航 + 惯性导航 + 声学导航的组合导航模式，水下直升机定位导航主要涉及卫星导航、惯性导航与逆超短基线声学导航。其中，卫星导航为水下直升机提供水面初始位置，水下定位导航主要依靠逆超短基线与惯性导航，惯性导航使用高精度陀螺仪、加速度计与磁强计测量数据，通过姿态矩阵求解得到水下直升机运动速度与航向姿态，然后通过卡尔曼滤波器联合逆超短基线等声学导航信息进行数据融合，完成水下直升机航位推算。

在结构设计方面，采用具有超机动性的碟形设计和耐压舱设计，且满足结构稳度和强度要求。

在技术创新方面，水下直升机的技术突破主要体现在以下几个方面。

① 提出一种自海底到海底工作的新型潜水器——水下直升机，填补现有潜水器从海底到海底工作方式的空白，为潜水器发展开拓"水下直升机"这一新方向。

② 提出双矢量推进和浮力调节的混合推进技术，结合碟形潜水器结构，具有全周向转向性，实现"4 个任意"的超机动性。

③ 又提出水下免校准、免询问的定位导航技术。结合航姿多传感器信息，采用复杂宽带编码信号及其处理方法，实现水下实时、高精度、低功耗定位导航。

④ 提出基于学习的超机动性自主控制方法，提高多变环境和多目标约束

下的控制策略在线学习能力，完成最优动态目标下控制量实时调节，实现"4个任意"超机动性控制。

⑤ 提出基于 MIMO-OFDM 和信道均衡技术的水下高速无线光通信方法，有效提升系统的频谱效率、传输距离、传输速率和动态环境下的鲁棒性。

5.3 深海探测智能装备新概念

5.3.1 高机动性仿箱鲀深海潜水器

研制高机动性的仿箱鲀深海潜水器，将突破传统螺旋桨推进方式，建立基于鳍肢节律拍动的仿生推进理论，提出仿生潜水器的三维动力学建模方法，建立基于中枢模式发生器（Central Pattern Generator，CPG）的仿生运动控制算法和鲁棒稳定的精确位姿控制算法，设计实现具有高机动性、低噪声、高效率的仿箱鲀深海潜水器工程样机，完成相关试验测试。总结出一套至少 1000 m 级仿生水下潜水器的研制和试验方法，为今后相关技术的研发提供指导，加速推动我国新型潜水器的发展。

（1）研究现状

目前，在仿生水下航行器基础理论方面的研究，主要涉及推进机制、动力学建模、仿生运动控制等 3 个方向。

在仿生推进机制上，已有研究发现，在游动的鱼体后方有射流形成。这些喷射的涡流（反卡门涡街）对推力的产生起着重要作用。有研究指出，鱼类可利用鱼体与周围流体的共振干扰效应，来提高游动效率。仿生水下航行器的推进机制研究虽然取得了一定成果，但目前仍处于初级阶段。三维空间内的鳍肢拍动鱼体的推进机制，鱼体鳍肢流型和弹性等参数与推进力和推进效率之间的关系，以及鱼体三维流型的自稳定性等方面的研究还较少，难以直接指导仿生水下航行器的设计和开发。

在动力学建模上，研究主要集中在抗力理论、Lighthill 细长体理论、二维波动板理论、射流理论等。Taylor 基于定常流理论，来计算鱼体在游动过程中所产生的流体力。这是早期的抗力模型，忽略了流体的加速运动，因此很难解释流体的非稳态效应。Lighthill 首次基于"小振幅位势理论"，建立了分析鲹科鱼类推进模式的数学模型，提出了著名的细长体理论。尽管细长体理论中考虑了非稳流效应，但其主要针对鱼类稳态游动的推进机制，且通常仅限于平面运动，而具有一定的局限性。抗力理论和 Lighthill 细长体理论具有简洁的力学模型，是目前大多数仿生推进器建模的基础，近年来已有很多以此为基础的仿生水下航行器的建模成果。然而，目前动力学建模研究主要针对航行器的平面运动，仿生航行器的三维动力学建模方法仍然有待完善。

在仿生运动控制上，位置和姿态控制是路径规划、自主导航以及其他应用任务的基础，一直以来都是水下航行器的研究热点。目前，广泛应用于水下航行器的控制方法，包括基于卡尔曼滤波器的 PID 控制、反馈线性化方法、最优控制等。Morgansen 等采用非线性控制方法，实现了仿生机器鱼的航向角和深度的跟踪控制。中国科学院自动化研究所提出了一种基于改进 PID 的控制策略，实现了对机器海豚的航向角、俯仰角和翻滚角的姿态控制。北京大学采用串级 PID 控制和自抗干扰（ADRC）控制等方法，实现了对仿箱鲀机器鱼的航向角和翻滚角的控制。

（2）关键技术

在机动方式方面，突破传统螺旋桨推进方式，建立基于鳍肢节律拍动的仿生推进理论。基于牛顿－欧拉法建立仿箱鲀深海潜水器的动力学模型，建立用于控制律设计的鳍肢驱动仿箱鲀潜水器动力学模型；基于中枢模式发生器构建仿生潜水器的基本运动控制系统，实现直航、转弯、上下潜、原地回转、前后空翻、左右翻滚等多种高机动性仿生运动模态，选择先进控制算法，实现潜水器深度及姿态的精确控制。

在感认知智能方面，首先，利用已有的"移动平台环境感知及空间应用"国际合作基地，完成海洋环境感知任务。其次，研制的仿箱鲀潜水器可以搭载各种传感和执行设备，进行复杂海底环境的精细监测以及目标探测与操作等任务，为我国海洋开发利用、海洋环境保护、海洋科学研究等提供新型无人水下平台。

在决策控制智能方面，开展仿箱鲀潜水器仿生运动控制系统研究。基于中枢模式发生器（CPG）网络仿箱鲀的底层神经运动控制系统，确定高层行为指令和相应鳍肢所对应的电机驱动信号之间的联系，构建仿生潜水器的基本运动控制系统，通过控制鳍肢不同频率、振幅、偏置角以及鳍肢之间的相位差产生直航（前进、后退）、转弯、上浮、下潜等多种稳定、自然的仿生运动模态；进一步实现原地回转、前后空翻、左右翻滚等复杂灵活的仿箱鲀三维运动模态。开展仿箱鲀潜水器深度的精确运动控制系统研究，基于深度传感器提供的深度信息，采用串级 PID 控制方法和自抗干扰控制方法（Active Disturbance Rejection Controller，ADRC），构建通过胸鳍拍动调节的潜水器深度控制器；在控制回路中引入扩展 Kalman 滤波器，对仿箱鲀潜水器鳍肢节律拍动所产生的干扰进行平滑降噪，有效提高控制精度。

在水声通信与定位方面，为了保障仿箱鲀潜水器航行安全以及与岸基的信息交互需求，构建以嵌入式微控制器为核心的安全保障系统设计，研制具有故障检测、应急抛载、卫星定位、无线通信与远程遥控、位置指示等功能的安全保障系统样机。

在电池管理方面，采用大深度模块化电池系统设计与制造。基于模块化、标准化、通用化的设计思路，开展锂电池大深度模块化电池系统的方案设计，突破单体电芯在大深度下的承压、放电等关键技术，为深海航行器能源系统设计提供解决方案。

在结构设计上，突破电子设备大深度耐压壳体结构设计技术、大深度模块化电池系统设计技术等关键技术，完成潜水器样机研制。针对仿箱鲀潜水器的复杂曲面，开展复合材料复杂结构整体化制造变形控制技术、模具和工装技术、复合材料结构装配连接技术等关键技术的研发，完成仿箱鲀潜水器壳体的设计与加工。

在技术创新方面，高机动性仿箱鲀深海潜水器的技术突破主要体现在以下几个方面。

① 形成了一套完整的新型仿生潜水器设计方法，给出了与鳍肢拍动推进适配的航行器总体外形方案，建立了仿生鳍肢形体参数和节律拍动参数所产生推力的模拟计算模型，建立了仿生深海航行器的三维动力学模型，为仿箱鲀潜水器的精确姿态控制设计奠定基础。

② 研制实现高机动性仿箱鲀潜水器，设计了基于CPG的仿生深海航行器的运动控制系统，实现直航、转弯、上浮、下潜等仿生游动模态。与传统回转型潜水器相比，仿箱鲀潜水器体形更丰满，可搭载负载能力更强，且多个操纵面带来了更好的机动性，具有自稳定性、减阻性、低声噪、隐蔽性等特点。

5.3.2 基于鲸豚减阻和声呐探测原理的仿生潜水器

围绕提高潜水器减阻和探测精度的重大需求，研制基于鲸豚运动和探测原理的仿生潜水器，在基础理论和核心技术上取得突破。相比现有潜水器，该潜水器更接近生物原型，具有低能耗、高分辨的声探测优点，在水下灵活作业、精准探测、精确制导等方面有重要应用。

（1）研究现状

仿生潜水器的发展趋势主要体现在以下方面。

在减阻材料和减阻机制方面，目前国内外潜水器多关注采用刚性结构和关节（舵机）驱动，灵活性差、消耗能量多，在提高潜水器的能量利用率和降低阻力能耗的应用需求下，鲸豚柔性材料表征和减阻机制已经成为今后研究的热点。

在运动特性方面，仿生潜水器需要紧密结合鲸豚生物行为和运动特性研究。鲸豚在不同游泳行为下（如捕食、游弋、下潜滑翔），能量消耗及声呐运用方式有很大差异，这为仿生潜水器的运动、能耗和声呐设计提供依据。

在水声探测与通信方面，现有潜水器水下距离探测短且没有成熟的水声通信能力，高速移动平台的声探测技术已经成为热门的实践和前沿课题，定向声学探测、水声通信等关键技术在未来仿生潜水器应用上有巨大的潜力。

（2）关键技术

在机动方式方面，根据仿生海豚机器人在不同航速下的动力系统需求设计动力推进系统，在 3 kn 航速时，为了保证操控性，提供足够动力驱动推进器，设计电机功率需求。为了适应仿生海豚机器人深海下潜的需要，结合流体动密封设计要求，需选用较低的电机转速。因此，综合电机各项指标，权衡选择电机的主要参数。仿生潜水器既具有主动运动能力，又具有长续航滑翔能力，能够突破现有水下自主航行器的运动能力限制。

在感认知智能方面，设计探测处理系统。该系统包括数据采集、存储和处理单元、多波速成像声呐、仿生定向探声呐、仿生水声通信机等，并搭载多传感器模块（温度、盐度、压力等多种海洋环境监测传感器），完成水下环境监测数据的采集任务。

在决策控制智能方面，潜水器的控制系统采用混合－分布式控制架构，以便进行功能扩展，实现不同探测设备的搭载和选装。控制系统主要由总控制单元和分段微控制单元组成。水面遥控系统是整个仿生海豚机器人的人机交互终端，水面遥控系统由人机交互计算机、功能扩展设备和机柜组成。在水声通信与定位方面，基于海豚声呐原理的仿生结构探测和水声通信技术、仿生潜器研制和已有潜水器结构和声探测设备的仿生改造。导航定位分系统是载体的信息分析处理中心和控制中心，主要用于解决潜航体的定位问题，一般包括潜航体所处的经度、纬度、深度、距离地面高度等信息。导航分系统具体包括载体信息检测、信息收集、信息处理、计算、控制信息反馈发送等功能。

在结构设计方面，利用生物医学成像重建鲸豚三维体形和结构，用鲸豚仿生结构能够降低流体阻力，提高航程。研发仿生潜水器流体——结构耦合模型和声学模型，利用数值模和水洞实验研究仿生潜水器的减阻机制，以完成舱体系统设计。采用多学科综合优化的方法开展多任务构型载体外形及附体线性的优化设计。密封舱段之间采用静态密封，机器人最大工作水深为 1 000 m，最大压力为 10 MPa，可以保证壳体密封，不发生渗漏。耐压舱体可确保壳体的强度和稳定性。由于平台舱体的厚度与曲率半径之比很小，可视为薄壳结构，可按薄壳理论来计算强度，以保证壳体中的应力小于规定的许用应力。外壳材料初步选取某高强度铝合金材料，初步选定耐压圆柱壳体作为耐压舱体结构形式，外壳圆筒直径 D。

在技术创新方面，基于鲸豚减阻和声呐探测原理的仿生潜水器的技术突破主要体现在以下几个方面。

① 研究鲸豚生物声呐导航和目标探测机制，将相关的研究结果应用于人造潜水器声呐系统，以提高人造潜水器目标探测的能力和行进效率。

② 根据海豚结构，揭示仿生潜水器的减震机制，研究形状和结构改变对减阻性能的影响。

③ 研究基于海豚声呐原理的声波束定向与控制，实现了低频率、小尺寸声源波束定向，对于发展仿生声呐技术具有重要意义，在仿生潜水器领域有重要的应用前景。

④ 研究了基于水下运动节点的仿生共形基阵定向通信，实现移动节点与固定节点间的低功耗、高可靠数据传输。

5.3.3　多航态仿生深海无人潜水器

针对剪切深海海底光缆的高效搜寻和精准作业需求，开展深海无人潜水器多航态、仿生推进、自主作业、浮力调节等方面的研究，突破浮心重心位置精确调节、仿生尾鳍推进、多足行走控制、机器视觉控制等关键技术，研制具有可快速潜浮、水中航行搜寻、海底爬行抵近、复杂地形驻留作业等特征的龙虾头与金枪鱼尾融合一体结构的"龙鱼"号深海无人潜水器系统。

（1）研究现状

纵观国内外研究进展，未来无人潜水器的发展方向将呈现以下几个方面的趋势。

① 仿生潜水器技术。由于水下生物的高效率、低噪声、高机动性等优点以及仿生学、机器人学、流体力学、自动控制理论等学科的不断进步，仿生潜水器技术已成为研究热点。由于"人不在环"以及任务复杂程度不断提高，这要求无人潜水器的自主能力不断提高，以适应精准作业等任务的需求。

② 作业效能。由于海上布放回收作业风险高、难度大，并且任务种类不断拓展，应用范围不断扩大，这要求无人潜水器进一步提高作业效能，即一次下水能够完成多项任务的能力。

（2）关键技术

多航态仿生深海无人潜水器，一次下水即可完成深海快速潜浮、精确扫测与定点作业任务，大幅度提高作业效率。多航态仿生深海无人潜水器创新采用旋转浮心重心位置原理，实现潜水器 0～90 度姿态调节能力，使潜水器纵向和垂向方向的航行阻力相同，加快了潜水器的下潜速度，缩短了整个海上作业时间；并且在潜水器水下作业时，可根据需要调整潜水器的姿态，以利于机械手等水下作业，提升无人潜水器水下作业的效率和能力。仿生推进具有对环境扰动小、噪声低、效率高、机动性好等优点。通过采用仿生尾鳍推进，可实现无人潜水器的水中航行。将仿生推进技术引入深海领域，通过模仿金枪鱼的流线生理结构及波动推进方法，为无人潜水器提供主驱动力。

在决策控制智能方面，开展水下自主作业协调控制技术研究。多航态的无人仿生潜水器的水下自主作业过程中，需要潜水器的位置保持和姿态控制以保证机械手水下作业的稳定性，因此，需要开展无人潜水器的机械手和摄像机、多足装置、浮力调节装置等协调控制。通过浮力调节装置，将潜水器调节成负浮力状态，使水下机械手作业在稳定的平台上；基于摄像机给出的相对位置信息，潜水器爬行接近目标，并调整多足装置，以最佳的姿态控制配合水下机械手来实现切深海光缆作业。同时，开展电机驱动控制技术、位置闭环控制技术、浮力－重心控制算法的研究。电机控制理论采用经典电流环和转速环双环控制，内环电流环首先通过 Clark 变换和 Park 变换将三相交流同步电机转化为直流电机进行控制，霍尔电流传感器用以检测点数回路电流形成电流环反馈，反馈量与给定量比较后经过 PI 计算调节后进行空间矢量调制（SVPWM）形成 PWM 输出，从而控制 6 路 IGBT 通断时间，保证电动机输出平均功率。外环速度环通过旋变器得到电机旋转位置和速度的反馈，经过与给定速度比较后进行 PI 运算调节。

在水声通信与定位方面，开展基于双目视觉对水下目标物体搜寻、匹配与空间定位方法研究。利用双目视觉技术解决在复杂深水环境中，对目标物体的搜寻和识别，并在环境干扰的情况下准确匹配目标物体，减少误匹配；运用双目立体视觉技术，进行深度恢复，从而确定目标物体的空间三维坐标信息；解决在不同光照情况下目标特征模糊时精确识别技术难题，从而为机械手抓取目标物体提供准确的位置坐标信息。

在结构设计方面，研究仿照龙虾头与金枪鱼尾融合一体结构的"龙鱼"号深海无人潜水器系统。结合生物学家针对金枪鱼的研究成果，采用 CFD 方法着重优化设计其细窄尾柄及大翼展月牙尾鳍结构，减小仿生无人潜水器尾柄拍动时的虚质量效应（Virtual effects），降低流水阻力，提高仿生无人潜水器的推进力；采用金枪鱼鱼体波方程，利用 Language 方法构建仿鱼类波动的动力学方程，结合尾舱刚体的机械约束条件，优化各个摆动关节的机械尺寸及摆动幅值，提高无人潜水器的推进效率及运动速度。设计足式步行装置的结构形式，并运用参数化建模的方法，进行尺寸优化设计，降低结构质量。依据潜水器外形结构设计的足式步行装置，可以完全回收至潜水器内部，需要爬行时自行释放。另外，在海底行走过程中，艇体给足式步行装置带来的水动力影响不可忽略，研究阻力、惯性力对足式步行装置运动的影响至关重要。

在技术创新方面，多航态仿生深海无人潜水器技术突破主要体现在以下几个方面。

① 研究了多航态仿生深海无人潜水器作业模式，此模式实现了潜水器一

次下水即可实现精确扫测和定点作业。

② 研究无人潜水器浮心重心位置旋转原理，实现无人潜水器水平和竖直状态的自由切换，配合推进装置，实现潜水器快速潜浮，缩短任务时间，提高作业效率，满足潜水器不同使用工况下的浮力需求。

③ 研究基于尾鳍和胸鳍的无人潜水器仿生推进技术，使无人潜水器具有良好的水平和垂直面操纵性，满足无人潜水器高效、稳定推进要求。此外，又研究了基于 DZMP 的无人潜水器海底复杂环境行走技术，使得足式步行装置在稳定地通过复杂路面时的速度和效率得到提高。

④ 研究无人潜水器水下自主搜探作业技术，实现一次下水作业可连续完成"目标探测→目标识别→目标定位→目标作业"全过程的能力，创新性地通过无人潜水器海底复杂环境行走技术、基于水下视觉和机械手的无人潜水器自主作业技术和无人潜水器浮力精确调节技术等综合运用，以突破在无人潜水器方面具有挑战性的新技术——水下自主定点精准作业技术。

5.3.4　面向深海区域混合结构探测的多关节潜水器

研制一种满足深海区域混合结构探测需求的新型潜器，采用多刚体串联结构，可实现快速垂直三维剖面运动和精细化自主探测，为全面认知区域混合化学、物理及动力结构提供创新技术手段。

（1）研究现状

现有无人自主航行器（AUV）不适用于深海混合区域三维垂直剖面的探测任务。AUV 作为一种较成熟技术，已开始应用于深海探测活动中。自然资源部第二海洋研究所曾使用伍兹霍尔海洋学研究所的 ABE 潜器和自主研制的 4 500 m 级深海资源自主勘查系统，多次开展深海热液探测研究。海上作业情况显示，AUV 水动力特性适用于在水平面内开展的调查任务，不适用于区域混合结构垂直剖面的探测活动。

基于仿生学原理，研发新型潜器，以用于深海区域混合结构探测，是当前国际研究的热点。针对深海区域混合结构探测对潜器提出的要求，开发机动性好、环境适应能力强的仿生潜器是未来的发展趋势。虽然水下滑翔机技术模仿生物滑翔运动，采用浮力驱动技术，能有效地实现锯齿形垂直剖面运动，但其速度慢、机动性差且运动形式单一，导致其无法完全满足深海区域探测需求。而仿蛇形水下潜器虽然具有更好的机动性和更多样的运动形式，但直接通过机体蜿蜒波动获得推进动力的形式效率低、能耗大。

（2）关键技术

在机动方式方面，提出的新型多关节仿生潜器，通过尾部推进器获得前进动力，通过多关节姿态角自适应控制（而非仿蛇形潜器利用机体蜿蜒波动）实现潜器外形的实时调整，获得更加有效的操纵水动力，实现转向、折返、爬升等机动性动作，具有转弯半径小、响应速度快、垂直剖面内爬升角度大、姿态保持能力强等优点，更加适用于在复杂地形条件下获得高密度三维剖面观测数据。

采用伺服驱动结合位置反馈控制技术，设计和制造适用于舱体关节连接结构的伺服装置，实现大扭矩、小回差和可靠密封的关节动作，完成新型潜器舱体关节伺服驱动机构的设计。

在电源管理方面，研究能源与推进系统设计，包括电源管理系统、电池封装结构、推进器和高效率桨叶设计，实现能源与推进系统的匹配。

在感认知智能方面，基于多关节潜水器研究深海区域混合三维观测方法，重点突破基于动态数据驱动的路径规划技术和区域混合强度估算方法，为揭示深海区域混合空间分布特征提供新技术手段。

开展基于多关节潜器的海洋混合结构"三维扫描"式自主观测研究。首先，多关节潜器利用实时观测数据，估算海洋混合结构梯度，沿着梯度方向快速到达混合结构的极值位置，以此为中心在指定区域进行初步"面扫描"观测。同时，针对海洋混合特征分布，利用自适应估计算法，开展海洋混合特征参数在线提取研究，开展边界跟踪、等值线等观测方法研究，实现对海洋区域混合的自适应观测。利用压缩感知理论，对估算得到的离散深海区域混合强度数据进行高精度重建，得到深海区域混合强度的空间分特征，并开发相应三维建图软件。

在决策控制智能方面，主要研究水下多刚体协调控制及定位策略，并在此平台的基础上完成新型潜水器的控制优化、定位等关键技术的研发，实现新型潜水器的精准定位和控制。建立基于行为控制理论的多关节潜器运动学模型，把复杂运动形式化解为局部的、简单的运动形式。多关节潜器运动是在推进器推动下，通过多关节自主协调产生形变，来操控水动力的可控运动。利用声呐定位技术，借以探测复杂的海洋环境，为深海多关节潜器的通信、定位及避障智能决策系统的研发和实施提供解决方案。

在水声通信与定位方面，将开展多关节潜水器深海高精度定位系统研究，为实现精细化探测目标，提供海洋数据采样的准确空间坐标，同时为潜水器的路径规划、运动轨迹校正、避障、回收、紧急自救等行为，提供潜水器的精确位置信息。为了突破当前超短基线定位系统精度较低、长基线定位系统造价高、施工难等局限性，提出基于深海单潜标和潜水器携带水听器阵列构成的深海局部高精度合成基线定位技术，研制定位系统的硬件平台和计算软件，达到设计的功能及性能指标。

开展深海合成基线声学定位方法理论研究，这包括多方面内容。比如，根据潜器携带的水听器测得的潜标斜距，获得球面交汇点、深度信息和潜器姿态参数，建立定位的计算声场理论模型；通过相关参数对定位精度影响的仿真研究，确定合成基线声学定位系统最优设计参数。多关节潜器深海合成基线定位系统的研发，根据理论建模、仿真和试验结果，设计、组建硬件系统，建立算法和编制软件。在水域进行定位系统的测试，并根据试验结果进行系统的设计改进。

在结构设计方面，新型多关节潜水器由多个舱体通过关节连接，以实现各关节舱体空间姿态操控，进而实现总体水动力和运动状态的动态操控。这种潜水器采用了超冗余无根多刚体系统，具备柔性体特征，具有复杂的动力学行为特性。多舱体结构使得潜器的内部布局和分舱优势更加突出，可进行合理的分舱，以及姿态配平、舱体间电气连接与布线优化、电磁兼容设计、传感器安装与分布、电源与推进器布局、导航与主控电路布局等。

传统单舱体潜器是典型的欠驱动系统，其机动性与操纵性受限，导致运动效率低、姿态调节复杂。而新型潜器具有多关节结构，可充分发挥高冗余自由度优势，实现快速机动的位姿调节。此外，新型潜器的舱体采用耐压结构优化设计，实现了结构的可靠性和轻量化，为容纳部器件提供足够的空间。

在技术创新方面，面向深海区域混合结构探测的多关节潜水器的技术突破主要体现在以下几个方面。

① 研究了一种新型具有仿生特性的多关节水下潜器，采用多刚体串联结构，可实现快速垂直三维剖面运动和精细化自主探测。

② 研究多关节潜水器深海合成基线定位技术，该技术具有成本低、操作简便、定位精度较高的优点。

③ 基于动态数据驱动的深海区域混合结构三维探测方法，解决传统潜水器预编程工作模式下无法实时改变观测路径的问题，可显著提高探测效率和获取区域混合结构关键数据的有效性，最大程度揭示深海区域混合强度的空间分布特征。

5.3.5　深海多位点着陆器与漫游者潜水器系统研究

提出"深海多位点着陆器（Multisite Lander，M-Lander）与漫游者潜水器（Rover ROV）系统"的概念。它们既具备着陆器长时间定点探测作业的能力，还可以从着陆器框架内释放漫游者潜水器，到邻近区域开展精细探测和作业，同时着陆器还可携带漫游者潜水器在近海底移动，从而在单个作业周期内完成多位点的探测，实现深海底部的低成本、高效探测作业。

（1）研究现状

国内外公开文献及信息显示，目前只有德国莱布尼茨海洋科学研究所（GEOMAR）正在开展类似的研究项目——MANSIO-VIATOR。

MANSIO-VIATOR 项目隶属于德国 16 所空间和海洋领域科研单位联合发起的研究计划 ROBEX（Robotic Exploration of Extreme Environments）。它计划于 2012 年 10 月至 2017 年 9 月期间，研制 1 套用于 6 000 m 海底的小范围高分辨率探测定点着陆器和爬行式潜水器联合作业装备。定点式着陆器 MANSIO 为漫游者潜水器 VIATOR 下潜布放和回收的载体，采用与水下网络连接的复合缆为 VIATOR 提供能源，并获取 VIATOR 观测数据。VIATOR 采用固定式履带行走机构，能够稳定地在多种地形上移动。它携带的传感器可以对着陆器附近的区域进行精细的环境探测。2016 年 4 月，MANSIO-VIATOR 在波罗的海西南部完成了 10 m 距离的自主回坞试验。

在我国，以往的研究主要集中在着陆器和小型潜水器单体上的研制和应用。"十二五"规划期间，随着"蛟龙"号载人潜水器 7 000 m 级海上试验的成功，我国启动针对深度大于 6 000 m 深海区"海斗深渊"的科学与技术研究，成功研制了包括深渊着陆器在内的多套深渊探测作业装备。

（2）关键技术

在机动方式方面，着陆器采用了多位点移动控制技术、履带式潜水器底质自适应行走方式，并提出了蓄能式浮力调节技术。蓄能式浮力调节技术与可转向推进器组合方式（P1）实现的着陆器多位点移动方案，在 3 000 m 水深环境中具有较大低能耗优势。通过开展基于蓄能式低能耗浮力调节与可转向推进器组合动力、分级抛载、轨迹优化与欠驱动运动控制技术研究，实现着陆器多位点移动与精确落点控制。建立着陆器动力学和运动学模型，其驱动力包括自身重力、可调节浮力和可转向推进器推力。使用超短基线定位系统及姿态传感器获得着陆器的位置、姿态数据，采用蓄能式浮力调节技术实现低能耗浮力调节，通过可转向推进器实现着陆器移动的定向和轨迹控制。

在电源管理方面，开展深海镁海水燃料电池等核心关键技术研究，包括高析氢过电位镁合金阳极制备、高效阴极催化剂合成与电极构筑、组合能源能量决策电源与系统集成、系统海洋环境适应性等关键技术，并研制容量大、负载响应特性好、稳定可靠的镁海水燃料电池及组合能源系统，满足深海多位点着陆器与漫游者潜水器系统的供电需求。

在决策控制智能方面，突破深海小型化声学定位通信一体化技术，实现漫游者潜水器避障路径规划、轨迹跟踪控制及遥控/自主作业模式的应用。

在水声通信与定位方面，研制深海漫游者潜水器声学定位通信一体化系统，实现漫游者潜水器和多位点着陆器间的相对定位和相互水声通信，以辅助漫游者在深海的探测作业和自主回坞，有效提高漫游者的续航能力，增加任务的多样性，大大降低一次性的任务成本。漫游者和着陆器间的定位采用超短基线定位技术，通信采用高频多频移键控（MFSK）非相干通信技术。对超短基线和高频非相干通信进行研究，配合漫游者潜水器深海作业。针对复杂、未知且非结构化的深海底部环境，基于声学定位技术，并结合基于情景记忆的认知行为学习与控制方法，使漫游者具备高效、智能的海底移动探测作业与自主导航回坞能力。

在结构设计方面，针对深海海底复杂未知环境下的作业需求，提出基于椭圆定理的模块化关节-履带可变形式行走机构，有效提高对地质环境的行走自适应性。漫游者潜水器采用履带式行走机构，并采用基于椭圆定理的双摆臂可伸缩构型。该结构把摆臂放置在潜水器车体的中间位置。摆臂实现前摆臂或后摆臂复用，通过前摆臂状态，可以越障、爬坡及增强机械手作业时载体的稳定性，也可通过摆臂调整潜水器前进俯仰力矩，增加对复杂海底环境的适应性。

在技术创新方面，深海多位点着陆器与漫游者潜水器的技术突破主要体现在以下几个方面。

① 多位点着陆器与漫游者潜水器系统及其"断线区域"作业模式，有效地解决了现有深海装备探测作业成本高、风险大和效率低的问题，同时又满足了海底长时间区域精细探测的需求。

② 采用蓄能式浮力调节技术，降低了浮力调节系统的能源消耗。

③ 提出漫游者自适应行走及自主回坞技术，有效地提高对地质环境的行

走自适应性。

④ 研究深海高比能镁海水燃料电池及组合能源技术，达到了系统对电池容量和功率的要求。

5.3.6　大航深、单矢量推进 AUV

研制一种大航深、单矢量推进方式的 AUV，采用开放式、工业标准体系构架，可达到不小于 3 000 m 的深水作业能力。同时，基于回转体模块化设计及功能模块可扩展的思想，还可以实现海洋水文与生态环境监测、海底测绘与地质勘探、管道检查、搜救行动等作业，并具备快速拆卸与装配、电池组快速更换、易于布放与回收等特点。通过模块更新和软件升级，保持任务能力与技术水平同步提高。

（1）研究现状

AUV 在总体构型、推进装置、耐压结构及湿空间、动力能源、组合导航及通信等方面的相关技术现状如下。

在外形布局及推进方式方面，类鱼雷回转体外形 AUV 有良好的流体动力特性和功能舱段可扩展能力，是目前多数 AUV 采取的外形方案。操纵方式可选取鳍舵（"＋"型、"×"型、"Y"型等）＋推进器（单螺旋桨、导管螺旋桨等）方式、多推进器组合方式、单矢量推进器方式等。其中，前两种方式是目前多数 AUV 所采取的操纵方式。

在耐压结构及湿空间方面，工作深度较小的 AUV 多采用整体圆柱形耐压壳体结构，工作深度大于 600 m 的 AUV 多采用基于框架形式的耐压结构与非水密结构的混合结构。其中，大深度 AUV 耐压结构多采用球形结构。

在动力能源方面，多数采用锂离子电池或锂聚合物电池。水密耐压电池模块设计，可实现即插即用，无须现场充电，便于现场快速更换电池和舱面维护。

在导航定位方面，采用 INS 加 DVL 组合导航方式，提供高精度导航信息。配备超短波/卫星/水声通信综合数据链，可在不同使用情况下传输数据和指令。AUV配置/携带探测传感器时，有卫星、射频、GPS、水声等通信方式，天线有固定式、折叠式等形式。

（2）关键技术

在机动方式方面，大航深、单矢量推进AUV不通过鳍舵操控，而是通过尾部单矢量推进器来实现推进与操纵控制。这可以使其在低速航行时，具备回转半径小、机动能力强等优点。

在感认知智能方面，潜水器可搭载多种探测传感器，实现水下3 000 m海深下的探测和成像功能。

在决策控制智能方面，通过突破矢量传动伺服机构设计、舱段功能模块化设计、自主导航与路径规划设计等核心及关键技术，完成单矢量回转型AUV整体方案。

在水声通信与定位方面，采用终端式数字化通信及信息接口设计。预设以太网、CAN总线、1553B总线、串口等终端接口，兼容多种声呐传感器电气接口及传输协议，实现终端可搭载传感器的通用化。这包括传感器通信及信息接口通用化管理、高压水密电缆及接口设计、压力平衡密封式数据记录装置设计等。针对水下航行安全和水下地形地貌探测需求，综合考虑声学探测系统与航行体电气接口的可扩展性、兼容性，为航行器的水下自主避障、区域路径遍历策略以及陆上电气功能联调提供保障。声学探测系统包括耐深水避碰换能器设计和障碍物自主探测与识别。

在结构设计方面，采用单矢量推进AUV外形布局，突破常规的尾部鳍舵的造型，采用框架式结构设计和轴系动密封结构，在设计理念上有突破。

在技术创新方面，大航深、单矢量推进方式的AUV的技术突破主要体现在以下几个方面。

① 采用多自由度矢量传动及伺服控制设计，在结构空间、功耗限制条件下，综合考虑了矢量传动平缓特性、矢量推力分配矩阵、单矢量航行体机动稳定控制策略。

② 提出了组合框架式 AUV 结构设计方案，综合考虑了框架、耐压舱壳体、表面壳体、浮力材料的制备及成型工艺影响。该项技术为潜水器研制的系列化发展奠定了基础。

5.3.7　可延展艇体新概念海底目标搜寻潜航器

通过新型可延展艇体潜航器结构设计，开发低磁性复合材料艇体一次成型制造技术、深海承压电池技术、单叶片螺旋桨高效推进技术、深水舵机等完全自主创新技术，完成深海新概念潜航器设计与系统研制，提升潜航器负载能力、能源利用率及作业效率。开展嵌入式水下声学感知与敏感目标搜寻技术研究、深水定位与探测声呐系统研发，使潜航器具备多功能探测与搜寻能力。

（1）研究现状

2014 年 4 月 14 日，为寻找失联的 MH370 航班，启用了"蓝鳍金枪鱼 -21"无人自主航行器进行深海搜寻。"蓝鳍金枪鱼 -21"的外形与潜艇相似，最大潜水深度 4 500 m，最大航速约 4 kn。此外，被广泛应用的还有瑞典 SAAB 公司研发的 Seaeye Sabertooth。这是一款具有深水承压能力的长行程、六自由度水下航行器。美国伍兹霍尔海洋研究所研制的"海神"号潜艇，专门用于深海探索。2009 年 5 月 31 日，它成功下潜约 11 000 m。法国 ECA 公司的 AlistarAUV 和挪威 Konsberg 研发的 HUGIN 6000 深海潜器，在民用和海洋科学考察领域发挥着引领作用。

在国内，中国科学院沈阳自动化研究所，上海交通大学，中国船舶重工集团公司第七○二研究所、七一○研究所和七一五研究所，中国科学院声学研究所，上海海洋大学，天津大学，浙江大学，西北工业大学，大连理工大学，哈尔滨工程大学等单位在潜器的总体设计、控制、导航与规划等技术方面已经逐步从科学研究走向应用研究。其中，以"蛟龙"号和"彩虹鱼"为代表的我国深海潜航器技术已跻身国际前列。"海马"号水下 ROV 主要为深海作业服务。"潜龙二号"潜航器和哈尔滨工程大学的海洋探测智能潜水器，主要为深海探测型水下航行器。

（2）关键技术

在机动方式方面，研究单叶片螺旋桨高效推进机制及稳定性控制技术，提升潜航器推进效率。

在感认知智能方面，展开可变阵型矢量水听器阵列海底有源目标被动检测与定位技术研究，研制深海矢量水听器及被动定位声呐系统，研究嵌入式声呐系统研制与海底无源目标探测技术。

在电池管理方面，开展大深度承压电池技术研究，提高电池比能量及更换速率，减小密封舱体积；节省甲板电池更换时间，提高潜航器作业效率。

在决策控制智能方面，潜水器配以模块化的能源系统、动力系统、电气控制系统、通信系统、导航定位系统、综合管理平台，共同形成一套完整的体系设备。

在水声通信与定位方面，基于新型潜航器可延展艇体结构，研制深水耐压矢量传感器，实现潜航器对水下有源目标的快速、高效、精确搜寻定位能力；研制深水多波束测深和侧扫声呐基阵、多通道信号发射与接收系统，设计与实现一体化声学数据信息综合处理平台及耐压舱体；研究多波束海底CFAR自动检测技术、抗海底隧道效应技术、基于海底地形地貌特征信息的敏感目标引导技术，实现水下典型无源目标（如飞机残骸）的自主搜寻与探测能力。

在结构设计方面，通过水动力理论仿真分析，优化实现高可靠性的、便于收放的可延展艇体控制机构。研究零浮力延展翼，确保潜航器在延展工况下航行的稳定性。突破新型低磁性夹层式复合材料艇体一体成型技术，实现探测声呐载荷与潜航器适装性设计。

在技术创新方面，可延展艇体潜航器的技术突破主要体现在以下几个方面。

① 提出并设计研制具有立体可延展功能的新型海底目标搜寻潜航器，提

高了深海潜航器对海底有源目标搜寻效率和定位精度，提高潜航器能源利用率，延长潜航器的搜寻时间。

② 研发夹层式复合材料艇体技术及一体成型工艺，使艇体具有质量轻、强度高、正浮力和耐腐蚀等优点。同时，复合材料艇体不会产生磁性干扰，避免了对水下探测设备精度的影响。

③ 研发模块化可快速更换的深海承压电池，实现了电芯多层叠加结构，提升了深海电池的比能量。潜航器可快速更换电池模块继续进行作业，在有效搜寻时间内，极大地提高了潜航器的使用效率，同时降低了潜航器的日常维护难度。

④ 提出基于可扩展艇体结构的深海潜航器可变阵型矢量水听器阵列定位理论和方法，拓展了潜航器对海底有源目标的搜寻能力。

⑤ 提出多波束和侧扫声呐目标稳健性跟踪技术及海底目标特征获取与识别技术，实现海底及海底无源目标的自动高效检测。

5.3.8　高机动长航时仿生滑翔机器海豚

从运动仿生和机构仿生角度出发，针对滑翔机器海豚的系统设计与运动控制方法展开深入研究，提供一种长航时、高机动、模块化的新型水下仿生运载与观测平台。

综合仿生技术和机器人技术，将滑翔理念引入机器海豚的设计中，研发新概念仿生潜水器，以提高其续航能力和机动能力。滑翔机器海豚集成了机器海豚的高机动性和常规水下滑翔机的强续航力等优点，能通过切换不同的工作模式来适应不同的水下环境和任务要求。在滑翔模式下，滑翔机器海豚能源消耗小、续航能力强，能够实现远距离、长时间的航行；在海豚推进方式下，速度快、机动性强，适于航行中的快速推进和机动转向。

融合高机动性和强巡航能力的滑翔机器海豚，更适合在狭窄、复杂和动态的水环境中执行监测、搜索、勘探等任务，甚至在海洋战场中的反潜战、情报收集、侦察、监测等方面发挥关键性作用。

（1）研究现状

美国特利丹仪器公司韦伯海事研究所（Teledyne Webb Research）研制了斯洛库姆无人水下滑翔机（Slocum Underwater Glider）。Slocum 的最大下潜深度为 1 000 m，最大航行时间为 360 天，并成功应用于海洋数据采集等领域。美国华盛顿大学（University of Washington）研制了 Sea Glider 水下滑翔机。Sea Glider 实现了最大下潜深度 1 000 m，最大续航力 4 600 km，并多次在阿拉斯加海湾和拉布拉多海的冬季风暴中，成功完成数据测量和目标位置垂直采样任务。美国加州大学圣迭戈分校的斯克里普斯海洋学研究所（Scripps Institution of Oceanography）开展了 Spray 水下滑翔机的研制及应用工作，实现了最大下潜深度 1 500 m，最大续航力 7 000 km。该滑翔机主要面向深海应用领域。

在我国，中国科学院沈阳自动化研究所也开展了大量水下滑翔机的研制及应用工作，成功实现了下潜深度 1 000 m，完成了 60 多个滑翔周期，其主要成果被应用于海洋环境要素连续观测等方面。天津大学研制了混合型水下滑翔机，该滑翔机实现下潜深度 1 500 m，最大航程 1 000 km，具备海洋观测和探测能力。浙江大学研制的水下滑翔机，实现最大下潜深度 200 m，并成功完成了青山湖试验。

（2）关键技术

在机动方式／性能方面，采用混合推进器，突破可动翼面型滑翔机的一体化建模与控制技术。滑翔机器海豚在高机动游动和超长距离滑翔方面，具有显著的优势。仿生机器海豚与水下滑翔机优势互补，可实现高机动、长航时巡游：在滑翔模式下，滑翔海豚能源消耗小、续航能力强，能够进行远距离、长时间的航行；在海豚式推进模式下，速度快、机动性能强，适于航行中的迅速转向和任务切换。

滑翔机器海豚的开发将为新概念潜水器的工程化应用提供重要的理论参考和技术支撑。

在感认知智能方面，机器海豚前部下方安装有探照灯及摄像头，可以录制水下的影像，并在上浮至水面时通过无线传输至基站。如果对该区域感兴趣，则可以反复探查，从而获得翔实的观测资料和数据。机器海豚喙部及腹部均装有高频声呐，用以测量前方障碍物的距离以及与水底的距离，以自动规避危险区域。

在决策控制智能方面，研究滑翔型机器海豚的模块化、高安全性设计，实现了多种驱动控制模式的高效切换：研究基于可动升力鳍面的机器海豚静态滑翔控制，获得胸鳍与尾鳍的最佳翼面积比例以及胸鳍安装的最佳位置；探索冗余驱动模态切换控制方法，实现多种驱动模式的高效切换。研究大范围自主巡游控制技术，采用基于视线导航的路径跟踪控制方法，综合利用机器海豚本体上装载的定位以及环境感知传感器，解决水下定位、自动避障、紧急情况处理等问题，从而实现自主巡游。

在水声通信与定位方面，采用多传感器信息融合来获取感知的外界信息，并结合滑翔模型来估算滑翔机器海豚的位置；或直接采用同步定位与地图构建（Simultaneous Localization and Mapping，SLAM）水下自主定位。通过机器海豚携带的 GPS、地磁罗盘、惯性导航系统、压力传感器（深度传感器）进行综合定位。

在结构设计方面，采用保形安全型模块化混合推进器设计与控制。基于新型材料与仿生结构，采用可动翼面型滑翔机设计。胸鳍、尾鳍模块可在受损或鳍模块被勾挂时抛弃，保证机器海豚主体的可回收性。

在技术创新方面，高机动长航时仿生滑翔机器的技术突破主要体现在以下几个方面。

① 水下滑翔机与机器海豚的优势互补，可实现高机动、长航时巡游。

② 提出了综合多种推进模式的冗余驱动方法。在实际应用中，可根据不同任务智能选择驱动模式，保证任务完成的高效性和高可靠性。

③ 实现可水下抛弃的胸鳍、尾鳍结构，以及浮力调节系统的创新设计与先进控制技术，保证机器海豚主体的可回收性。

④ 针对多种运动模态，研究运动对水下机动载体的隐蔽性影响，提出机器人 – 载荷协同降噪方法。

5.4 深海开发智能装备新概念

5.4.1 基于仿生刀锋腿的游走混合型无人潜水器

针对水下安全、水下资源开发、水下施工等未来市场对作业型无人潜水器的广泛需求，提出多足仿生刀锋腿（高弹性模量弧形转动机构）行走的步态规划和控制方法，突破游走混合型无人潜水器的精确姿态控制理论，以及视觉伺服下的精确作业控制理论，研制一种基于六足仿生刀锋腿的新概念游走混合型无人潜水器。突破传统采用的履带和万向轮等机构的行走方式，建立一套基于仿生刀锋腿的行走理论与方法，为今后新概念混合型无人潜水器的研制提供思路。

（1）研究现状

近10年来，无人潜水器向运动混合型方向发展，主要包括 AUV 和 ROV 运动模式的混合，滑翔推进、螺旋桨推进等推进方式的混合，游和走运动模式的混合等几种方式。

美国伍兹霍尔海洋研究所研制的 Nereus 无人潜水器，既可以在 AUV 运动模式下工作，也可以在 ROV 巡游模式下工作，可满足大范围探测和小范围作业的不同需求；美国蒙特利湾水族馆研究所研制的 Tethys 无人潜水器，既可以采用浮力驱动进行滑翔，也可以采用螺旋桨进行高速推进，满足低速、长时间航行和高速、短时间航行的不同需求；针对水下考古作业需求，美国佛罗里达海洋工程研究所最新研制的 RG-Ⅲ无人潜水器，既可以在水下巡游，也可以使用履带在海底爬行作业，同时满足在水下进行大范围文物探测和在海底对文物进行长时间作业的不同需求。

（2）关键技术

在机动方式方面，突破传统采用履带和万向轮等机构的行走方式，建立一套基于仿生刀锋腿的行走理论与方法，使混合型潜水器具有巡游和行走两种不同运动模态，为新概念混合型无人潜水器的研制提供思路和方法。基于牛顿－欧拉法，建立混合型无人潜水器的动力学模型，采用基于神经网络的强化学习算法，补偿模型的不确定和外界环境的干扰，实现混合型无人潜水器的定深、定高和各种定姿能力。

在感认知智能方面，基于水下双目视觉系统，利用视觉伺服控制技术，实现混合型无人潜水器的定点悬停探测和精确的作业控制。同时，考虑到光在水下传输过程中的折射、摄像机标定误差等因素，采用基于神经网络的无标定视觉定位技术。首先在水池环境下，利用双目视觉系统对已知坐标的特征目标点进行测量，得到特征点的图像坐标，利用有监督学习算法，通过非线性神经网络对分布在摄像机不同位置的测量数据进行学习，从而建立图像测量到空间位置的非线性映射关系。该方法避免了摄像机参数的标定，具有较好的适应性。

在决策控制智能方面，针对混合型潜水器巡游和行走两种不同运动模态，建立混合型潜水器动力学和运动学模型，突破潜水器在复杂环境干扰和模型不确定性下的精确控制理论和多推进器的最优推力分配方法，实现潜水器定深、定向、定高和定姿的精确控制，以满足潜水器在运动模态切换中的稳定控制需求，提高潜水器自主/半自主的作业能力。针对混合型潜水器水下探测与作业的需求，突破基于神经网络学习的双目视觉水下目标定位、水下机械手半自主模型预测抓取运动规划与控制、海流干扰下的视觉伺服悬停定位控制等关键技术。

在结构设计方面，针对混合型潜水器巡游和行走两种运动模态的需求，以潜水器的操纵性和航行稳定性为设计准则，进行潜水器的外形设计和推进器的最优布局设计，实现游走混合型潜水器最优流体动力布局。通过对零部件的建模技术和虚装配技术研究，构建混合型潜水器的数字虚样样品。

在技术创新方面，基于仿生刀锋腿的游走混合型潜水器技术突破，主要体现在以下几个方面。

① 基于仿生刀锋腿的游走混合型潜水器是一种新概念的无人潜水器。它可在水下进行大范围游行，也可在海底进行小范围行走，具有大范围搜索、小范围作业的优点。同时，具备在复杂工作面上的作业能力。

② 实现了行走方法的创新。为提高潜水器在复杂海底地形中行走的能力，提出基于仿生刀锋腿的行走方法。该方法可以通过刀锋腿的变形加以吸收，具有结构相对简单、易于深海使用的优点，并克服了传统轮式行走机构适应海底底质能力差、履带行走机构过于笨重的不足。与传统 ROV 相比，仿生刀锋腿游走混合型潜水器的海底底质适应能力更强，且游走融合的机动方式带来了更好的机动性。

5.4.2 基于内生驱动和恒自稳定原理的两栖型潜水器

提出一种基于内生驱动和恒自稳定原理的两栖型潜水器新概念。该潜水器可实现水下和底栖运动，并具有在陆地和水面的跨界活动潜能，有望在潜水器领域取得重要技术突破，填补我国深海潜水器的技术空白。

（1）研究现状

2002 年，美国夏威夷大学研制了 ODIN- Ⅲ（全向智能航行器）球形水下机器人。该机器人在水平半球面上外置了 8 台推进器，可实现六自由度的水中浮游机动，为球形水下机器人的运动控制、冗余推力分配和智能控制等提供了宝贵的技术借鉴。2004 年，美国 GuardBot 机器人公司针对火星登陆计划，设计了一款球形滚进机器人，并于 2015 年进一步提升了其在水面的游动能力。该机器人在泥沙或雪地里的滚爬速度约为 32 km/h（20 mi/h），可翻越 30° 的斜坡。它还能凭借较轻的质量浮在水上，以 6 km/h（4 mi/h）的速度在水面游动。最近，美国海军陆战队正在对该机器人进行测试，以验证其在濒海复杂环境中执行侦察任务的能力。

当前，潜水器作为人类开发和利用海洋资源的主要技术手段之一，已成为海洋高新技术的重要前沿。大量不同技术类型的潜水器相继涌现，包括载人潜水器（HOV）、无人遥控潜水器（ROV）、无人自主航行器（AUV）等。但这些潜水器最多只能在近海底巡航或坐底待命，无法在海床上自由机动作业。而可在海底作业的潜水器，如履带式 ROV，则需要脐带缆水面供电和母船支持，无法长期、独立地在海底值守。

（2）关键技术

在机动方式方面，借鉴轮式滚进和四足行走原理，提出一种内生驱动球体滚进的新概念潜水器。同时，有别于传统潜水器，采用基于嵌套球体的两栖潜水器构型，内球承受深海水压，外球承受海床面支撑。潜水器在水中依靠可回转式推进器实现浮游机动，在海底则依靠内置驱动实现滚进、转向。

在感认知智能方面，基于预报得到的两栖型潜水器动力学模型，仿真实现潜水器运动特性和感知性能，实时输出潜水器模型在不同控制条件下的运动响应过程，并模拟各导航传感器叠加噪声后的反馈数据。模拟探测声呐对海底成像原理，针对不同局部地形在线生成声学图像，用于局部地形的声学引导，形成完整的闭环控制规划回路。潜水器在陆地上对周边非结构化局部地形的自主感知与信息融合方法不同于水中。海底存在局部地形变化特征，尤其是障碍物、坡面和沟坑等特殊地形，是潜水器在海底行进中的重要关注点。此时声学探测方式受到限制，必须创新性运用，并结合多信息源进行融合，才能提高对潜水器滚进的引导效率，增强运动过程的平稳性。

在决策控制智能方面，两栖球形潜水器应用水下应急决策机制，潜水器的应急控制系统是整个自救系统的核心中枢，根据自救系统的总体方案，对应急控制系统进行元器件选型、仿真分析、样机设计制造以及试验研究。试验研究又包括水池试验以及耐压试验。两栖球形潜水器采用融合自主探测 / 微细光缆遥控调试两种工作模式的控制系统方案，并以自主探测模式为主，以微细光缆遥控作业模式为辅，适合于大范围和长期的海底作业工况。在调试过程中，可采用微细光缆遥控作业模式，主要用于系统状态调试监控以及定点的水下精细观测作业。自主探测 / 微细光缆遥控的切换模式，已在"海筝" Ⅰ/Ⅱ型 ARV 上得到了验证，取得了良好的试验应用成果，具有充分的可行性。

在水声通信与定位方面，采用滚进模式下的海底非结构化环境感知与智能决策方案，基于高分辨率声学引导的局部地形感知技术，研究海底局部地形地貌变化特征，有助于分析典型的非结构化环境。与光学相比，声学成像具有探测距离远、不受水域能见度和照明度限制的优势，广泛用于海洋探测。两栖型潜水器在滚进模式下，障碍物、坡面、沟坑是海底局部地形的主要关注点。基于高分辨率声学引导，对上述典型地形进行预判，提示危险存疑区域，增强运动过程的平稳性，为两栖型潜水器自主避障与局部规划提供参考。

在结构设计方面，采用基于嵌套球体的两栖潜水器构型。内球承受来自深海的压力，外球承受海床支撑，内外球体同心。两球之间布置的浮力调节装置实现水面正浮力、水下中性浮力和海底负浮力的动态调整。外球左右两侧朝前布置流线型附体，朝后布置的可回转式推进器实现水中的前进、转向和上浮/下潜机动。在海底，依靠倒摆运动改变重心分布，驱动潜水器滚进。内置驱动无密封性问题，执行部件不受外部压力和海水腐蚀影响，可靠性高。设计易于换装的球面装置，与典型海底地质条件相适应，提高牵引抗滑能力。应急情况下，自救装置开启工作，潜水器上浮回收。

在技术创新方面，基于内生驱动和恒自稳定原理的两栖型潜水器的技术突破主要体现在以下几个方面。

① 提出了基于嵌套球体的两栖潜水器构型，既适合水中浮游，又适合海底滚动。

② 研究基于内生驱动的海底滚进技术。该技术无须外部元件，不受环境影响，性能稳定，设计可靠，实现方便。

③ 该潜水器拥有浮游/滚进结合的两栖运动能力、易于换装的多种球面、基于声学高分辨率的海底局部地形引导、"金蝉脱壳"式内球应急回收等优势，具备极佳的环境适应性、高隐蔽性和机动性，在海洋科学调查和军事侦

察作战中的应用可突破潜水器传统模式，实现创新运用。

5.4.3 深海爬游混合型无人潜水器

提出一种既可在深海巡游，又可海底爬行的爬游混合型无人潜水器原创概念，针对深海复杂海底环境近距离精确、稳定观测、取样、打捞等作业需求，通过多足爬行实现在海底复杂地形中的精确移动和洋流干扰下的稳定坐底；通过导管桨实现大范围的机动航行；通过合理规划爬游轨迹，实现有限能源的最优利用。兼具无人自主航行器（AUV）高效、大范围的机动能力以及无人遥控潜水器（ROV）的精确移动定位能力，具有稳定性高、能耗低、环境适应力强的特点。

（1）研究现状

各国根据其深海作业使命和任务，先后研制出了不同类型的深海潜水器。主要包括载人潜水器（Human Occupied Vehicle，HOV）、无人遥控潜水器（Remotely Operated Vehicle，ROV）、无人自主航行器（Autonomous Underwater Vehicle，AUV）。

传统的深海潜水器大都采用螺旋桨推进的方式，其研制过程相对成熟。主要有美国麻省理工学院开发的水下机器人 Odyssey IIx、加拿大 ISE 研发的 Explorer AUV、美国伍兹霍尔海洋研究所研发的深海探测机器人 Sentry、俄罗斯的 MT-88 等。这些潜水器的下潜深度均在 5 000 ~ 6 000 m。

中国科学院沈阳自动化研究所联合哈尔滨工程大学等单位，成功研制了 6 000 m 级 CR-01 及其改进型 CR-02 自治水下机器人，在此基础上又自主研制出了"潜龙一号"和"潜龙二号"，其作业深度可分别达到 6 000 m 和 4 500 m。上海交通大学先后研制出了 3 500 m 级"海龙"号和 4 500 m 级"海马"号 ROV，并成功完成了海试。

除螺旋桨推进方式外，近几年又出现了一种新的无人无缆多腿爬行式深海潜水器。多腿爬行式深海潜水器起源于仿生设计原理，研究起步相对较晚。比较典型的产品，如美国宾西法尼亚大学研制的单关节的六腿水下机器人 Rhex，其每条腿为 C 型，可实现简单的爬、游、行走功能。加拿大麦吉尔大学研制的六腿水下机器人 AQUA，其每条腿相当于一个桨叶，可以在水下自由游动。2015 年，韩国海洋系统研究工程部研制出了一种水下多腿仿生机器人 CR200，可以像龙虾和螃蟹一样在海底爬行。目前，该工程部正在研制深海版 CR6000。

从推进方式上看，螺旋桨推进的最大好处是，可以提高潜水器的游动速度，使其快速到达指定区域附近。而多腿爬行式潜水器能够实现深海坐底，并可精确爬行到指定的海底区域，具备较强的越障能力，可以适应各种复杂地形、极端环境，同时避免了在大深度下载人装备所面临的环境、安全可靠性等复杂问题。

（2）关键技术

在机动方式方面，创新提出爬游混合型深海无人潜水器的概念方案，根据实际任务的需要自由切换推进模式，充分利用爬行推进的多肢体结构和人工智能技术的发展，实现潜水器的稳定控制和水下作业。针对无人潜水器"下潜—巡游—落底—坐底—爬行—作业—起底—上浮"等运动方式，开展总体集成与综合优化、多肢、多关节协同抗扰流稳定性、运动姿态自适应控制、低能耗运动规划、深海高压密封等关键技术研究，满足指南方向及深海潜水器的应用需求。

在感认知智能方面，为了获取潜水器在海底的环境状态，需要对洋流速度与方向、深度、每个机械腿与海底的接触力、每个机械腿受洋流的作用力或力矩等进行实时探测。此外，针对高干扰流环境的高混浊情况，潜水器不仅配备有多个光源及光学摄像机，还配置了适用于高混浊环境的超声摄影机。

在决策控制智能方面，应用运动姿态自适应控制技术和低能耗运动规划技术。根据运动方向和洋流方向等实时自适应控制调整姿态的技术，以满足减小航行阻力及洋流扰动的目的。根据不同海底环境、不同任务，开展运动方式规划与优化的技术研发，降低潜水器能源消耗，提高作业能力。深海爬游混合型无人潜水器工程样机在水池中试验时，其巡游或爬行均可根据不同的障碍物选择合适的策略；另外，它还可根据运动距离，自主选择经济的运动模式。相比传统运动模式而言，该潜水器的能量消耗降低了10%。

在水声通信与定位方面，潜水器不仅配备多个光源及光学摄像机，还配置了适用于高混浊环境的超声摄影机。除了这些探测设备，顶部还装有通信天线和扫描声呐系统，用以对无人潜水器进行定位、通信和对潜水器周围环境进行大范围扫描。

在结构设计方面，多肢、多关节有利于协同抗干扰流。通过多机械腿关节的协同运动来调整潜水器姿态，以改善无人潜水器在洋流扰动下的稳定性。该无人潜水器采用模块化结构，主体结构为1个金属框架，6条电动多关节机械臂/腿安装在框架下方两侧，1对电力驱动导管桨推进器集成安装在框架后部。为适用于深海的特殊环境，潜水器球舱、推进电机、灵活水密关节等采用耐压密封技术。框架中间容纳一个可承受5 000 m水压的耐压球舱，耐压球舱中含有电子系统，可通过转接盒与外部探测、电力驱动等系统相连。

在技术创新方面，深海爬游混合型无人潜水器的技术突破主要体现在以下几个方面。

① 首次提出了多肢和导管桨协同的爬游混合推进的无人潜水器概念，突破了传统潜水器的设计理念。

② 针对深海复杂环境中洋流扰动下潜水器的稳定控制难题，创新地提出了多肢协同的稳定性控制方法和策略。

③ 提出深海爬游混合型无人潜水器低能耗潜伏运动控制策略，降低了潜水器的能耗，提高了作业时间和能力。

5.4.4　海底无缆爬行机器人

随着海洋资源的开发向深海发展，由于有缆水下机器人依赖于悬在海中的细长的脐带状缆绳，而使其应用范围受到很大限制。无缆水下机器人自身拥有动力能源和智能控制系统，从而摆脱了悬在海中的脐带缆，不仅活动范围广，还能依靠自身的智能控制系统进行决策与控制，完成工作任务，具有广泛的应用前景。面向我国深水海底资源探测的需要，研发可以定点投放、水下长期漫游爬行、海底矿藏触探、自行上浮的无缆水下机器人，可以提高我国在深水海底资源探测的效率。

（1）研究现状

无缆水下机器人的研制始于 20 世纪 50 年代。1957 年，第一个无缆水下机器人在美国华盛顿大学应用物理实验室研制成功。20 世纪 80 年代以来，随着计算机技术、微电子技术和人工智能技术的飞速发展，无缆水下机器人也得到了大力发展，迄今已设计出几百种不同技术类型的无缆水下机器人。在国际市场上出售无缆水下机器人产品的公司约有 10 来家，包括 Kongsberg Maritime、Bluefin Robotics 和 Teledyne Gavia 等。当前，市场上开发的无缆水下机器人主要有具备悬停能力用于检测维护的 AUV、海洋油气开发的特种 AUV、可切换角色以执行不同任务的混合 AUV/ROV。已有的 AUV 大多为鱼雷形状，采用螺旋桨驱动，其中小尺寸的 AUV 直径仅 300 mm，而大尺寸 AUV 的直径则超过 10 m。美国 Hydroid 公司的 REMUS 6000 AUV 代表了自主式水下探测器的最高水平，其下潜深度可达 6 000 m，但也远小于日本"海沟"号 ROV 的下潜深度（10 911.4 m）。

国内针对无缆水下机器人的研究起步较晚，哈尔滨工程大学的"智水-4"智能水下机器人在真实海洋环境下实现了自主识别水下目标和绘制目标图、自主规划安全航行路线等功能。中国科学院沈阳自动化研究所与俄罗斯合作开发了工作水深为 6 000 m 的预编程控制的"CR-01"无缆水下机器人。该机器人已成功完成了在太平洋深海的考察工作，达到了实用水平。

国际海底区域蕴藏着丰富的战略金属、能源和生物资源，已经成为国际战略竞争的焦点。深海探测技术是深海开发前期工作的重要技术手段，其中智能水下机器人作为下潜到深海区域进行探测的水下设备，在海洋资源开发与利用中起到至关重要的作用。

随着海洋资源开发和军事用途需求的不断增长，未来无缆水下机器人的发展方向主要为整体设计的标准化和模块化、高度智能化、高精度的导航定位、具有先进电源管理的高密度电池及多个体协作等，开发更具有实用价值的无缆水下机器人已经势在必行。

（2）关键技术

在机动方式方面，为解决无缆爬行机器人在海底特殊作业环境下的机动方式问题，提出基于浮力调节的履带爬行技术。履带式机器人能够很好地适应地面的变化，适合于松软场地作业，具有支撑面积大、下陷度小等特点。履带支撑面上有履齿，不易打滑，可长时间稳定地在固定地区作业，具有较高的作业精度。履带式无缆爬行机器人可以适应从海底松软地层到硬基岩层的不同地质条件的勘探调查，但比较消耗能量。基于浮力调节的履带爬行技术，可根据实际环境条件自动调整爬行机器人重浮力平衡，不仅提高了机器人的可操纵性和安全性，更重要的是降低了能耗，提高了续航能力。在固定地点作业时，通过调整重力和浮力，还可增加机器人的稳定性，有助于机器人的勘探作业。在电源管理方面，为了突破海底无缆爬行机器人续航力短，无法在海底长期工作的限制，设计先进的电源管理技术解决方案。通过将电源有效分配给系统的不同组件，可使闲置的组件进入休眠状态，并在需要时快速唤醒进入工作状态。通过降低组件闲置时的能耗，可将电池寿命延长两倍或三倍。

在决策控制智能方面，为了适应海底复杂的地质条件，探测和识别运动轨迹上的障碍物，以避免机器人倾覆或跌落并失踪，研究水下机器人海底自适应爬行技术，智能规划与决策相结合，开发高度智能化的控制系统，使爬行机器人具有有效避碰规划和路径优化的能力。

在水声通信与定位方面，为实现探测海底地貌、大面积海洋环境监测、水下信息获取、海洋资源勘探、海洋救险与打捞多种用途，研究高速水声通信技术，并增强通信过程中的容错能力，提高系统的鲁棒性，以确保爬行机器人与水面基站通信的畅通。同时，研发用于深海海底爬行机器人的水声导航和定位系统，为海底无缆爬行机器人的工作路径规划和回收提供技术支持。

在结构设计方面，研究耐腐蚀深水密封技术。为适应水下爬行机器人深水持续作业的需求，掌握深水高压的密封原理和方法，根据水下机器人的密封失效形式，研究选取或设计深水高压的密封结构形式，并根据密封等级和结构形式确定密封材料。结合设计密封压力、等级、性能等参数要求，对水下爬行机器人密封部分进行优化与改进，并且完善密封设计理论，实现技术应用。综合运用理论、数值、实验等方法验证密封最大性能，最终确定密封结构和材料参数的选型，以达到要求标准。

在技术创新方面，无缆爬行机器人的技术突破主要体现在以下几个方面：

① 提出新概念深海勘测方式，提高深水海底资源探测效率，加快我国在深水海底资源探测的步伐。

② 自适应、自主上浮的运动方式，既可以适应复杂的海底条件，又可以通过精确的浮力控制，满足爬行的稳定性和高效性。

③ 高效优化的能源管理系统，电源的长期稳定支持，有助于爬行机器人完成长期海底作业。脐带缆、控制系统、水平推进器、定位传感器等多模块集合设备，可确保水下爬行机器人投放位置的准确性。

④ 远距离声呐探测与近距离光学测距技术结合，实现避障、避沟以及路径规划的智能化决策。

5.4.5 深水常驻机器人

研制一款基于智慧海洋理念的、可在海底长期驻留、进行巡检维护作业的深水常驻机器人（RAUV，ResidentAUV）原理样机；开展 RAUV 海底管线巡检作业、RAUV 水下自主对接与补给（包括充电和高速数据传输）、水下无线高速通信、智能前端数据处理、水面控制平台数据呈现和智能监控等核心功能演示验证，为最终实现面向海上石油平台的、以深水常驻机器人为核心的深水常驻作业系统奠定技术基础。

（1）研究现状

2007年，Chevron能源技术公司针对深海油气应用，首次提出发展常驻作业系统（Resident Intervention Systems）的规划，并制定了逐步提升AUV在深海油气领域应用能力的长期发展路线图。2007—2009年，Chevron致力于发展一种悬停型AUV——Prototype Autonomous Inspection Vehicle（PAIV），并通过一系列水池试验证明了水下自主作业的可行性。在PAIV的研制期间，AUV产品技术进步很快，这促使Chevron将其后续研究重点转向提升AUV能力。2010年，Chevron组织了商业化AUV管线跟踪软件的近海试验，演示AUV自主跟踪海底管线的能力。2011年，主要研究了AUV三维声呐建模技术，并分别验证了基于机械扫描声呐和多波束测距声呐对直立和倾斜结构的建模能力。2012年，继续支持发展高速无线水下通信技术，并验证无线数据传输和电池充电能力。

2014年，全球四大石油化工企业之一的道达尔公司（Total）宣布，将与Chevron联合研发一款用于海底石油管线检测的3 000 m级AUV，并发布了该AUV基于海底基站常驻作业的演示视频，宣称6～7年内可用AUV进行水下安装作业。Battelle和OceanWorks公司正在联合研发水下对接和充电基站。2011年，它们用Bluefin-12AUV在波士顿港进行了自主对接、充电和数据传输试验。目前，相关技术还在不断完善中。

（2）关键技术

在机动方式方面，研究多矢量推进器RAUV姿态调整和稳控系统。采用2个主推进器、2个水平槽道推进器和4个垂直槽道推进器的矢量推进布置，实现6个自由度运动控制。

在感认知智能方面，机器人将搭载立体摄像机、成像声呐等传感器，以及水声与可见光通信、定位设备。机器人具有很强的计算及存储能力，可实现高维数据的采集和在线处理。研究机器人智能感知和智能前端数据处理技术，双目视觉导引过程分为探测和跟踪对接目标两个阶段。

在电池管理方面，面向 RAUV 平台重复高效能源补充需求，研究高性能二次电池与海水电池复用技术，解决海水电池高压下电池内部结构坍塌、隔膜破裂导致的放电能力下降、内部短路造成的温升过高甚至起火爆炸等技术问题。

在决策控制方面，水面控制台采用基于"人在回路"的 RAUV 运动规划和半自主控制。基于智慧海洋理念，建立 RAUV 平台自主 / 半自主控制体系结构，建立巡航观测、近距离观测等行为模式的自适应控制机制，并面向海底管线自主跟踪，研究基于不确定信息的动态轨迹自适应跟踪方法。

在水声通信与定位方面，研究 MIMO 单载波高速水声通信技术、基于多普勒频移测量及联合定位导航的水声时间同步技术、海底类长基线水声定位技术、水下可见光的高速通信及精准定位技术，通过有线通信与无线通信的结合、远距离水声通信和近距离可见光通信的结合，实现了经由机器人对海底管线和设施的准实时、可视化监测与呈现。

在结构设计方面，采用"扁平外形＋浮力材料＋框架结构＋耐压舱＋矢量推进器＋载荷模块"的整体方案。

在技术创新方面，智慧海洋的深水常驻机器人的技术突破主要体现在以下几点。

① 提出的深水常驻机器人系统的设计，紧紧围绕"智慧海洋"的核心思想和方法路线，有机地结合了"云计算"和"洋计算"，做到"云洋"融合。

② 创新性地提出自主与半自主兼容的控制体系结构，基于智能 / 赛博技术实现"人在回路"的 RAUV 平台远程监控和半自主控制。RAUV 平台可与海底基站自主对接和补给，从而突破常规 AUV 单条次（航次）作业模式，实现"作业—对接—补给—再作业"的常驻循环作业模式。

③ 围绕智慧海洋的方法路线，研究水下无线高速通信、智能前端数据处理、水面控制平台数据呈现、智能监控等核心技术。

5.4.6　可变形模块化远程智能观测平台

研制一款基于智慧海洋理念的、可在海底长期驻留进行巡检维护作业的深水常驻机器人（RAUV，ResidentAUV）原理样机；开展 RAUV 海底管线巡检作业、RAUV 水下自主对接与补给（包括充电和高速数据传输）、水下无线高速通信、智能前端数据处理、水面控制平台数据呈现和智能监控等核心功能演示验证，为最终实现面向海上石油平台的、以深水常驻机器人为核心的深水常驻作业系统奠定技术基础。

（1）研究现状

自主水下观测平台主要包括 AUV、水下滑翔机等。

自 20 世纪 50 年代起，欧美发达国家开始开展自主水下观测平台的研究工作。具有代表性的 AUV，如美国麻省理工学院研制的 Odyssey 系列 AUV，美国伍兹霍尔海洋研究所设计的 REMUS 系列 AUV，挪威 Kongsberg 公司研发的 HUGIN 系列 AUV。

20 世纪 90 年代，市面上出现了利用自身浮力改变，来实现锯齿形滑翔观测运动的水下滑翔机，如美国利丹仪器公司韦伯海事研究所（Teledyne Webb Research）的 Slocum、华盛顿大学的 Sea Glider、Scripps 海洋研究所的 Spray 水下滑翔机。这些滑翔机自身无推进装置，航速在 0.5 kn 左右，一般搭载温盐深仪等小功率的基础科学载荷，可进行长达数月的海洋观测作业，续航能力可达几千千米甚至上万千米。

2012 年，美国 MBARI 设计的 Tethys 级长航程 AUV，采用了螺旋桨推进，具备比水下滑翔机更快的航速和比传统 AUV 更远的续航力。兼具加密观测和长续航能力的 AUV 技术，成为自主水下观测平台的研发热点。

20 世纪 80 年代，我国开始 AUV 的设计研究工作。在国家相关项目的资助下，我国 AUV 的研制和应用水平得到大幅提升。具有代表性的 AUV 有：哈尔滨工程大学等研发的"智水"系列 AUV，中国科学院沈阳自动化研究所等研发的"潜龙一号""潜龙二号"AUV，西北工业大学研制的50 kg级水下无人自主航行器等。

（2）关键技术

在机动方式方面，配置泵喷推进模块和垂直尾舵，进行AUV式水平机动；配置浮力调节装置进行匹配环境浮力变化，满足低速水平推进要求，同时可实现平台悬停观测；为实现低功耗的自主跟踪探测温跃层和满足垂向定点特大俯仰角姿态要求，配置可变形翼和俯仰调节装置。在该配置下，平台甚至可实现锯齿形滑翔运动。

在感认知智能方面，研究智能测量传感器技术、声学信息智能感知技术、温跃层等典型海洋现象自主感知及识别技术、面向温跃层等典型海洋现象自主观测的在线航迹规划技术。通过敏感元件选型设计、封装工艺、耐压水密壳体材料选型、外观结构设计，以及内部电路板结构设计等方面研究确定最优结构形式，实现传感器小型化。研究基于平台的海洋环境声学信息感知技术，解决小型、低功耗、大深度海洋环境噪声采集模块平台载荷技术。研究国内外目前利用自主水下观测平台进行温跃层观测的垂直梯度法、最大梯度检测法等方法的优缺点及适用范围，分析我国典型海域剖面的温盐深数据，结合温跃层识别要素提出适用于本平台自主感知及识别温跃层的相关算法。利用数值仿真试验对算法进行测试，并通过平台海上试验验证算法的可行性。采用规划与控制相结合的设计原则，研究基于知识的智能航迹规划技术。

在决策控制智能方面，研究可变形模块化远程智能观测平台自主监控系统软件、导航控制系统软件、海洋环境噪声信号处理及判决软件，实现智能决策与控制。

在水声通信与定位方面，研制小型的、低功耗的、大深度的、模块化的海洋环境声学信息感知模块。

在结构设计方面，设计并优化可变形水动力外形，采用势流理论和数值模拟技术手段，对典型主体型线水动力性能进行对比分析，并从航行阻力、平台载荷搭载空间等角度出发进行优化。基于模块化设计思想，设计可变形翼模块。根据平台不同运动模式，利用数值模拟分析手段，研究水平机动定深观测、垂向定点观测、锯齿形滑翔观测等不同工作模式下的最佳水动力性能匹配，为平台总体运动提供依据。

在技术创新方面，可变形模块化远程智能观测平台的技术突破主要体现在以下几点。

① 通过水平翼变形实现平台水平机动、垂向定点、锯齿形滑翔和悬停等多种运动能力，提高不同工作模式下的机动性、姿态稳定性和控制性能，提高平台观测能力。

② 研制水下移动平台专用小型、低功耗、高精度、多参数测量传感器，满足搭载水下移动平台进行长期、连续、精准跟踪探测温跃层及盐度、pH、溶解氧等海洋水文生态环境特征的技术需求。

③ 研究基于健康状态在线管理的航行器自主保障机制，和基于海洋环境噪声异常报警的水面船避让技术，为实现观测平台智能化保障，提升平台可靠性与可用性提供解决方案。

④ 基于海洋环境要素的观测平台结构匹配优化节能技术，可大幅降低系统浮力补偿功耗，提高平台的航程。

PART 6

Leadership Strategy of

Technology and

Deep-Sea
Intelligent

Equipment

如今，各国都已经意识到海洋对于国家发展的重要性，并正将目光投向广阔的海洋空间，积极拓展自己的海洋领土和经济区。维护国家海洋权益、发展海洋经济、保护海洋环境以及开发海洋资源，已经成为各国的重大发展战略。这不仅涉及海洋资源的勘探与开发，还包括对海洋法律框架的完善，以确保国家的海洋权益得到充分保护。在战略资源开发方面，各国都在积极探查和利用深海矿产资源，如海底的石油、天然气、金属矿产等。这些资源的开发不仅能够促进国家的经济增长，还能为全球能源安全做出贡献。

随着科技的不断进步，深海领域逐渐展现出巨大的潜力和价值，成为战略新疆域，也成为未来国家竞争和合作的新焦点。各国政府和科研机构都意识到，要想在未来的深海竞赛中占据有利地位，就必须进行更为周全和前瞻性的战略规划。这不仅涉及科技研发、资源勘探和环境保护，还包括国际法律、政策的制定和跨国合作等多个层面。

深海智能技术和装备无疑是各国深海发展战略中最为重视的一个新兴战略高地，国内外高度重视海洋科学技术及装备的研发，各国都在努力加强对包括深海进入技术、深海探测技术、深海开发技术等在内的一系列先进技术的研发投入，发布了一系列科技发展计划、中长期发展规划，支持高端海洋科考船、海洋观测设备、海洋探测平台的建设，以确保在未来的深海时代中能够占有一席之地。

当前，我国对深海领域战略科技支撑的需求比以往任何时期都更为迫切。由近及远、由浅入深，加快进入深海、探测深海、开发深海，已成为我国海洋强国的战略前沿。展望 2030 年，我国在深海科学基础研究领域的创新能力将进一步提升；在深海技术领域由"跟跑"为主向"并跑"为主转变；在深海领域的布局重点将由深海进入逐步转向深海探测与开发，研发重点为深海材料和关键装备、水下探测分析技术和矿产资源勘探。未来，我国在深海基础科学研究领域的规模必将不断扩大，成为全球深海基础研究最重要的贡献者之一。

6.1 我国深海智能技术引领方向

海洋强国建设急需国际领先深海智能技术与装备作为强有力的支撑。深海智能技术和装备如果走跟踪式发展模式，则无法实现由大变强，只能走革命性、颠覆性、积极拥抱高新科技的发展路径，从陆地、空天高新科技下海，实现换道超车。发展深海智能技术体系，重点应聚焦在以下几个关键领域。

（1）材料科学

持续专注于研发和优化具有更高耐压性能、更强防腐能力以及更好浮力控制的新型材料，适应深海极端环境的挑战，提高设备的稳定性和使用寿命。通过不断改进材料的质量和性能，确保深海设备能在高压、低温和腐蚀性环境下正常工作，从而为深海探索和开发提供更可靠的支持。

（2）结构工程

致力于开发能够承受高压且易于维护和模块化的潜水器结构，提高深潜设备在多变环境中的适应性和灵活性，使其能够更好地应对深海中的不同挑战。通过采用标准接口和模块化设计，可以根据任务需求快速更换设备组件，提高设备的维修效率和使用灵活性。

（3）能源技术

着重寻找更有效的供能方式，包括改进电池容量与效率、开发新型燃料电池，甚至探索电化学海水裂解等极端环境下的能源获取技术。通过提高能源利用效率和寻找新的能源获取来源，实现更长时间的深海作业，为深海探索和开发提供更多的时间和机会。

（4）导航定位

结合现有的惯性导航、声呐定位技术，探索多源融合高精度导航定位方法，发展如深海 GPS 或其他基于物理特性的深海 PNT 手段，提高潜水器在复杂海底地形中的导航精度，使其具备更强的环境感知与理解能力，为深海探索提供更可靠的数据和信息。

（5）通信技术

提升水声通信和光学通信的传输能力，采用先进的信号处理算法和增强的硬件设备，如使用多载波技术和频率调制技术降低水下环境的噪声干扰，提高信号的清晰度和传输距离，同时确保数据的稳定性和可靠性，为深海作业提供更好的通信支持。开发新型光源和探测器，提高光信号的传播效率和接收灵敏度，提升作业安全性和效率的同时，更好地对深海设备进行实时监测和控制。

（6）环境感知

开发更为高效和准确的传感器，提高其灵敏度和抗干扰能力，从而能够更准确地捕捉到深海环境中的各种参数和变化。通过对海量数据的分析和挖掘发现隐藏的模式和规律，从而更好地理解深海环境的复杂性。构建高精度的数学模型和仿真系统，预测并分析深海环境的动态变化，为科研和工程提供重要的参考依据。

（7）自主控制

通过改进控制算法和硬件设计，提升潜水器姿态及航向控制技术的精准度，强化智能规划与决策能力，增强其在复杂环境中的稳定性。发展先进的平台组网技术，实现多潜水器间的高效通信与协作。使潜水器能够自主完成更复杂的任务。集成自主综合驾控和协同控制技术，优化多潜水器之间的协同作业能力。

（8）生命支持

创新供氧系统设计，确保长时间深海作业中乘员的生命安全。引入更先进的状态检测与安全性评估技术，实时监控潜水器的关键指标，及时发现潜在的安全隐患并采取相应的措施。发展应急抛载技术，设计和开发应急抛载装置和逃生系统，可以在紧急情况下迅速脱离潜水器并浮出水面，提高自救能力，确保紧急情况下乘员的生存率。

（9）水下探测与作业

研发高精度机械手和操纵装置，提升水下精细操作的能力。优化水密接插件和脐带缆的设计，提高其防水性能和耐久性，确保水下设备之间的稳定连接和能源传输。结合声视觉设备和水下照明摄像技术，增强水下导航和观测能力。通过引入先进的声视觉设备和水下照明摄像技术，实现更远距离、更高清晰度的观测和导航，提高水下作业的安全性和效率。加强水下攻防和应急救援技术，提高应对突发和极端情况的能力。

6.2 我国深海智能装备引领方向

在深入分析当前深海装备发展的现状，并综合考虑未来深海装备可能出现的新特点和新需求的基础上，需要从国家科技战略角度对国内外深海装备的发展趋势进行研判，特别是对我国当前可能存在的，在技术层面、性能层面、可靠性层面以及成本效益等多个方面的短板和不足进行深入分析，从而明确我国深海装备发展的重点方向，以提高装备的技术水平，增强装备的环境适应性，提升装备的作业效率，降低装备的运维成本。同时，为了推动我国深海装备的快速稳健发展，我们还需要准确识别出具有战略意义的科技发展方向，前瞻性地布局新时代深海科技创新的战略重点，开展包括基础研究、应用技术开发、工程化实施等多个层面的系统性的技术攻关，为我国海洋科学装备的整体水平提升提供强有力的支撑。

6.2.1 深海智能装备发展趋势研判

海洋探索与研究在很大程度上依赖于海洋探测与研究装备的研发，且关键是研发满足科学研究需求的、实用的装备。随着海洋研究领域朝着深远海、南北极拓展，对智能化、自动化、高端化的海洋科学装备提出了新要求，智能海洋科学技术及装备发展进入了关键阶段。

深海装备作为智慧深海中的重要组成，将依托智能深海信息平台和资源平台，实现与人工智能技术的深度融合。结合国际发展与国内需求，未来深海装备将呈现出以下特点。

（1）未来深海有人装备的自主化、少人化和超能化

未来的深海装备将通过整合先进的智能模块，实现对深海环境的更为精

准的感知、识别，以及对各种情况的自主控制和高效判断，从而做出更为明智的决策。这将极大增强深海装备的自主操作能力，使其能够在复杂多变的深海环境中独立完成任务，同时显著减少对人力资源的依赖，降低作业成本。为了实现这一目标，对现有深海装备进行智能化适应性改造是关键的一步。改造后的深海装备将具备更高效的搭载能力，配备多种类型的无人平台，如无人机或无人潜航器，大大延伸和扩展深海装备执行侦察、采样、维修等多种任务的能力。此外，改造还将使深海装备具备快速出动和回收保障的能力，确保无人平台能够在完成任务后迅速安全地返回。通过技术升级和改造，深海装备的作业范围和能力将得到显著提升，能够在更深海域和更恶劣的海况下工作，执行更加复杂的任务，如深海资源勘探、环境监测、海底设施建设和维护等。

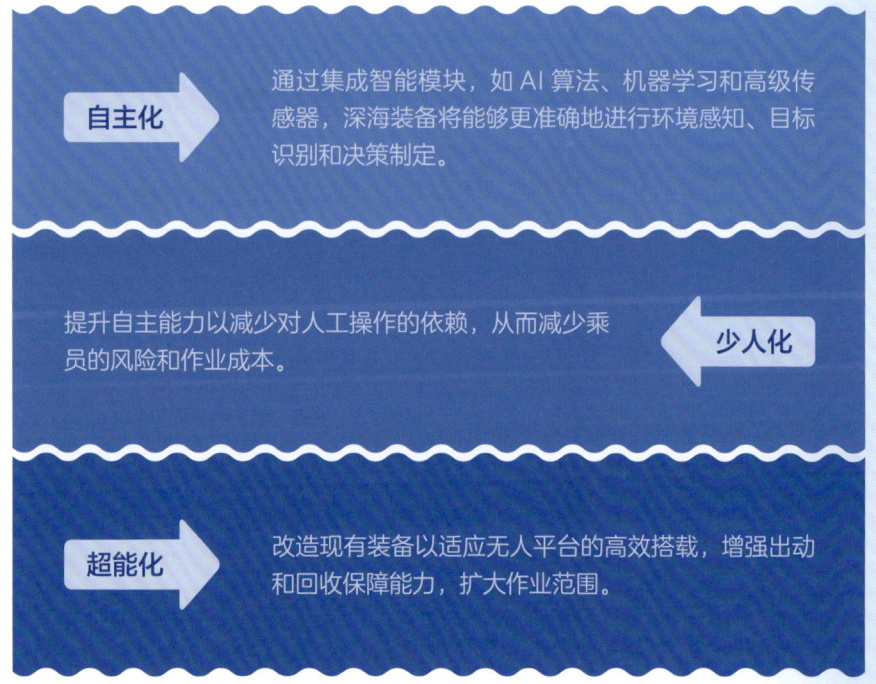

（2）未来深海无人装备的智能化、全域性、低成本化

当前大量无人自主深海装备的研发与装备化进程正在加速进行，不仅极大地拓宽了深海装备在各个领域中的应用范围，还将显著提升深海装备在执行任务时的性能表现，为人类探索未知的海洋世界，提供了更加高效、经济、安全的技术手段。应用水深的增加、观测参数类型的多样化，使得功能单一的海洋科学装备已经无法满足未来探测和观测的综合需求。因此，以多参数、多功能、谱系化为代表性特征的深海无人智能装备成为重要的发展方向。

　　未来的深海装备将不仅仅是单一功能的探测器，而是集成了多种传感器和功能的综合性平台，能够提供更加全面和精确的海洋数据。无人自主深海装备的研制，意味着无论是在深邃的海底，还是在极端的极地环境中，无论是面对长时间的航行、深不可测的水域、高速运行的挑战，还是在需要进行长期预置部署的场景中，这些装备都能够大幅度扩展深海装备的应用领域。同时，无人自主装备的广泛应用，也大大降低了深海装备的成本。传统的有人驾驶的深海装备，其制造和维护成本往往非常高昂，而无人自主装备则通过减少对人员的依赖，降低了人力成本，同时也减少了因人员安全风险带来的额外开支。

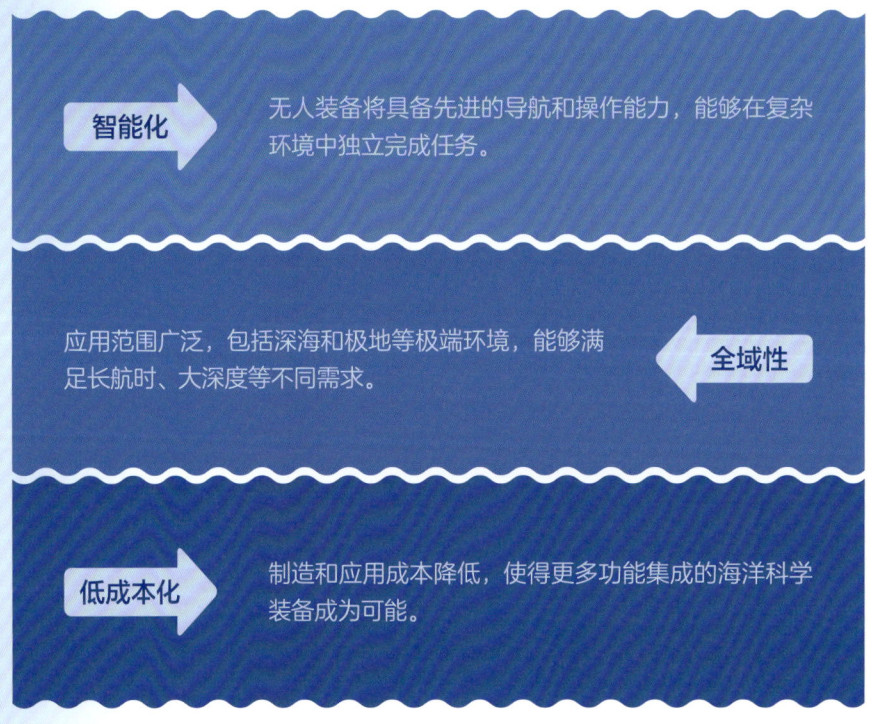

智能化　　无人装备将具备先进的导航和操作能力，能够在复杂环境中独立完成任务。

　　应用范围广泛，包括深海和极地等极端环境，能够满足长航时、大深度等不同需求。　全域性

低成本化　　制造和应用成本降低，使得更多功能集成的海洋科学装备成为可能。

（3）未来深海装备体系环境的智慧化、跨域化和在线化

技术的升级推动着智慧深海概念的与时俱进。随着深海装备正逐步转型为高度智能化的存在，智慧深海体系的框架也将逐渐明晰，即构建深海多维空间的智慧协同平台，实现任务层和数据层的全面融合和高效管理，进一步通过人工智能在线学习技术，不断提升装备的适应性和适用性，最终达到高效、安全、自主的深海作业新阶段。

这一转型的核心在于构建一个基于智慧深海概念的综合平台。该平台将实现对海洋、空中、太空、海底以及陆地等多个维度空间的全面覆盖，实现跨领域间的协同作业，确保信息交互和运行维护能够全时进行，从而形成一个高效的、可靠的综合保障体系。在这个体系中，深海装备的感知数据、运行数据和维护数据将不再是孤立的信息片段，而将与海洋环境的气候、洋流、地形等数据无缝连接，形成一个完整的信息网络，不仅能够反映出当前的状态，还能够通过智能分析预测未来的趋势。这种数据的互联互通，将为深海装备的运行提供更为精确和全面的数据支持。

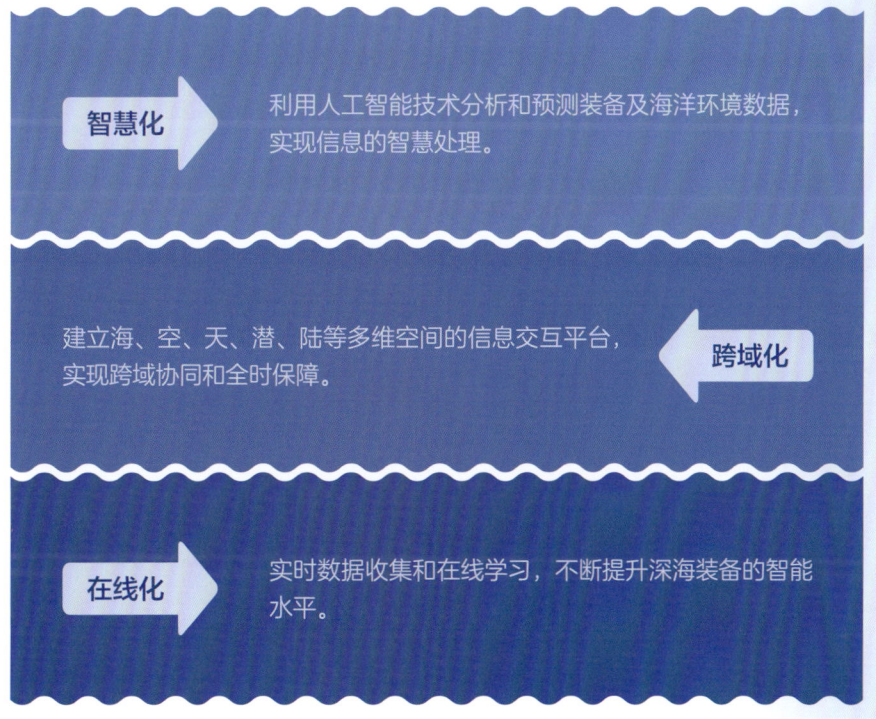

智慧化　利用人工智能技术分析和预测装备及海洋环境数据，实现信息的智慧处理。

跨域化　建立海、空、天、潜、陆等多维空间的信息交互平台，实现跨域协同和全时保障。

在线化　实时数据收集和在线学习，不断提升深海装备的智能水平。

6.2.2 深海进入领域战略方向识别

智能化、协同化、高精度化和高效率化是新一代深海进入技术的发展方向，涉及多个关键技术和装备领域。

◆**智能控制技术：**包括下一代载人潜水器智能控制系统，这些系统将利用人工智能和机器学习技术来提高潜水器的操作效率和安全性。

◆**多栖／跨介质航行器：**能够在不同的环境中（如水面、水下、空中）进行作业的航行器，需要高度的机动性和适应性。

◆**超高速潜水器技术：**用于快速探索大范围海域的潜水器，可能涉及新型推进技术和材料的研发、应用。

◆**极区观察作业 ROV：**专门设计用于极端环境，如北极或南极地区，进行科学观察和数据收集的遥控潜水器。

◆**6 000 m 以深 ROV 脐带缆：**为了在深海中为遥控潜水器提供电力和数据传输支持，需要开发更长、更耐用的脐带缆。

◆**7 000 km 超长续航水下滑翔机技术：**这种滑翔机能够在水下自主航行数千千米，进行数据收集，而不依赖于外部电源。

◆**可变翼水下滑翔机技术：**具有可变翼设计的滑翔机，可以根据需要调整其浮力和姿态，以适应不同的任务和环境。

◆**惯性基组合导航技术：**结合惯性导航系统和其他导航手段，以提高潜水器在复杂地形中的定位精度。

◆**长基线、超短基线定位系统：**用于水下定位的声学系统，对于深海勘探和精确作业至关重要。

◆**地形匹配导航／地球物理导航技术：**通过与已知地形或地球物理数据匹配，实现潜水器的自主导航。

◆**水下驱动传动技术：**高效的水下推进系统，对于提高潜水器的速度和机动性至关重要。

◆**深海蓝绿激光高速通信技术和水下光量子通信技术：**这些先进的通信技术可以在水下提供高速且安全的数据传输功能。

◆**基于智能算法的水下音频和视频图像分析技术：**利用人工智能对水下采集的音频和视频数据进行分析，以识别和分类海洋生物和地质特征。

6.2.3 深海探测领域战略方向识别

体系化、协同化、智能化作业，是新一代深海探测装备的发展方向，应加大对深海光学通信技术、深海导航定位技术、深海动力能源技术、深海装备材料技术等关键性技术的研发支持力度。

◆**海洋生物资源声学监测与评估技术：**使用声学方法来监测和评估海洋生物资源，例如鲸鱼和其他海洋生物的种群数量和分布。

◆**新型材料声学换能器：**开发更高效、更耐用的声学换能器，以提高声呐系统的可靠性等性能。

◆**声学图像在线识别技术：**实时分析和解释声学数据，以快速识别水下物体和地形特征。

◆**LIBS/拉曼光谱探测技术：**利用激光诱导击穿光谱（LIBS）和拉曼光谱技术进行材料成分分析，用于海洋地质研究和化学污染检测。

◆**海洋激光雷达：**使用激光扫描技术来测量水深和海底地形，以及监测悬浮颗粒物等海洋特性。

◆**水下微光成像探测技术：**在极低光照条件下，使用高灵敏度相机捕捉图像，适用于深海探索和夜视应用。

◆**海洋及深海原位大视场明场荧光成像探测器：**用于现场直接观测海洋生物和化学物质的荧光，有助于生物多样性研究和环境监测。

◆**海洋可控源电磁勘探系统装备技术：**通过发射和接收电磁信号来探测海底以下地层的结构和组成。

◆**海洋环境电磁监测/探测技术：**监测海洋环境中的电磁场变化，用于研究海洋流动和地质活动。

6.2.4 深海生物资源开发领域战略方向识别

积极布局深海生物原位观测、特殊生境生物及基因资源的开发与综合利用等重要发展方向，需要遵循生态保护和可持续发展的原则，确保在探索和利用这些资源的同时，保护深海生态系统的健康和多样性。这涉及以下关键技术和装备领域。

◆**实时原位海洋生物多样性监测与自动识别技术：**实时监测深海生物的种类和数量，利用人工智能算法自动识别和分类观测到的生物，对生物多样性进行评估。

◆**海洋生物资源量评估技术：**评估深海生物资源的量和分布，帮助科学家了解不同海域的生物资源状况，为可持续利用提供科学依据。

◆**深海微生物基因组挖掘技术：**基于单细胞测序技术对深海微生物的基因组进行详细的分析，发掘具有潜在应用价值的新基因和代谢途径。

◆**深海（微）生物合成生物学技术：**结合基因组学和代谢组学前沿技术，基于基因组－代谢组偶联表征与重要活性产物的合成生物学挖掘技术，揭示深海微生物的遗传特性和代谢能力，以及它们如何产生重要的生物活性物质。

◆**深海极端环境微生物生理遗传机制：**研究深海微生物如何在极端环境中生存和适应的生理遗传机制及结构基础，理解生命的极限条件适应性，启发新的生物技术开发。

6.2.5. 深海油气与矿产资源开发领域战略方向识别

我们要把握深海采矿技术装备研发的新机遇，加强顶层设计，强化自主创新，加强国际合作，遵循"绿色环保、安全可靠、智能高效"的原则，突破核心技术装备的研发和制造瓶颈，促进深海资源的可持续利用。这涉及以下关键技术和装备领域。

◆**深水控压钻井技术：**精确控制井下压力，确保深水油气勘探和开采的安全。

◆**深水防喷器技术**：研制用于防止井喷的高端设备，保障海上油田作业安全。

◆**海上油田智能钻采及提高采收率技术**：通过智能化管理提高油气田的开发效率和经济性。

◆**新一代水下生产系统**：包括水下安装、连接和控制系统，标准化、集成化开发深海油气资源。

◆**天然气水合物高精度勘探与目标评价技术**：评估和选择具有商业开采潜力的水合物矿藏。

◆**天然气水合物单筒双分支井钻井技术**：提高钻井效率，减少对环境的影响。

◆**天然气水合物开采热压传导强化增效技术**：通过热压传导来提高水合物的开采效率。

◆**天然气水合物商业化开发技术**：将水合物资源转化为可持续的商业能源。

◆**深海多金属矿提取技术**：用于提取深海沉积物中的多金属结核等矿产资源。

◆**深海采矿区环境及生态系统监测与修复技术**：将深海采矿活动对环境的影响降到最低，并促进生态系统的恢复。

6.2.6　未来海洋信息化体系战略方向识别

海洋科学技术的发展是国家综合实力提升的关键因素之一。为了有效地利用和保护海洋资源，需要针对海洋领域的关键问题，通过跨学科合作开展基础性、体系化、系统化的研究，建立全面的海洋科学研究体系。同时，发挥新一代信息技术在海洋科学领域的应用，利用人工智能、大数据分析、云计算等先进技术，提高海洋观测数据的分析处理能力，解决海洋科学中的重大技术难题，从而取得在国际上有影响力的科研成果，推动海洋经济向更高质量、更高效益的方向发展，进一步支撑国家海洋经济发展，维护海洋环境安全，并做到海洋防灾减灾，维持健康的海洋生态系统，实现海洋资源与环境的可持续发展。

未来海洋信息化体系的基本架构包括以下几个方面。

（1）自动化、智能化、无人化的海洋综合感知体系

科学技术的发展促使海洋观测由早先的船基常规观测手段发展到目前的空、天、海、地一体化的全球海洋观探测网络。

深潜器使我们能够探测深海，发现海底热液生物群落，提高人们对深海极端环境和生命的认识；卫星遥感技术的应用和水色卫星的研制使我们能从全球尺度对表层海洋进行观测和研究；海洋浮标和潜标的发明使我们能够对表层和深层海洋有所了解；Argo 浮标的使用使我们能够大范围探测海洋的状态。

海洋探测传感器向微型化、微功耗、集成化、网络智能化方向发展，海洋感知更加注重利用信息新技术实现各类探测设备的综合集成，并逐步由"平台为中心"向"网络为中心"转变，形成我国管辖海域和核心利益区海洋信息的大范围、网络化、立体化、常态化观测能力。

海洋综合感知体系是在海洋研究需求下推动发展起来的新的大科学平台，通过海洋科学与深海技术的有机结合发挥出越来越大的作用。

（2）海洋综合观测数据管理体系

构建海洋综合数据管理体系的前提，是智能化海洋观测网和海洋探测体系的建立。通过结合海洋仿真系统、大模型以及人工智能技术，人们能够更深入地了解海洋关键过程、海洋环境变化以及生态系统结构与功能的变动，从而能够在实验室内通过远程遥控技术完成对深海极端环境的探测、取样与原位观测。

该体系不仅需要诸如谱系化的带有化学和生物传感器的深海 Argo、大洋滑翔机、AUV、智能化海底观测网等标准化装备的加入，还依赖于科学考察船、导航定位设备等水面支持与基础信息保障装备，更需要发展海洋公共

信息服务和提高数据共享能力，帮助科学家和决策者更好地理解海洋系统的复杂性，预测未来的变化趋势，使人类能够更好地了解和保护海洋，推动跨国界的海洋研究和保护活动，为地球的可持续发展做出贡献。

（3）全域海洋综合信息网络

当前国际社会在海洋资源占有和开发方面的竞争日益激烈，这种竞争直接推动了海洋科技实力的提升。随着中国推进 21 世纪海上丝绸之路的建设，以及国家利益在全球范围内的扩展，我国对强化管辖海域及核心利益区的海洋环境信息获取、认知、管控及安全保障能力提出了更高的要求。

基于"通权论"的思想，推动海上互联互通，加强海洋信息系统的综合集成和通信链路的自主可控，体系化构建海洋综合信息网络和公共信息服务平台，将对"一带一路"建设、蓝色经济增长点创造、构建海洋命运共同体乃至中华民族伟大复兴，都具有重要的意义。

新一代海洋信息智能节点的发展，以及天基物联网、水面移动互联网及水下声学通信网络系统的研究，正在推动海洋信息传输网络向更高效、更智能的方向发展。在这个过程中，关键的技术突破表现在：以微型低功耗的复合模态海洋网络智能感知终端、水下网络化智能移动观测平台、浮力或波浪驱动的水面及水下智能移动观测平台为代表的海洋信息感知智能技术；以中微子、微波光子、太赫兹等新型通信技术与大气波导、超视距雷达信息中继、水下声学通信网络等通信技术为代表的海洋信息传输网络技术；以多源异构数据挖掘、数据清洗、质量控制，以及多源信息融合技术为代表的海洋信息公共服务技术等。这些技术形成了一个完善的海洋综合信息"感知、传输、应用、管控"能力体系。通过深海、远海、极区网络系统的建设，可以实现对全球海洋治理的有效应对，促进国际海洋合作，维护国家海洋权益，推动构建人类命运共同体。

（4）全球透明海洋基础架构体系

透明海洋的概念建立在一个高度发展和完善的深海信息采集与传输系统的基础之上，不仅能够高效地收集深海数据，还能够确保数据传输安全、可靠且不受外部干扰。为了实现这一目标，需要构建一个自主、安全且可控的深海云环境，为深海的各种活动提供有力支持。

在透明海洋框架下的深海权益保护、管控以及开发活动，被整合成一个有机的体系，通过大数据和大模型技术的应用，实现深海资源共享与深海活动协作，从而不断探索新的市场需求，创造出新的价值，达到智慧经略深海的目的。

在技术层面，透明海洋的发展焦点在于实现智能化、多参数、高密度和集群化的数据采集，特别是长期稳定地获取立体、实时、可靠且成本效益高的数据流。

海洋信息传输正在朝无线宽带、宽覆盖、跨介质、网络化、全天候实时传输的方向发展，海洋信息通信组网向着无线宽带化、网络化、多手段、大覆盖、立体化的方向发展。研发海洋跨介质新型通信技术、海洋信息网络智能节点技术、一体化海洋信息网络体系。此外，基于物联网（IoT）和网络物理系统（CPS）等技术，构建海上信息感知全域覆盖网络，实现传输自主可控、通信范围广泛且随行，形成空海潜一体化的信息网络。

6.3 我国深海智能技术和装备发展建议

我国在深海装备领域起步相对较晚，目前仍处在战略机遇期。尽管我国在一些领域已经处于国际领先水平，但仍有较大的提升空间。我们应进一步提高对深海战略新空间开发的重视程度，密切关注世界深海开发技术尤其是核心关键技术研究的前沿发展态势，加强深海领域的国际合作和交流，依托重大科技项目和重大工程，促进国内深海装备技术的进步。

6.3.1 深海智能面临的主要挑战

虽然深海智能技术的研发已经取得了众多成果，但其发展还面临着诸多挑战。

（1）当前深海智能体系从环境到任务再到作业样式，都缺少人类先验和经验的准确描述和表征。

深海智能的目标，是在人类难以到达的深海环境中模拟人类的行为和决策过程，这是一个复杂的技术体系框架。

截至目前，我国已经成功研发并投入使用了三代载人潜水器，累计下潜次数超过 1 100 次，且有数百名科研人员已经深入海底进行探索。自 2020 年以来，"奋斗者"号载人潜水器已开展了 220 多次下潜活动，其中 25 次的下潜深度超过了万米。目前，全世界只有 32 人到达过万米海底开展作业。然而，在深海领域我们还十分缺乏对人类先验知识和经验进行准确描述和表征的能力，深海智能在从环境感知到任务执行，再到具体的作业模式等多个层面上，仍然面临着巨大的挑战。

在环境感知方面，深海智能需要对深海环境的多变性和不确定性有着深刻的理解，包括对海底地形、水文条件、生物多样性以及可能存在的各种自然或人为干扰因素的识别和适应。载人潜器在浅水和少量深水环境下积累的经验，对于应对这些挑战至关重要，但人类微妙的感知和反应很难被现有的智能装备完全捕捉和模拟。

在任务执行方面，深海智能需要具备自主处理一系列复杂任务的能力，如科学调查、资源勘探、搜救行动等。这些任务要求系统具备高度的环境自适应性和自主决策能力。在浅水环境中，人类可以根据以往的经验迅速做出决策。进入深水环境后，将不再有人类的"标准答案"，智能体系更是因为缺乏对人类经验的准确描述和内化理解，而在决策效率和准确性上受限。

在作业模式方面，深海智能需要能够在极端条件下执行精密操作的能力，如操控无人遥控潜水器（ROV）或无人自主航行器（AUV）。这不仅要求系统具备高度的精确性，如对热液口的测温和取样，还要求其能够适应动态变化的环境和任务需求，如对内波和跃层的持续跟踪。智能系统在缺少人类实践经验的指导下，往往难以达到与人类操作者一样的操作灵活性和应变能力。

（2）当前只能依赖有限的训练数据集来定义明确目标、完成特定任务，难以满足未来深海进入、探测和开发等实际应用的需求。

当前，建立机器学习和人工智能领域的模型框架严重依赖于可获取的数据的质量。没有高质量的数据，模型的有效性将面临巨大考验。真正的深海环境是复杂多变的，远远超出了现有数据集所覆盖的范围。在大多数情况下，我们只能依赖有限的训练数据集，通过定义明确的目标，来确保模型可以完成特定的任务。这意味着，在有限的信息和资源的基础上设计和训练出来的模型，只能实现特定的功能或解决特定的问题，并不具有泛化性，也难以满足未来更为复杂和多样化的实际应用需求。

我们对深海进入、深海探测、深海开发等方面的应用需求日益增长，但现有的技术框架难以满足这些需求。在深海领域，要获取高质量的数据不仅成本高昂，技术上也充满挑战。此外，深海环境的不可预测性和多样性意味着即使是拥有了大量的数据，也无法完全涵盖所有潜在的情况和条件。因此，还需要开发更为先进的超越现有数据限制的技术，包括利用更少的监督数据进行学习、增强模型的泛化能力，以及发展能够在没有明确目标或在不断变化的环境中自主学习和进化的系统，实现对未知深海环境的智能适应和学习，形成即使在没有明确目标或预先定义的任务参数的情况下，也能够有效地进行深海进入、探测和开发活动的能力。

（3）当前深海智能技术与装备的研究，尚未对深海装备如何在未知环境下学习处理新任务、生成创造性假设、形成新质体系等能力进行关注。

深海智能技术与装备研究的核心目标在于开发出具备自主学习和适应能力的深海装备，使其能够在人类难以直接到达和观察的深海环境中，独立完成包括对海底地形的测绘、生物多样性的研究、矿产资源的勘探、海底环境变化监测等复杂任务。

在设计深海装备的智能化要素时，不仅要考虑在已知条件下的操作性能，更要使其能够在面对未知挑战和环境变化时，展现出自适应和自我学习的能力。具体来说，即使在人类操作者无法直接干预的情况下，深海装备也要具备能够自行处理新任务的能力。这意味着，深海装备将不再仅仅是执行预设程序的工具，而是能够通过机器学习和人工智能算法，自主地分析环境，根据实时获取的数据和信息，独立做出判断和决策，并准确执行，甚至在某些情况下，能够自我优化其性能。

此外，深海装备还需要具有生成创造性假设的能力。也就是说，在面对未知情况时，它能够通过基于零样本实现有效推理的算法和模型，提出可能的解决方案，并对其进行验证。

更进一步，深海装备还需形成新质体系能力，即在现有技术基础上，通过智能化升级和系统整合，创造出能够有效地提高任务执行效率和成功率的全新作业模式和协同工作系统。拥有这些新质能力，深海装备不仅能够在极端环境中生存，还能够更好地应对复杂多变的深海环境。

6.3.2 深海智能体系赋能主要建议

基于以上3方面的发展深海智能技术面临的主要挑战，我们急需在国家层面加强各深海智能装备发展的顶层设计，统筹制定我国深海智能系统发展规划和路线图，推动深海智能系统发展的体系化、标准化，全面提升深海智能系统建设运用的规范化、通用化水平。

在基础保障方面，可通过建立国家级的水下基准试验场、强化国家海洋大数据管理和数据平台建设、加强深海智能装备研制基地建设等举措来加速深海智能技术与装备的研发进程。

在政策保障方面，可通过国际合作制定出台深海空间可持续发展的法律法规，避免国际与国内各主体力量之间各自为战、互设壁垒、重复投入等现象的发生。

在技术体系建设方面，可以从以下3个方面来深化赋能。

（1）加强深海感知认知智能技术研究，提高深海装备的环境适应性。

① **传感器技术：** 综合运用物理学、材料科学、电子工程等领域的最新成果，研发适用于极端深海环境的高精度、高可靠性的传感器，以确保其能在深海高压、低温、强腐蚀性环境中正常工作。

② **数据处理与分析：** 利用监督学习、非监督学习、强化学习等机器学习算法，开发如实时滤波算法、数据融合技术等高效的数据处理和分析算法，结合生成式人工智能技术产生的虚实融合数据集，有效处理和解释传感器收集的数据。

③ **导航与定位：** 深入理解海洋物理波动模型和水声信号传播规律，研究适用于深海环境的基于声学信号的导航定位技术（如长基线、短基线、超短基线定位系统等）与惯性导航系统，发展多源信息融合的水下PNT数据同化方法。

（2）加强小规模集群自组织智能研究，提高深海系统的任务适应性。

① **自组织网络：** 基于自组织网络理论、分布式算法、无线通信技术等先

进成果，研究无人平台在没有预设基础设施的情况下，自动建立和维护通信网络的自组织网络通信协议，可以根据环境的变化自动调整网络结构，从而保证通信的稳定性和可靠性。

② **模块化设计**：以跨学科的设计思维，完善"以能力为中心"的深海装备模块化设计理念，将无人平台的各个部分设计成独立的模块，使无人平台可以快速重新配置以适应不同的任务需求。在需要适应新任务时，只需要在体系中更换或补充相应的模块，就可以适应新的任务需求。

③ **协同控制**：结合控制理论、博弈论和多代理系统的相关成果，设计能够使无人平台高效协作的控制算法，结合先进水声通信集成化模块的发展，确保无人平台能够高效协作完成复杂任务，提高任务的完成效率。

（3）加强大规模集群控制决策智能研究，提高深海体系作业模式适应性。

① **群体智能**：基于计算智能、优化理论和分布式系统等多个领域的知识，研究如蚁群算法、粒子群优化算法等群体智能算法，使大规模无人集群能够高效地执行复杂任务，从而提高作业效率。

② **分布式决策**：加强分布式系统、信息论和智能代理的研究，突破水下无人平台自主决策关键技术，使其在执行任务时能够根据实际情况做出合理的决策，提高作业效果。

③ **人机共融**：结合人类智慧在高层决策与机器智能在底层动作规划方面的优势，利用人类成熟的行为和决策模型，建立更有针对性的深海智能综合最优策略，在知识传递、决策训练、意图协同等层面产生"1+1>2"的有益效果。

6.3.3　发展以智能"制深海权"的总体战略

人类技术的发展历史告诉我们，每一次技术革命都是人类能力的一次飞跃。从机械化时代增强人的体力，到信息化时代增强人的感知力，我们正站在新的历史节点上，步入智能化时代，这是一个以增强人类智力为主要目标的新阶段。在这个阶段，通过智能化技术的应用，我们将不断延伸和增强智力，实现人与机器的和谐共生，从而提升人类对深海空间和战略价值的决策能力。

深海不仅蕴含着丰富的战略资源，还具有独特的战略价值，它将成为未来大国博弈的主战场。世界各国，尤其是海洋强国，都在努力优化自己的作战力量体系，颠覆传统的作战兵力结构，创新深海作战样式。在这个过程中，无人化、智能化、隐身化的深海军事力量趋势越来越明显。因此，我们更需要加强对深海进入、存在、感知、通信等体系化能力的建设，以更好地经略深海，把握先机。为了实现这一目标，我们需要建立和发展"以智能'制深海权'"的大战略观，通过前述智能化技术不断提升对深海环境的感知能力，加强数据链的连通性，以及提高体系协同的效率，更好地理解和认识深海的复杂环境，从而形成"信息主导、体系破击、网聚能力、自主适应"的全新深海智能战略思想。

在当今这个科技飞速发展的时代，对技术的掌握和应用已经成为衡量一个国家综合实力的重要标准。随着陆地资源的日益减少，深海作为地球上最后一片未被完全开发的疆域，其丰富的资源和战略价值已经引起了全球的高度关注。发展以智能"制深海权"为核心思想的总体战略，不仅是对未来国际竞争态势的深刻理解和准确把握，也是通过智能化技术提升我国对深海空间和战略价值决策能力的重要举措，有助于我国在深海探索和开发领域取得领先地位，确保国家利益的长远发展。

后记

　　深空、深地、深蓝、深海，代表着人类不断探索未知世界的意志和雄心。当人类成为星际生物的图景越发清晰，我们遨游星汉、蓦然回首，凝视蔚蓝家园里波澜壮阔的海洋，我们会真诚地感谢海洋的伟大馈赠，会真诚地遗憾并未能真正理解海洋，会真诚地悔过既往的激进和盲动吗？我们猜想，人类的感情仍将是丰富和复杂的。

　　大航海时代以来，人类的足迹几乎已经遍及地球海洋表面的每一个角落，但我们对海洋的认识和理解仍然十分肤浅，大时空、长周期、多圈层海洋运行规律仍近乎于形而上学。人类对占比超过90%的1000米以深的深海区域，从纵向进入这个近乎完全陌生的空间尚不到100年，累计不超过2万人次，我们讲人类对深海空间近乎一无所知也似乎并非夸大其词。

　　进入新世纪，人类迅猛发展着的高科技能力正使得他能够以更高、更远、更深的视角，更全面、更系统、更透彻地认识和理解海洋，更科学、更高效、更有力地经略海洋。我们注意到智能技术与深海空间应用场景的结合是如此紧密和迅猛，人类的思想和技术能力正帮助人类快速而有效地进入深海、探测深海、开发深海，而人类的身体似乎在从深海空间后撤，从海洋物理空间后撤。

　　各种各样的智能装备进入了深海空间，快速成为探索深海空间的主力并快速地改变着人类和深海空间的关系，甚至可能在深海决定着人类在地球表面上的政治格局。2023年12月20日，波音公司正式向美国海军交付首艘作业水深达3000米的"虎鲸"超大型无人潜航器，可长期在深海空间执行反潜作战、反水面作战、电子战、扫雷和布雷任务。"虎鲸"的列装实际上对全世界正式宣告深海智能高科技新时代已经到来，这个新时代的海上作战将大规模使用以无人潜航器为代表的深海智能技术和装备。此类深海智能装备的快速发展和列装将迅速成为改变现有海战规则的"幽灵"力量。尽管我们热切地呼吁和期望深海智能技术最好的应用场景在于认识深海、理解深海，但其发展似乎又在偏离主干道，在全球范围内，对于深海的进入、探测和开发充满了激烈的竞争，世界海洋强国已在积极谋求掌控深海智能技术，力图在深海空间形成颠覆性能力，以确保在未来海上竞争中保持绝对优势。海洋安全尤其是深海安全再次成为人类可持续发展必须面对的现实和战略问题。

深海已作为具有重大战略价值的新空间，正在成为世界海洋强国关注的热点和焦点。"从深海产生的颠覆性、革命性的原理和技术，具有重构世界未来格局的巨大潜力""以深制浅、以深带浅"等快速成为各海洋强国的主流思潮，各方都期望在深海战略新空间建立非对称竞争优势，谋求战略资源、战略机遇、战略格局和战略安全。

世纪之交，我国深海高科技能力几乎从零起步，通过载人深潜试验的持续驱动，我国深海科技创新能力、深海实质作业能力的快速提升，无疑也推动和加剧了全球海洋强国在深海空间的竞争。2018年4月12日，中国科学院围绕"深海进入、深海探测、深海开发"这一深海科技发展的主线，面向世界深海科技发展最前沿，前瞻启动了"深海/深渊智能技术及海底原位科学实验站"先导科技专项（简称深海智能技术专项），以期更大范围、更大力度、更快速度地聚集国家优势科技力量，提升我国深海科技的核心竞争力，促进我国深海技术从"平台阶段"向"载荷＋平台阶段"转型，促进我国在深海智能装备和关键技术方面接近世界前沿水平，支撑"十四五"国家深海领域的布局和发展，促进参与专项研发任务的院内外高新技术单位进入新时代国家深海科技发展的主战场。

中国科学院也高度重视深海智能技术与装备战略研究，在"深海智能技术"专项中同步启动"深海智能技术战略情报研究"子课题，希望准确掌握世界主要海洋强国在深海智能技术和装备领域的研究进展与力量格局，准确研判其未来着力方向、重点和应用目标，为我国深海智能科技发展顶层设计提供决策支撑。5 年来，课题组基于期刊 / 专利 / 项目 / 报告 / 网络等客观数据、专家研判以及现场调研开展深海智能技术战略情报研究工作，抓取了 10 万余篇文献、10 万余件发明专利、6000 余条立项项目数据、100 余篇海洋领域相关战略报告，并综合分析了 300 余项专家调查技术剖面、100 余份专家调查问卷以及 50 余份专家调研报告，采用 10 余种数据分析和挖掘方法，完成 6 份研究报告。以此为基础，进一步结合国内外深海智能技术与装备新概念，将成果集结出版，形成《深海智能：重构海洋格局》一书。

在本书的撰写过程中，我们深感责任重大，同时也深刻认识到我们的工作还有很多不足，走向深海智能之路还任重道远。我们希望通过这本书，为我国深海智能科技的发展提供一些有益的思考和建议，为人类社会的可持续发展贡献一份微薄之力。同时，我们也希望通过这本书，让更多的人了解深海智能技术的重要性和前沿性，激发更多的科研人员、决策者和公众参与到深海智能科技的研究与应用中来，一起开创深海智能科技的新篇章。最后，我们要感谢所有参与本书撰写和研究的课题组和出版社工作人员，是他们的辛勤付出，才使得这本书得以顺利完成。

编辑说明

亲爱的读者，在本书的编辑过程中，我们严格遵循学术出版规范与术语标准化原则。但针对部分国外企业名称及技术设备术语的处理方式，需作如下说明：

本书涉及的地球物理勘探、海洋观测等领域具有高度国际化特征，相关企业（如 WesternGeco、LinkQuest）已在全球学术界及工业界形成通用标识，但尚未在中国市场或相关领域形成统一的中文译名。直接使用英文原名可以避免因翻译不准确而导致的误解，同时也便于读者查阅资料或进行进一步研究。

部分专业设备（如 GeoEel 海洋数字地震拖缆系统、WaveGuide 平台测波仪）尚未在中文语境中确立权威译名，且其功能参数与英文名称存在强关联性，若强行音译或意译，可能导致技术描述失真或检索困难。地球科学领域的学术论文、技术手册及专利文献普遍采用英文术语作为标准表述。保留原名可确保本书内容与国际数据库对接，便于读者溯源与延伸研究。

我们深知，保留英文原名可能会对部分读者的阅读体验造成一定影响，但这一处理方式是基于对专业性和准确性的考量。同时欢迎各界专家和读者通过出版社官方渠道提交修订建议，我们将在后续版本中进一步完善。

感谢您的理解与支持！

编辑团队

2024 年 12 月